Nüsser/Nacken

Kauf und Verkauf mittelständischer Unternehmen

Nüsser/Nacken

Kauf und Verkauf mittelständischer Unternehmen

Ein Praxisleitfaden für Steuerberater und Unternehmer

Deubner
Steuern & Praxis

IMPRESSUM

Bibliografische Information Der Deutschen Bibliothek

Die Deutsche Bibliothek verzeichnet diese Publikation in der Deutschen Nationalbibliografie; detaillierte bibliografische Daten sind im Internet über http://dnb.ddb.de abrufbar.

Rechtsstand April 2005

Wichtiger Hinweis

Die Deubner Verlag GmbH & Co. KG ist bemüht, ihre Produkte jeweils nach neuesten Erkenntnissen zu erstellen. Deren Richtigkeit sowie inhaltliche und technische Fehlerfreiheit werden ausdrücklich nicht zugesichert. Die Deubner Verlag GmbH & Co. KG gibt auch keine Zusicherung für die Anwendbarkeit bzw. Verwendbarkeit ihrer Produkte zu einem bestimmten Zweck. Die Auswahl der Ware, deren Einsatz und Nutzung fallen ausschließlich in den Verantwortungsbereich des Kunden.

Deubner Verlag GmbH & Co. KG
Sitz in Köln
Registergericht Köln
HRA 16268

Persönlich haftende Gesellschafterin:
Deubner Verlag Beteiligungs GmbH
Sitz in Köln
Registergericht Köln
HRB 37127
Geschäftsführer: Renate Dempfle, Alfred Mertens

Deubner Verlag GmbH & Co. KG
Oststraße 11, D-50996 Köln
Fon +49 221 937018-0
Fax +49 221 937018-90
kundenservice@deubner-verlag.de
www.deubner-steuern.de

Umschlag geschützt als Geschmacksmuster der

Deubner Verlag GmbH & Co. KG
Satz: Die Top Partner, Dorfstraße 60, D-85235 Unterumbach
Druck: Druckerei Kessler, Bobingen
Printed in Germany 2005

ISBN 3-88606-608-8

Vorwort

Warum gerade ein Leitfaden zum Kauf und Verkauf mittelständischer Unternehmen?

Nicht täglich werden „DaimlerChrysler Deals“ unter Einschaltung großer Beraterstäbe und unter großer Beachtung der Wirtschaftspresse abgewickelt. Nahezu täglich werden jedoch mittelständische Unternehmen und Beteiligungen gekauft und verkauft. Für die Beteiligten haben diese Transaktionen Ausnahmecharakter und stellen oft eine Zäsur sowohl in beruflicher als auch in persönlicher Hinsicht dar.

Bis zum erfolgreichen Abschluss müssen in rechtlicher, steuerlicher und betriebswirtschaftlicher, aber auch in persönlicher Hinsicht viele Klippen und Untiefen umschifft werden. Um hier nicht die Orientierung zu verlieren, ist ein umfassendes Spezialwissen erforderlich, über das der Unternehmer nicht immer verfügt.

Trotz alledem wird immer noch – gerade bei kleineren mittelständischen Unternehmen – eine Vielzahl von Transaktionen ohne qualifizierte Beratung oder sogar ganz ohne Berater abgewickelt. Dies birgt die Gefahr, dass wichtige Problembereiche nicht erkannt und folglich vertraglich auch nicht geregelt werden. Die Folgen für die Vertragsparteien können im Fall einer Auseinandersetzung existentiell sein.

Wir möchten dem Unternehmer und seinem Steuerberater mit diesem Buch eine Orientierungshilfe geben und die wesentlichen Grundlagen des Unternehmenskaufs umfassend darstellen. Auf die Darstellung aller denkbaren Sonderprobleme bis in die letzten Einzelheiten wurde bewusst verzichtet, um nicht den Blick für das Wesentliche zu verstellen.

Unternehmer verfügen über wenig Zeit für das Studium von Fachbüchern. Dies gilt umso mehr, wenn sie sich bereits inmitten von Verhandlungen befinden. Dem haben wir mit der Struktur unseres Buchs Rechnung getragen.

Der Aufbau unseres Buchs orientiert sich am typischen zeitlichen Ablauf von Unternehmenskäufen. Neben einer detaillierten Darstellung der jeweiligen Themen findet sich zusätzlich zu Beginn eines jeden Kapitels ein Überblick über die wichtigsten Fragen sowie nachfolgend deren Beantwortung in stichwortartiger Zusammenfassung (jeweils grau unterlegt). Dies ermöglicht es dem Leser, sich in jeder Phase „seines“ Vorhabens schnell über die gerade anstehenden Probleme und die nächsten Schritte entsprechend seinen Bedürfnissen zu informieren.

Wir hoffen, dass wir mit diesem Ansatz dem Leser die Orientierung erleichtern und freuen uns auf Anregungen und Hinweise für die nächste Auflage.

Köln, im Mai 2005

Die Autoren

Inhaltsverzeichnis

Abkürzungsverzeichnis

a.a.O.	am angegebenen Ort
ABS	Asset-backed Securities
Abs.	Absatz
Abschn.	Abschnitt
AG	Aktiengesellschaft; Die Aktiengesellschaft
AktG	Aktiengesetz
AO	Abgabenordnung
APV-Verfahren	Adjusted-Present-Value-Verfahren
BAG	Bundesarbeitsgericht
BB	Betriebsberater
BBodSchG	Bundesbodenschutzgesetz
Begr.	Begründung
BetrVG	Betriebsverfassungsgesetz
BewG	Bewertungsgesetz
BfA	Bundesversicherungsanstalt für Angestellte
BFH	Bundesfinanzhof
BGB	Bürgerliches Gesetzbuch
BGBl	Bundesgesetzblatt
BGHZ	Entscheidungen des Bundesgerichtshofs in Zivilsachen
BStBl I–III	Bundessteuerblatt (Teile I–III)
BT-Drucks.	Drucksache des deutschen Bundestages (zitiert nach Wahlperiode, laufender Nummer und Seite)
BVerfG	Bundesverfassungsgericht
bzw.	beziehungsweise
c.i.c.	culpa in contrahendo
CAPM	Capital-Asset-Pricing-Modell
CCA	Comparative Company Approach
d.h.	das heißt
DB	Der Betrieb
DCF-Verfahren	Discounted Cashflow-Verfahren
DNotZ	Deutsche Notarzeitung
EK	Eigenkapital
ErbStR	Erbschaftsteuerrichtlinien
EStG	Einkommensteuergesetz
etc.	et cetera
EuGH	Gerichtshof der Europäischen Gemeinschaften
FIN	Finanzdirektion
FKVO	Fusionskontrollverordnung
GbR	Gesellschaft bürgerlichen Rechts

gem.	gemäß
GewStG	Gewerbesteuergesetz
GewStR	Gewerbesteuerrichtlinien
ggf.	gegebenenfalls
GmbH	Gesellschaft mit beschränkter Haftung
GmbH & Co. KG	Kommanditgesellschaft mit einer GmbH als Komplementär
GmbHG	Gesetz betreffend die Gesellschaften mit beschränkter Haftung
GmbHR	GmbH-Rundschau
GrEStG	Grunderwerbsteuergesetz
GWB	Gesetz gegen Wettbewerbsbeschränkungen
h.M.	herrschende Meinung
HGB	Handelsgesetzbuch
i.d.R.	in der Regel
i.S.	im Sinne
IDW	Institut der Wirtschaftsprüfer in Deutschland e.V.
IHK	Industrie- und Handelskammer
InsO	Insolvenzordnung
IT	Informationstechnologie
KfW	Kreditanstalt für Wiederaufbau
KG	Kommanditgesellschaft; Kammergericht
KSchG	Kündigungsschutzgesetz
KStG	Körperschaftsteuergesetz
LBO	Leveraged-Buy-out
LOI	Letter of Intent
LVA	Landesversicherungsanstalt
M&A	Mergers & Aquisitions
MAC	Material Adverse Change
MBI	Management-Buy-in
MBO	Management-Buy-out
Mio.	Million
MOU	Memorandum of Understanding
Mrd.	Milliarde
NJW	Neue Juristische Wochenschrift
NJW-RR	NJW-Rechtsprechungsreport
NZG	Neue Zeitschrift für Gesellschaftsrecht
OHG	Offene Handelsgesellschaft
OLG	Oberlandesgericht
RegE	Regierungsentwurf
S.	Seite
SGB III	Sozialgesetzbuch (Drittes Buch)
sog.	so genannt

StGB	Strafgesetzbuch
TVG	Tarifvertragsgesetz
u.a.	unter anderem
u.U.	unter Umständen
u.v.m.	und vieles mehr
UG	Urgesellschaft
UmwG	Umwandlungsgesetz
UmwStG	Umwandlungssteuergesetz
UntStFG	Unternehmenssteuerfortentwicklungsgesetz
UStG	Umsatzsteuergesetz
VDI	Verband Deutscher Ingenieure
WM	Wertpapiermitteilungen
WpHG	Wertpapierhandelsgesetz
z.B.	zum Beispiel
ZPO	Zivilprozessordnung

1 Überblick und Grundlagen des Unternehmenskaufs

Inhalt

1 Überblick und Grundlagen des Unternehmenskaufs

1.1 Wirtschaftlicher Hintergrund

Der Kauf oder Verkauf eines Unternehmens bringt für die beteiligten Unternehmer häufig eine deutliche Zäsur in ihrer wirtschaftlichen und persönlichen Entwicklung mit sich. Die Motive für den Kauf bzw. Verkauf eines Unternehmens sind hierbei vielfältig.

Während die Verkäufer sich durch den Unternehmensverkauf aus dem Berufsleben zurückziehen wollen, stellt der Unternehmenskauf auf Käuferseite häufig den Start ins „Unternehmertum" dar. Dazwischen liegen Konstellationen, in denen sich Verkäufer auf Kernbereiche konzentrieren und Randaktivitäten verkaufen möchten, Käufer andererseits ihre unternehmerischen Aktivitäten durch Erwerb neuer Geschäftszweige erweitern möchten. Daneben gibt es die bekannten Unternehmensfusionen, bei denen sich verschiedene Unternehmen aus strategischen Gründen zu einer neuen Einheit zusammenschließen.

In den vergangenen Jahren sind auch mittelständische Unternehmen zunehmend von Finanzinvestoren „entdeckt" worden. Diese Finanzinvestoren erwerben Beteiligungen oder ganze Unternehmen, um sie nach Restrukturierung gewinnbringend weiterzuverkaufen.

Schließlich haben in jüngster Zeit auch Transaktionen deutlich zugenommen, bei denen sich die Zielgesellschaft in einer wirtschaftlichen Krise befand bzw. das Unternehmen aus der Insolvenz heraus erworben wurde. Auf Veräußererseite stehen hier als Motiv insbesondere die Rettung von Arbeitsplätzen, die Vermeidung der Inanspruchnahme persönlicher Sicherheiten der Unternehmensinhaber sowie die Sicherung der Kapitalzufuhr im Vordergrund. Auf Erwerberseite besteht die Möglichkeit, zu einem verhältnismäßig geringen Kaufpreis ganze Unternehmensbereiche zu erwerben, sofern eine Sanierung dieser Bereiche gelingt.

Da nach wie vor gerade bei mittelständischen Unternehmen die Frage der Unternehmensnachfolge häufig ungeklärt ist, besteht ein fortlaufendes Interesse an Unternehmensverkäufen. Andererseits ist es für den Unternehmenskäufer in den vergangenen drei Jahren deutlich schwieriger geworden, eine Unternehmensakquisition zu finanzieren. In Anbetracht der schlechten konjunkturellen Aussichten bestand auch hier deutliche Zurückhaltung bei der Übernahme weiterer Unternehmen. Verstärkt wurde diese Zurückhaltung noch durch die Vielzahl der gescheiterten Akquisitionen, die zu der Hochkonjunktur des neuen Markts – auch im Mittelstand – getätigt wurden.

Nachdem nunmehr auch die konjunkturellen Aussichten wieder positiver beurteilt werden und auch die Spitze an Unternehmensinsolvenzen überwunden scheint, ist davon auszugehen, dass auch die Zahl der Transaktionen in Zukunft wieder ansteigen wird.

1.2 Beteiligte

Für die Mehrzahl der mittelständischen Unternehmer ist ein Unternehmenskauf oder -verkauf eine einmalige Transaktion, die aufgrund ihrer Komplexität weit über das Wissen hinausgeht, über welches sie im Rahmen der Abwicklung des Tagesgeschäfts verfügen. Die äußerst komplexen rechtlichen, steuerlichen und betriebswirtschaftlichen Fragen erfordern hier ein spezielles Know-how, welches nicht immer im Unternehmen vorhanden ist. Verfügen große mittelständische Unternehmen noch über entsprechende Stabsabteilungen, mit denen sie einen Großteil der Transaktion abwickeln können, ist bei kleineren Unternehmen hier regelmäßig der „Hausberater" der erste Ansprechpartner des Unternehmers. Soweit auch diese Hausberater (Steuerberater, Wirtschaftsprüfer oder Rechtsanwälte) nicht über entsprechende Transaktionserfahrung verfügen, werden weitere externe Spezialisten hinzugezogen.

So sind je nach Größe und Volumen der Transaktion auf beiden Seiten eine Vielzahl von Beratern involviert. Gerade bei Transaktionen mit internationalem Bezug können hier auf beiden Seiten mehrere Beraterteams parallel arbeiten. Mitglieder des Projektteams sind neben eigenen Mitarbeitern des Unternehmens für gewöhnlich Wirtschaftsprüfer, Steuerberater und Rechtsanwälte. Darüber hinaus wird zur Vermittlung von Käufer- bzw. Verkäuferkontakten und zum Teil auch zur Übernahme des Projektmanagements insgesamt ein M&A-Beratungsunternehmen beauftragt. Schließlich werden bei der Finanzierung der Akquisition regelmäßig auch Banken sowie Kapitalbeteiligungsgesellschaften einbezogen. Bei dieser Vielzahl der Beteiligten ist das Projektteam frühzeitig zusammenzustellen, die Zuständigkeiten abzuklären und auch einen Projektleiter festzulegen. Nur so lassen sich in der „heißen Phase" der Transaktion Reibungsverluste durch konkurrierende Kompetenzen und nicht weitergegebene Informationen vermeiden.

1.3 Arten des Unternehmenskaufs und andere Übernahmegestaltungen

Der Kauf eines Unternehmens kann auf verschiedene Art und Weise erfolgen. Einerseits können hier die Anteile des Inhabers am Unternehmen insgesamt an einen Erwerber verkauft und übertragen werden (sogenannter „Share Deal"), andererseits kann das Unternehmen selbst auch seine sämtlichen Vermögensgegenstände auf einen Erwerber übertragen (sogenannter „Asset Deal"). Die zuvor dargestellte Unterscheidung zwischen Share Deal und Asset Deal ist in steuerlicher Hinsicht noch anders zu treffen. Unter steuerlichen Gesichtspunkten fällt auch der Verkauf und die Übertragung von Anteilen an Personengesellschaften (OHG; KG; GbR, Partnerschaftsgesellschaft) unter die Bezeichnung „Asset Deal", da die steuerlichen Folgen hier mit denen der Übertragung von Einzelwirtschaftsgütern identisch sind.

Darüber hinaus können Unternehmen oder Unternehmensteile auch durch eine Kapitalerhöhung unter Ausschluss des Bezugsrechts der Altgesellschafter oder nach den Regelungen des Umwandlungsgesetzes z.B. durch Verschmelzung übernommen werden.

Welche Transaktionsart im konkreten Fall gewählt wird, hängt häufig von den steuerlichen Vorgaben ab. Die Durchführung eines Asset Deals bietet dem Erwerber die Möglichkeit, den gezahlten Kaufpreis abzuschreiben, in Sanierungssituationen kann der Erwerber hierdurch die Übernahme von Verbindlichkeiten des Veräußerers in größerem Umfang vermeiden. Vorteil des Share Deals auf der anderen Seite ist die wesentlich einfachere Abwicklung, da sich in diesem Fall an den Rechtsverhältnissen des Unternehmens zu seinen Vertragspartnern nichts ändert. Beim Asset Deal hingegen ist es erforderlich, die Zustimmung eines jeden Vertragspartners zur Übernahme des Vertrags durch den Erwerber einzuholen, was sehr zeitaufwendig sein kann.

1.4 Ablauf des Unternehmenskaufs – Überblick

Die Abwicklung von Unternehmens- und Beteiligungskäufen folgt immer mehr der im angloamerikanischen Raum entwickelten Vorgehensweise. Dies gilt einerseits für die durchzuführenden Einzelmaßnahmen als auch für die inhaltliche Gestaltung des Vertragswerks.

Der typische Ablauf eines Unternehmenskaufs, bei dem nur mit einem Interessenten verhandelt wird, ist nachfolgend kurz dargestellt. Die Gliederung dieses Buchs folgt so weit als möglich dieser Chronologie.

Ablauf des Unternehmenskaufs	
↓	Vorbereitung der Transaktion
	Suche eines Kaufobjekts bzw. eines Käufers
	Steuerliche Planung der Transaktion
	Unternehmensbewertung/Kaufpreisfindung
	1. Verhandlungsphase/Letter of Intent
	Prüfungsphase – Due Diligence
	Finanzierung der Transaktion
	2. Verhandlungsphase – Der Kaufvertrag
	Übergabe des Unternehmens

2 Vorbereitung der Transaktion/Suchphase

Was Sie in diesem Kapitel erfahren

1 Wie bereitet sich der Käufer auf den Kauf vor?

2 Wie bereitet sich der Verkäufer auf den Verkauf vor, insbesondere:

- Welche Möglichkeiten bestehen beim Verkauf einer unselbständigen Betriebsabteilung?
- Warum macht eine Eigenprüfung des Unternehmens Sinn?
- Wie geht man bei der Käufersuche vor?

3 Wie bündelt man die Interessen bei einer Mehrheit von Käufern bzw. Verkäufern?

4 Was ist bei Einschaltung eines M&A-Beraters zu beachten?

5 Was ist bei den Vertragsverhandlungen zu beachten, welche Fehler sind zu vermeiden?

Inhalt

2 Vorbereitung der Transaktion/Suchphase

Der erfolgreiche Abschluss einer Unternehmenskauftransaktion ist für alle Beteiligten auch wesentlich von einer guten Vorbereitung abhängig. Nimmt schon die eigentliche Transaktion, d.h. die Phase ab Eintritt in die Verhandlungen mit dem späteren Käufer bis zur tatsächlichen Übergabe des Unternehmens, oft mehrere Monate in Anspruch, so kann die optimale Vorbereitungsphase – zumindest aus Verkäufersicht – noch deutlich länger sein.

Ein geschickter Verkäufer nutzt die Vorbereitungsphase, um „die Braut zu schmücken", indem er sein Unternehmen in bestmöglichem Licht präsentiert. Andererseits wird er im Vorfeld auch mit seinen Beratern die Eigentümerstruktur steuerlich optimieren, um so beim Verkauf die geringstmögliche Steuerlast zu haben bzw. im Weg der vorweggenommenen Erbfolge möglichst günstig auch seine Angehörigen am Verkauf partizipieren zu lassen. Sollte er nur einen unselbständigen Teil seines Unternehmens verkaufen wollen, muss er überlegen, wie er diesen Teil „herauslöst" und ob dies überhaupt notwendig ist.

Auf Käuferseite sind die Vorbereitungsmaßnahmen ganz unterschiedlicher Natur. Möchten die leitenden Angestellten das von ihnen geführte Unternehmen erwerben (sogenannter „MBO", siehe hierzu Kapitel 11), richten sich die Vorbereitungsmaßnahmen insbesondere auf die Bündelung der Interessen im Käuferkreis sowie die Beschaffung der notwendigen Finanzierung. Möchten die Käufer ein Unternehmen erwerben, um sich selbständig zu machen (sogenannter „MBI", siehe hierzu ebenfalls Kapitel 11), steht zunächst die Suche nach einem geeigneten Kaufobjekt im Vordergrund. Hierzu werden regelmäßig M&A-Berater eingeschaltet. Daneben ist auch hier die Frage der Finanzierung zu klären und Kontakte zu potentiellen Finanzierungspartnern aufzunehmen.

Soweit Käufer und Verkäufer noch nicht über einschlägige Transaktionserfahrung verfügen, sollten sie sehr frühzeitig Kontakt zu transaktionserfahrenen Beratern aufnehmen, um mit diesen gemeinsam die notwendigen Schritte zu planen, um Fehler bereits in der Vorbereitungsphase zu vermeiden.

2.1 Vorbereitung auf Käuferseite

Ist der Käufer nicht in der glücklichen Situation, sein „Wunschobjekt" bereits gefunden zu haben und auch die Finanzierung aus eigenen Mitteln erbringen zu können, so muss bei ihm die Vorbereitung des Unternehmenskaufs lange Zeit vor der Aufnahme der eigentlichen Vertragsverhandlungen einsetzen. Gerade hier wird häufig nicht die notwendige Vorbereitungszeit einkalkuliert. Zur optimalen Vorbereitung der Transaktion sollte der Käufer folgende Punkte beachten:

- Erarbeitung eines Anforderungsprofils für die Objektgesellschaft
- Kontaktaufnahme zu Finanzinvestoren
- Bündelung der Interessen bei mehreren Käufern
- Suche eines Kaufobjekts
- Kontaktaufnahme zu Beratern (M&A-Berater, Steuerberater, Rechtsanwalt)

Zunächst wird der Käufer sich über das Anforderungsprofil des Kaufobjekts Gedanken machen müssen. In diesem Zusammenhang wird er ein Anforderungsprofil erstellen, das die für ihn relevanten Eckdaten (z.B. Branche, Mitarbeiterzahl, Umsatz etc.) beinhaltet. Dieses Anforderungsprofil muss er dann mit möglichen Investoren abstimmen, um festzustellen, ob sich für den Erwerb derartiger Beteiligungen überhaupt ein Finanzpartner finden lässt. Hierzu sind bereits vor Identifizierung eines konkreten Kaufobjekts Kontakte zu möglichen Finanzierungspartnern (Banken, Beteiligungsgesellschaften, Venture-Capital-Gesellschaften, öffentliche Förderbanken (z.B. KfW) etc.) herzustellen, um bereits sehr früh deren Anforderungsprofil für eine Finanzierung kennen zu lernen. Werden die Finanzierungsfragen nicht frühzeitig angegangen, läuft der Käufer Gefahr, Kaufobjekte auszusuchen, die für ihn überhaupt nicht finanzierbar sind. Ebenso wichtig ist es, vorab in seinem privaten Umfeld „die Weichen gestellt zu haben". Er sollte mit seiner Familie abklären, ob gegebenenfalls ein Ortswechsel möglich ist, oder ob das Unternehmen in örtlicher Nähe zum derzeitigen Lebensmittelpunkt der Familie liegen muss. Sind diese Fragen nicht geklärt, riskiert der Käufer, sich mit ungeeigneten Kaufobjekten zu beschäftigen und damit sinnlos Zeit und Geld bei der Suche eines Kaufobjekts zu vergeuden.

Stehen auf Käuferseite mehrere Beteiligte, so wie dies beim Management-Buy-out häufig der Fall ist, sollten diese ihre Interessen durch eine vertragliche Vereinbarung bündeln. Dies gilt insbesondere auch für etwaige bereits in dieser Phase entstehende Kosten (z.B. für M&A-Berater), aber auch zur Festlegung der generellen Vorgehensweise und der Beteiligung an der Finanzierung. Diese Interessenbündelung durch Vereinbarung mag zwar sehr formal erscheinen, jedoch ist dies gerade beim Scheitern des Kaufs von großer Bedeutung. In diesem Fall mag ansonsten Streit darüber entstehen, wer welche Kosten zu tragen hat und wer welche Auslagen machen durfte.

Spätestens nachdem ein Kaufobjekt identifiziert ist, sollte der Käufer auch Kontakt zu Beratern aufnehmen, wobei hier häufig der eigene Steuerberater der erste Ansprechpartner ist. Der Steuerberater gibt dem potentiellen Käufer im Idealfall einen ersten Überblick über die notwendigen Maßnahmen und kann zunächst auch die Projektleitung übernehmen. Bereits in einer sehr frühen Phase kann es sich jedoch empfehlen, einen M&A-Berater einzuschalten, der gemeinsam mit den potentiellen Käufern ein konkreteres Anforderungsprofil für die Objektgesellschaft erarbeitet, die zuvor geschilderten Kontakte zu Finanzinvestoren herstellt und auch Kaufobjekte sucht.

Die Suche eines geeigneten Kaufobjekts kann alternativ zur Einschaltung eines M&A-Beraters auch durch Prüfung verschiedener allgemein zugänglicher Datenbanken (sogenannte „Unternehmensbörsen“) erfolgen. In diesen Datenbanken bieten Verkäufer mit einem Kurzprofil ihre Unternehmen an. Derartige Unternehmensbörsen werden beispielsweise bei den Industrie- und Handelskammern betrieben.[1)]

1 Wie bereitet sich der Käufer auf den Kauf vor?

- Erarbeitung eines Anforderungsprofils für das Kaufobjekt
- Kontaktaufnahme zu Investoren und Banken vor Identifizierung des Kaufobjekts
- Kontaktaufnahme zu Beratern (Steuerberater, M&A-Berater, Rechtsanwalt)
- bei mehreren Käufern: vertragliche Regelung der Vorgehensweise und Kostentragung
- Prüfung von Unternehmensbörsen hinsichtlich geeigneter Angebote oder Beauftragung eines M&A-Beraters mit der Suche

1) Informationen hierzu können bei den örtlichen Industrie- und Handelskammern eingeholt werden unter dem Stichwort „Nachfolgebörse Change/Chance“.

2.2 Vorbereitung auf Verkäuferseite

Die Vorbereitung des Verkaufs setzt regelmäßig deutlich früher an, dies gilt insbesondere im Fall einer Unternehmensnachfolgeregelung durch Verkauf. Aus schenkungsteuerlichen bzw. erbschaftsteuerlichen Gründen kann es sich empfehlen, bereits deutlich vor Durchführung des Verkaufs Beteiligungen auf Angehörige zu übertragen oder aber auch die eigene, zunächst noch persönlich gehaltene Beteiligung in eine Holdinggesellschaft einzubringen.

Handelt es sich um ein Familienunternehmen, an dem eine Vielzahl von Familienmitgliedern beteiligt sind, sollten bereits zu Beginn deren Interessen im Rahmen einer Poolvereinbarung gebündelt werden. Geschieht dies nicht, besteht die Gefahr, dass nach weit fortgeschrittenen Vertragsverhandlungen die Weigerung eines Kleingesellschafters, seine Anteile zu verkaufen, die gesamte Transaktion gefährdet.

Will der Verkäufer nicht sein Gesamtunternehmen verkaufen, sondern nur eine rechtlich unselbständige Betriebsabteilung, so hat er zu prüfen, ob er nicht bereits frühzeitig diese Betriebsabteilung rechtlich verselbständigen und sodann als rechtlich selbständiges Unternehmen betreiben sollte. Hierdurch kann er bereits im Vorfeld einige Probleme lösen (z.B. Probleme des Betriebsübergangs gemäß § 613a BGB – hierzu noch ausführlich in Kapitel 10, Übertragung von Verträgen), die ansonsten während der Transaktion auftreten können und sodann unter großem Zeitdruck zu lösen sind. Wie diese Verselbständigung erfolgen kann, wird nachfolgend ausführlich dargestellt.

Gerade bei inhabergeführten mittelständischen Unternehmen bestehen häufig eine Vielzahl von Leistungsbeziehungen zwischen der Gesellschaft einerseits und ihren Gesellschaftern bzw. deren Angehörigen andererseits. Auf die vertragliche Gestaltung derartiger Leistungsbeziehungen wird häufig nicht dieselbe Sorgfalt verwandt wie auf die Gestaltung von Verträgen mit außenstehenden Dritten. Nach Verkauf des Unternehmens besteht jedoch für die Familienangehörigen bzw. die ehemaligen Gesellschafter ein Bedürfnis, auch diese Rechtsbeziehungen so zu gestalten, dass ihre Interessen hinreichend gewahrt sind. Etwaige handwerkliche Fehler, beispielsweise aus Sicht der Gesellschafter zu lange oder auch zu kurze Kündigungsfristen von Verträgen, sollten vorab behoben werden.

Der Verkäufer hat abzuwägen, ob er nicht selbst das gesamte Unternehmen einer Prüfung unterzieht, um etwaige bestehende rechtliche, steuerliche oder wirtschaftliche Risiken zu identifizieren und möglichst vor Eintritt in die Verhandlungen mit dem Verkäufer zu beseitigen. Für diese Art von Unternehmensprüfung hat sich die Bezeichnung „Owners Due Diligence" oder auch „Vendor Due Diligence" eingebürgert. Zum Inhalt und Ablauf einer derartigen Due-Diligence-Prüfung sei auf die ausführliche Darstellung in Kapitel 6 verwiesen. Für den Verkäufer bietet die Durchführung der Due Diligence einerseits den Vorteil, dass er sodann bereits die notwendige Dokumentation der auch vom Käufer regelmäßig abgefragten Unterlagen erstellt hat, darüber hinaus kann er jedoch auch eine Vielzahl von Problemen abstellen und nimmt dem Käufer damit „Munition" für die Kaufpreisverhandlungen. Der Käufer wird häufig versuchen, nach Durchführung der Due Diligence wegen der dort identifizierten Risiken Kaufpreisabschläge durchzusetzen, dies wird für ihn sodann schwieriger.

2.3 „Schaffung" von Objektgesellschaften bei Veräußerung von Betriebsteilen

2.3.1 Die verschiedenen Varianten

Soll nur ein rechtlich unselbständiger Teil des Unternehmens verkauft werden, so kann es sich empfehlen, diesen Teil vorab in eine selbständige Gesellschaft einzubringen. Wie bereits in dem vorangegangenen Abschnitt kurz dargestellt, bietet die rechtliche Verselbständigung vor Verkauf einerseits den Vorteil, dass die Überleitung der Verträge auf die neue Gesellschaft erfolgt ist und andererseits auch arbeitsrechtliche Abgrenzungsfragen (§ 613a BGB) geklärt sind. Gerade gegenüber dritten Vertragspartnern ist es zum Teil einfacher, die Überleitung der Verträge im Rahmen einer internen Umstrukturierungsmaßnahme durchzusetzen, anstelle der Übertragung dieser Verträge an einen dem Vertragspartner möglicherweise nicht bekannten Dritten im Weg des Asset Deals. Einen weiteren Vorteil bietet der Umstand, dass die eigentliche Veräußerung sodann im Weg des Share Deals erfolgen kann und hinsichtlich der Übertragung damit wesentlich einfacher abgewickelt werden kann.

Für die rechtliche Verselbständigung des Betriebsteils bieten sich zwei Möglichkeiten. Zunächst kann der Verkäufer eine neue Gesellschaft gründen und in diese den Geschäftsbetrieb durch Übertragung der Einzelwirtschaftsgüter einbringen. Alternativ kann er diese Übertragung auch nach den Vorschriften des UmwG im Weg der Spaltung (§ 123 UmwG) durchführen.

2.3.2 Die Spaltung

Unter einer Spaltung versteht man die „partielle Gesamtrechtsnachfolge“ in Rechte und Pflichten eines Rechtsträgers (Urgesellschaft = UG) durch vorhandene oder neuzugründende Rechtsträger.

Rechtsfolge der Spaltung ist der Übergang des Vermögens entsprechend der im Spaltungs- und Übernahmevertrag oder Spaltungsplan (bei Neugründung) vorgesehenen Aufteilung jeweils als Gesamtheit. Für die Verbindlichkeiten der UG, die vor Wirksamwerden der Spaltung begründet worden sind, haften die an der Spaltung beteiligten Rechtsträger als Gesamtschuldner (§ 133 Abs. 1 UmwG)

Der übernehmende Rechtsträger tritt somit bezogen auf die übernommenen Aktiva und Passiva in die Position des übertragenden Unternehmens ein, so wie beispielsweise der Erbe in die Position des Erblassers eintritt. Die Spaltung hat daher gegenüber dem Asset Deal den Vorteil, dass die gewünschten Teile des Aktivvermögens und größenmäßig entsprechende Teile der Passiva auf andere Rechtsträger übergehen, ohne dass die Gläubiger dies verhindern können. Dies gilt gerade auch für Vertragsbeziehungen. Die neue Gesellschaft kann sodann später veräußert werden.

Die Haftung desjenigen Rechtsträgers, auf den bestimmte Verbindlichkeiten nicht übertragen wurden, ist jedoch auf fünf Jahre beschränkt.

Hinweis

Vertragliche Abtretungsverbote für Forderungen bleiben jedoch bestehen und verhindern den Übergang dieser Rechte. Dies gilt jedoch nicht bei der Aufspaltung, da der alte Rechtsträger erlischt.

Das UmwG sieht grundsätzlich **drei Möglichkeiten der Spaltung** vor:

- Aufspaltung
- Abspaltung
- Ausgliederung

Für die hier verfolgten Zwecke bietet sich entweder die Abspaltung oder aber die Ausgliederung an. In beiden Fällen wird die Urgesellschaft einen Teil ihres Vermögens auf eine übernehmende Gesellschaft (hier regelmäßig eine neugegründete Gesellschaft) übertragen. Der Unterschied zwischen

Abspaltung und Ausgliederung besteht in dem Begünstigten der Gegenleistung. Bei der Abspaltung erhalten die Gesellschafter der übertragenden Gesellschaft Anteile an der übernehmenden Gesellschaft. Bei der Ausgliederung werden diese Anteile der übertragenden Gesellschaft selbst gewährt. Bei einem späteren Weiterverkauf dieser Gesellschaft an Dritte wäre im ersten Fall der Gesellschafter der übertragenden Gesellschaft Verkäufer, im zweiten Fall wäre der Verkäufer die übertragende Gesellschaft selbst.

2.3.3 Ablauf der Spaltung

Die Spaltung stellt ein aufwendiges und in der Regel langwieriges Verfahren dar. Die nachfolgenden Punkte sind zu beachten:

- notariell zu beurkundender Spaltungsbeschluss der beteiligten Rechtsträger
- notariell zu beurkundender und dem Betriebsrat zuzuleitender Spaltungs- und Übernahmevertrag oder Spaltungsplan mit gesetzlich festgelegtem Mindestinhalt
- Spaltungsbericht
- Spaltungsprüfung (nicht bei Ausgliederung)
- Sachgründungsbericht bei Neugründung einer GmbH/AG
- Anmeldung zum Handelsregister:
  - am Sitz der übernehmenden Gesellschaft
  - am Sitz der übertragenden Gesellschaft
- Eintragung in die Handelsregister der beteiligten Rechtsträger

Die Spaltung wird erst mit der Eintragung im Register des Sitzes des übertragenden Rechtsträgers wirksam (§ 130 Abs. 1 UmwG).

2.4 Käufersuche/Suche eines Kaufobjekts

Im Idealfall kennt der verkaufswillige Unternehmer mögliche Kaufinteressenten für sein Unternehmen bereits zu dem Zeitpunkt, in dem er sich zum Verkauf entschließt. Anlass für die Entscheidung zum Verkauf ist nicht selten die Anfrage von Kaufinteressenten hinsichtlich einer möglichen Veräußerung. Ist dieser Fall jedoch nicht gegeben und scheidet auch ein Verkauf an die leitenden Angestellten (häufig mangels Finanzierbarkeit) aus, so ist der Unternehmer gezwungen, einen geeigneten Käufer zu suchen.

Wie dies im Einzelnen geschehen sollte, ist von vielen Faktoren abhängig: der Größe des Unternehmens, der Marktbekanntheit, dem Kreis potentieller Interessenten etc. Teilweise kommen für den Erwerb nur regionale Mitbewerber in Betracht, teilweise ist das Unternehmen in einem sehr engen Spezialbereich tätig, sodass sich das Unternehmen bei einer Verbreitung von Verkaufsmemoranden sehr schnell identifizieren lässt. Handelt es sich andererseits um sehr kleine Unternehmen, so sind die Kosten für die Einschaltung eines M&A-Beraters oder Unternehmensmaklers häufig nicht tragbar und der Verkäufer muss selbst – z. B. durch Unternehmensbörsen – aktiv werden.

Die kostengünstigste Käufersuche ist die Kontaktaufnahme zu potentiellen Käufern durch den Verkäufer selbst. Der verkaufswillige Unternehmer kann auch, gegebenenfalls gemeinsam mit seinem Steuerberater, einschlägige Unternehmensbörsen im Internet oder auch entsprechende Anzeigen in den Veröffentlichungen, beispielsweise der IHK, nach Interessenten durchsehen. Umgekehrt kann er auch selbst in diesen Publikationen eine entsprechende Anzeige schalten und sein Unternehmen anbieten. Sind diese Möglichkeiten erschöpft oder auch wegen der Größe des Unternehmens ungeeignet, wird sich der Unternehmer bereits hier eines M&A-Beraters bedienen, der zunächst eine Unternehmenspräsentation erstellt und sodann über die ihm zur Verfügung stehenden Netzwerke mögliche Interessenten identifiziert.

Der Verkäufer muss auch die Informationen vorbereiten, die er dem Kaufinteressenten zu seinem Unternehmen übergeben will. Zunächst wird üblicherweise ein Kurzprofil des Unternehmens erstellt. Dieses enthält anonymisiert die wichtigsten Eckdaten des Unternehmens (Umsatz, Mitarbeiter, Branche und Standort). Das Kurzprofil wird den potentiellen Kaufinteressenten zugesandt, um zu klären, ob grundsätzlich Interesse an dem Angebot besteht. Bei größeren Transaktionen ist es üblich, regelmäßig unter Einschaltung eines M&A-Beraters neben diesem Kurzprofil ein ausführliches sogenanntes „Verkaufsmemorandum" zu erstellen, das eine ausführliche Beschreibung der Objektgesellschaft und ihres Potentials enthält. Gegenstand dieses Memorandums ist u.a. ein kurzer Abriss der Unternehmenshistorie, eine Beschreibung des gegenwärtigen Tätigkeitsfelds des Unternehmens und der Märkte, darüber hinaus enthält es erste Angaben über die Vermögenswerte des Unternehmens und stellt eine Planung für die kommenden Geschäftsjahre vor. Abschließend werden in ausführlichen Exposés auch noch Chancen und Risiken des Unternehmens gegenübergestellt. Dieses Verkaufsmemorandum wird jedoch erst nach Unterzeichnung einer Vertraulichkeitsvereinbarung übergeben. Aufgrund dieses Verkaufsmemorandums wird dann bei entsprechendem Interesse in weitere Verhandlungen eingetreten und gegebenenfalls eine Due-Diligence-Prüfung durchgeführt. Melden sich mehrere Interessenten, so wird mit diesen zunächst häufig parallel verhandelt, bis sich hier ein Verhandlungspartner aus Verkäufersicht als Kandidat herauskristallisiert. Teilweise wird auch ein sogenanntes „Auktionsverfahren“ durchgeführt, bei dem mehrere Interessenten an einem bestimmten Punkt nach Durchführung einer Due Diligence ein Angebot zu unterbreiten haben und sodann mit einigen die Verhandlungen fortgeführt werden. Dem – nachvollziehbaren – Verlangen eines Kaufinteressenten, ab einem bestimmten Punkt vom Verkäufer eine Verhandlungsexklusivität zu erhalten, sollte zurückhaltend begegnet werden. Wird dieses Verlangen in einer sehr frühen Phase gestellt, bevor man wenigstens einige Eckpunkte in einer Absichtserklärung fixiert hat, sollte sich der Verkäufer noch nicht einer Exklusivitätsverpflichtung unterwerfen, da dadurch die Verhandlungen mit weiteren Interessenten gefährdet sind. Hat sich der Kaufinteressent zu den Eckdaten hingegen geäußert und möchte nunmehr eine Due-Diligence-Prüfung durchführen, kann die Exklusivitätsabrede schon eher angemessen sein. Pauschalrezepte sind hier nicht möglich, jedoch lassen sich bei Vereinbarung einer sehr kurzen Exklusivitätsperiode auch weitere Kaufinteressenten „bei der Stange halten“ und damit die negativen Folgen derartiger Abreden aus Verkäufersicht vermindern.

Umgekehrt muss der potentielle Käufer selbst oder gemeinsam mit einem M&A-Berater das Anforderungsprofil für „sein“ Unternehmen entwickeln. Mit diesen Eckpunkten kann er dann entweder selbst entsprechende Unternehmensbörsen[1] abfragen oder aber den M&A-Berater bzw. einen Unternehmensmakler mit der Suche beauftragen.

2 Wie bereitet sich der Verkäufer auf den Verkauf vor, insbesondere:

- Welche Möglichkeiten bestehen beim Verkauf einer unselbständigen Betriebsabteilung?
- Warum macht eine Eigenprüfung des Unternehmens Sinn?
- Wie geht man bei der Käufersuche vor?

1) Siehe beispielsweise www.change-online.de.

Zur Vorbereitung des Verkaufs sollte der Verkäufer

- seine Beteiligungsstruktur steuerlich optimieren durch z.B. Übertragung von Beteiligungen auf Angehörige,
- das Unternehmen einer Eigenprüfung (Vendor Due Diligence) unterziehen, um vor dem Verkauf Schwachstellen zu beseitigen – „die Braut schmücken",
- beim geplanten Verkauf unselbständiger Betriebsabteilungen diese möglicherweise durch Abspaltung oder Ausgliederung in eine eigene Gesellschaft überführen:
  - bei Abspaltung und Ausgliederung können die Vertragsverhältnisse ohne Zustimmung des Dritten auf die neue Gesellschaft übertragen werden,
  - die Abgrenzung der gemäß § 613a BGB übergehenden Mitarbeiter lässt sich bereits vor Verkauf lösen,
  - der Wermutstropfen: der übertragende Rechtsträger haftet noch fünf Jahre für die übertragenen Verbindlichkeiten,
- selbst oder mit Hilfe des Steuerberaters oder eines M&A-Beraters ein Kurzprofil und ein Verkaufsmemorandum (Exposé) der Objektgesellschaft erstellen zur Versendung an potentielle Käufer,
- nicht zu früh einem Kaufinteressenten Exklusivität einräumen und damit die übrigen Kaufinteressenten zu verlieren, besser zunächst Parallelverhandlungen führen, um den Marktpreis des Unternehmens und die Ernsthaftigkeit der Interessenten zu prüfen.

2.5 Poolung der Interessen auf Verkäuferseite/Käuferseite

2.5.1 Poolung auf Verkäuferseite

Insbesondere bei Familiengesellschaften müssen die Interessen der Gesellschafter sorgfältig aufeinander abgestimmt werden. Es muss zwingend vermieden werden, dass einzelne Gesellschafter oder ganze Familienstämme kurz vor Vertragsschluss ausscheren und die Unterschrift verweigern. In diesem Fall sind nicht nur auf der Verkäuferseite nutzlos Gelder für Beraterhonorare vergeudet. Es drohen Schadensersatzansprüche unter dem Gesichtspunkt des Verschuldens bei Vertragsschluss. Bereits entstandene Transaktionskosten, wie z.B. Umweltanalysen, Wirtschaftsprüfer-, Steuerberater- und Rechtsanwaltshonorare usw., sind je nach Lage des Falls der Erwerberseite zu erstatten.

Die Berater der Verkäufer und die Käuferseite ist deshalb angehalten, darauf zu achten, dass die verkaufenden Gesellschafter untereinander bindende Vereinbarungen geschlossen haben, die ein Ausscheren unmöglich machen. Dies sollten sich die Käufer und ihre Berater von den Verkäufern nachweisen lassen.

Für die Poolung der Verkäuferinteressen stehen verschiedene Modelle zur Verfügung:

Zunächst können sich die verschiedenen Verkäufer im Rahmen einer sogenannten „Poolvereinbarung“ binden. Diese Poolvereinbarung sieht als Kern die Verpflichtung vor, Verhandlungen nur durch einen in der Vereinbarung bestimmten Verhandlungsführer führen zu lassen und keine weitere Verhandlungen zu führen. Die Erteilung einer unwiderruflichen Verhandlungsvollmacht ist hingegen problematisch, da beispielsweise eine solche Unwiderruflichkeit dann unwirksam ist, wenn die Vollmacht ausschließlich den Interessen des Vollmachtgebers dient.[1] Auch die Aufnahme einer Verpflichtung zum Verkauf der Anteile ist zumindest bei einer GmbH problematisch, da diese Verpflichtung zu ihrer Wirksamkeit der notariellen Beurkundung bedarf. Die notarielle Beurkundung würde aber wiederum entsprechende Kosten auslösen. Alternativ, aber ebenfalls aufwendig, können die jeweiligen Anteile auf einen Treuhänder übertragen werden, der sodann im Interesse aller Beteiligten die Verhandlungen führt. Alternativ hierzu könnte auch die Einbringung der Anteile in eine hierzu gegründete Gesellschaft vorgenommen werden.

2.5.2 Poolung auf Käuferseite

Auf Käuferseite ist zwischen der Kurzfristpoolung und der Langfristpoolung der Interessen zu unterscheiden. Die Kurzfristpoolung umfasst die Regularien zwischen den einzelnen Erwerbern beginnend mit der Suchphase für ein geeignetes Objekt bis zur Unterzeichnung des Kaufvertrags. Die Langfristpoolung betrifft insbesondere den Fall, dass der Kauf durch zukünftiges aktives Management gemeinsam mit Finanzinvestoren erfolgen soll. Die Einzelheiten zur Langfristpoolung sind im Kapitel 11 dargestellt.

Die Kurzzeitpoolung betrifft insbesondere folgende Themen:

- Ernennung des Verhandlungsführers
- Vollmachten für die Verhandlungsdelegation
- Festlegung des Maximalpreises

1) BGH, DNotZ 1972, 229.

- Übernahme der Kosten bei Scheitern der Verhandlungen
- Befristung des Verhandlungsmandats
- Zuweisung bestimmter Aufgaben (z.B. Durchführung einer technischen Prüfung durch Ingenieur, Kontaktaufnahme zu Investoren durch Betriebswirt)

Die Interessenpoolung kann hier hinsichtlich der Kurzfristpoolung ebenfalls im Rahmen der Erteilung eines Verhandlungsmandats an einen Käufer mit entsprechenden Vollmachten erfolgen. Hinsichtlich der Langfristpoolung können auch entsprechende gesellschaftsrechtliche Vereinbarungen abgeschlossen werden.

3 Wie bündelt man die Interessen bei einer Mehrheit von Käufern bzw. Verkäufern?

- Die Interessen können durch eine schuldrechtliche Vereinbarung der Käufer bzw. Verkäufer gebündelt werden (Poolvereinbarung).
- Die Vereinbarung sollte folgende Eckpunkte enthalten:
  - Ernennung des Verhandlungsführers
  - Vollmachten für die Verhandlungsdelegation
  - Festlegung des Mindest-/Maximalpreises
  - Kostenverteilung bei Scheitern der Verhandlungen
  - Befristung des Verhandlungsmandats
  - gegebenenfalls Zuweisung bestimmter Aufgaben.

Auf Verkäuferseite können alternativ zur Poolvereinbarung
- sämtliche Anteile auf einen Treuhänder übertragen werden,
- sämtliche Anteile in eine Holdinggesellschaft eingebracht werden.

Auf Käuferseite ist zu unterscheiden zwischen
- der Kurzfristpoolung für die eigentlichen Verhandlungen sowie
- der Langfristpoolung nach Erwerb (siehe hierzu Kapitel 11).

2.6 Zusammenstellung des Projektteams

Anders als Großunternehmen verfügen kleinere inhabergeführte mittelständische Unternehmen in der Regel nicht über eine M&A-Abteilung mit transaktionserfahrenen Mitarbeitern, die eigenständig entsprechende Transaktionen vorbereiten und durchführen können. Soweit auch die ständigen Berater des Unternehmens, Steuerberater, Wirtschaftsprüfer und Rechtsanwalt nicht über entsprechendes Know-how verfügen, muss dieses „extern eingekauft" werden.

Um den Erfolg der Transaktion sicherzustellen, ist es für alle Beteiligten ratsam, ihre Berater bereits in einem sehr frühen Zeitpunkt hinzuzuziehen und das Projektteam zusammenzustellen. Dieses Team besteht regelmäßig aus eigenen Mitarbeitern und aus externen Beratern wie Steuerberatern, Wirtschaftsprüfern, Rechtsanwälten sowie gegebenenfalls einem M&A-Berater. Hierbei sollte auch eine klare Aufgabenverteilung erfolgen und der Projektleiter festgelegt werden. Es muss für die andere Vertragspartei erkennbar sein, wer welche Kompetenzen hat. Nur so kann vermieden werden, dass Berater – insbesondere in der Verhandlungsphase – sich widersprechende Erklärungen abgeben.

Die Bildung eines Projektteams bedeutet jedoch nicht, dass dieses bei allen Verhandlungsrunden in voller Stärke teilnehmen muss. Gerade zu Beginn der Verhandlungen sollte hier nur ein kleines Verhandlungsteam teilnehmen. Wie und in welcher Stärke verhandelt werden sollte, wird nachfolgend erläutert.

2.7 Einschaltung eines M&A-Beraters

Wie bereits mehrfach erläutert, kann sowohl für Käufer als auch für Verkäufer die Einschaltung eines M&A-Beraters sinnvoll sein. Diese Dienstleistung wird von selbständigen Beratern, aber auch von Wirtschaftsprüfungsgesellschaften oder Banken angeboten. Die Aufgabe dieses Beraters ist einerseits die Beschaffung von geeigneten Kaufobjekten bzw. Kaufinteressenten, andererseits aber auch die Begleitung der Transaktion im Sinne eines Projektmanagements. Welche einzelnen Aufgaben der M&A-Berater übernehmen sollte, lässt sich generell nicht beantworten und ist immer vom Einzelfall abhängig. Handelt es sich um einen transaktionserfahrenen Unternehmer, so wird er eine Vielzahl der Gespräche selbst führen wollen, sofern ihm hierzu nicht die notwendige Zeit fehlt. Fehlt ihm eine solche Erfahrung, wird er den Berater sehr früh einbinden.

Mit dem M&A-Berater wird üblicherweise eine Vereinbarung abgeschlossen, in der die verschiedenen von ihm zu erbringenden Leistungen dargestellt werden. Diese Verträge sind – zumindest teilweise – als Maklerverträge im Sinne des § 652 BGB anzusehen.

Die Vergütung ist hierbei zu einem Teil vom tatsächlichen Aufwand abhängig und wird auf Basis von Stundenhonoraren vergütet, andererseits enthält die Vereinbarung häufig auch erfolgsabhängige Komponenten. Die Höhe der zu zahlenden Beraterhonorare ist jeweils vom Transaktionswert abhängig. Die erfolgsabhängige Komponente liegt beim Verkauf mittelständischer Unternehmen in einer Bandbreite von 3 % bis 5 % des Kaufpreises, wobei hier auch Mindesthonorare vereinbart werden. Letztendlich ist auch die Erfolgskomponente vom Transaktionsvolumen abhängig.

Entscheidet sich eine der Parteien für die Einschaltung eines M&A-Beraters/M&A-Maklers, so sollte sie unbedingt darauf achten, dass diese Partei nur in ihrem Interesse tätig ist. Sollte die gleiche Beratungsgesellschaft auch die andere Vertragspartei vertreten, sind Interessenkonflikte vorprogrammiert. Bereits die Gefahr dieser Interessenkonflikte sollte im Ansatz vermieden werden.

4 Was ist bei Einschaltung eines M&A-Beraters zu beachten?

- Genaue Abstimmung des Leistungsprofils und der dafür zu zahlenden Vergütung
- Der M&A-Berater sollte zur Vermeidung von Interessenkollisionen nicht auf beiden Seiten tätig werden.

2.8 Kleines Verhandlungseinmaleins

Ob eine geschickte Verhandlungstaktik bereits „die halbe Miete“ darstellt, mag man bezweifeln können. Fest steht jedoch, dass sich die Parteien mit diesem Thema intensiv vor Eintritt in die Verhandlungen beschäftigen sollten. Nicht immer werden bestimmte Taktiken bewusst eingesetzt, jedoch sollte man verschiedene Taktiken erkennen können, um hierauf wiederum selbst reagieren zu können. Es würde den Rahmen dieses Buchs sprengen, hier ins Detail zu gehen (hierzu gibt es mehrtägige Seminare), jedoch sollen einige Grundregeln und typische Fehler erläutert werden.

2.8.1 Verhandlungsteam

Das Verhandlungsteam ist während der Transaktion nicht immer das gleiche. Üblicherweise werden bei der ersten Kontaktaufnahme nur die beiden Vertragsparteien selbst zugegen sein, gegebenenfalls assistiert von ihren Steuerberatern oder den eingeschalteten M&A-Beratern. Bei Fortschreiten der Vertragsverhandlungen werden sodann die Rechtsanwälte hinzugezogen. Dies sollte bereits vor Unterzeichnung einer Absichtserklärung sein, da diese schon rechtsverbindliche Positionen enthalten kann. Bei den weiteren Vertragsverhandlungen kann es je nach Größe der Transaktion und auch Zeitdruck durchaus zu Parallelverhandlungen kommen, um Spezialthemen zeitgleich erledigen zu können (beispielsweise steuerliche Fragen, Übertragung von Patenten etc.). Trotz aller Veränderungen sollte der Verhandlungsführer während der Verhandlungen nicht gewechselt werden und für die Gegenpartei auch immer erkennbar sein, bei wem „die Fäden zusammenlaufen".

Bereits bei der Frage, wer verhandelt, können die Parteien schwerwiegende Fehler machen. Gefahr droht, wenn der Verkäufer/Käufer zu selbstbewusst (oder kostenbewusst) ist und über eine lange Phase die Verhandlungen allein führt. Werden beispielsweise während der Verhandlungen mündlich dem Käufer vom Verkäufer vertragswesentliche Informationen gegeben und behauptet der Käufer später, er sei über diesen Punkt vor Vertragsschluss nicht aufgeklärt worden, so gerät der Verkäufer in Beweisnot. Der Verkäufer muss im Fall einer gerichtlichen Auseinandersetzung beweisen, dass er aufgeklärt hat. Er selbst ist jedoch nicht geeigneter Zeuge, hat der Käufer hier die Verhandlungen durch einen Vertreter führen lassen oder zumindest in Gegenwart eines Dritten, steht ihm ein Zeuge für die Verhandlungen zur Verfügung. Diese missliche Situation sollte man vermeiden, indem man zumindest eine weitere Person (beispielsweise den Steuerberater) zu Gesprächen hinzuzieht, in denen bereits für die Transaktion relevante Informationen ausgetauscht werden.

Ein weiterer Fehler liegt in der nicht abgestimmten Verhandlungsführung bei einer Mehrheit von Käufern oder Verkäufern. Erkennt die andere Vertragspartei diese Schwäche, so wird sie häufig versuchen, dem „schwächsten Glied" Zugeständnisse zu entlocken und hieran auch die übrigen Verhandlungspartner zu binden. In dieser Situation ist es für die anderen Verhandlungspartner sehr schwierig, wieder eine „Kehrtwende" zu machen. Von daher sollte – wie bereits geschildert – auf jeder Seite ein Verhandlungsführer auftreten und gegebenenfalls die Verhandlungen unterbrochen werden, wenn Abstimmungsbedarf entsteht.

Ein weiterer beliebter „Schachzug“ ist es, ohne einen Entscheidungsträger in die Verhandlungen einzutreten. Dies ermöglicht es der jeweiligen Partei, die Verhandlungsergebnisse nochmals in Ruhe zu prüfen und gegebenenfalls zu revidieren.

Schließlich sollte man auch nicht bei den ersten Verhandlungen unangekündigt mit seiner gesamten „Streitmacht“ an Beratern erscheinen. Ist der Verhandlungspartner nicht ebenbürtig vertreten, führt dies erfahrungsgemäß nur dazu, dass er in dieser Verhandlungsrunde keine Entscheidungen treffen oder substantielle Aussagen machen wird. Er wird befürchten, von der fachlich kompetenteren Gegenseite übervorteilt zu werden, wenn er verbindliche Erklärungen abgibt. Man sollte daher vorab klären, in welcher Stärke man wechselseitig an den Verhandlungen teilnehmen möchte.

2.8.2 Verhandlungsatmosphäre

Die Verhandlungsatmosphäre sollte freundlich aber dennoch sachlich sein. „Verbrüderungen“ im Vorfeld der Verhandlungen sind ebenso wie ein überaus aggressives oder reserviertes Auftreten fehl am Platz. Die Parteien müssen zumindest noch im Rahmen der Übernahme des Unternehmens miteinander arbeiten, was bei einer aggressiven Verhandlungsführung sehr schwer wird. Auf der anderen Seite sollte bei einer allzu freundschaftlichen oder gar jovialen Verhandlungsatmosphäre nicht vergessen werden, dass jede Partei harte wirtschaftliche Interessen verfolgt. In der Sache selbst bleibt der doch so freundliche Verhandlungspartner dann häufig doch sehr hart.

Es empfiehlt sich auch, nicht direkt die „härtesten Nüsse knacken“ zu wollen. Gerade auch bei der Verhandlung des Kaufvertrags benötigen die Verhandlungspartner eine gewisse Anlaufzeit, um ihr Gegenüber kennen zu lernen. Zum „Warmwerden“ kann man zunächst den Vertrag systematisch durchgehen, dann aber die schwierigen Punkte zunächst nur sammeln und weniger kontroverse Positionen ausverhandeln. Anschließend lassen sich dann auch häufig die schwierigen Punkte besser lösen.

Ist bei einem kontroversen Punkt auf Anhieb keine Einigung erzielbar, sollten die Verhandlungen auch ruhig zur Abstimmung der eigenen Position unterbrochen werden. Diese Art Unterbrechung ist durchaus üblich und hilft den Parteien Kompromissvorschläge auszuarbeiten.

Es kann den insoweit nicht verhandlungserfahrenen Käufern/Verkäufern nur angeraten werden, vor Eintritt in die Verhandlungen einmal ein Seminar zu diesem Thema zu besuchen. Dies gilt auch für die vermeintlich verhandlungserfahrene Partei. Derartige Seminare bestätigen im Idealfall, dass man die richtige Taktik beherrscht, häufig lässt sich diese aber noch optimieren.

5 Was ist bei den Vertragsverhandlungen zu beachten, welche Fehler sind zu vermeiden?

Verhandlungsteam

- Festlegung eines Verhandlungsführers
- Größe des Teams den Umständen anpassen
  - erste Sondierungsgespräche in kleinem Team
  - Gespräche mit rechtsverbindlichem Charakter in Gegenwart von Zeugen führen
  - gegebenenfalls parallel verschiedene Sachverhalte verhandeln
  - Verhandlungsleiter muss immer den Überblick bewahren
  - vor Verhandlung Größe mit Gegenseite abstimmen
  - zur Prüfung von Positionen kann ein Entscheidungsträger bei den Verhandlungen bewusst fehlen
- Häufige Fehler bei Nichtbeachtung der vorigen Punkte:
  - Partei verhandelt rechtserhebliche Themen ohne Zeugen
  - mehrere Käufer/Verkäufer verhandeln unabgestimmt parallel
  - Verhandlungsleitung für Gegner nicht erkennbar/wechselnd
  - Größe der Verhandlungsteams nicht aufeinander abgestimmt

Verhandlungsatmosphäre

- Freundlich, aber auch sachlich verhandeln
- Arbeitsatmosphäre aufbauen, erst „warm verhandeln“ an unproblematischeren Punkten, schwierige Punkte später
- bei Stocken der Verhandlungen „Auszeit nehmen“ zur Prüfung der eigenen Position, Ausarbeitung eines Kompromissvorschlags
- Häufige Fehler:
  - aggressive oder zu joviale Verhandlungsatmosphäre erschwert sachliche Zusammenarbeit
  - schwierige Verhandlungspunkte werden sofort angegangen, bevor man die Verhandlungsführung der Gegenseite kennt

2.9 Fazit

Eine gute Vorbereitung der Transaktion trägt ganz wesentlich zum Erfolg bei. Der Unternehmenskauf bzw. -verkauf geht hinsichtlich der verschiedenen Anforderungen weit über das den Parteien üblicherweise geläufige Managementwissen hinaus. Sie sollte daher frühzeitig Spezialisten hinzuziehen und nicht an dieser Stelle Kosten sparen wollen. Diese Kostenersparnis ist später häufig teuer zu bezahlen, kommt es zur gerichtlichen Auseinandersetzung beispielsweise wegen unterschiedlicher Auffassungen oder unklarer Regelungen zu den vertraglichen Pflichten.

3 Ermittlung des Unternehmenswerts

Was Sie in diesem Kapitel erfahren

6 Welche Bedeutung hat die Unternehmensbewertung im Rahmen von Transaktionen?

7 Auf welchen Grundlagen basieren Unternehmensbewertungen?

8 Welche Methoden kann ich anwenden?

9 Wie läuft eine Unternehmensbewertung praktisch ab?

10 Welche Besonderheiten können sich ergeben?

Inhalt

3 Ermittlung des Unternehmenswerts

3.1 Die Rolle der Unternehmensbewertung beim Unternehmenskauf

Eines der entscheidenden Kriterien für das Zustandekommen einer Unternehmenstransaktion ist die Einigung der Parteien in Bezug auf den Kaufpreis für ein Unternehmen bzw. eine Beteiligung. Insbesondere bei dieser Fragestellung ergeben sich gegenläufige Interessenlagen der Beteiligten. Die Schwierigkeit liegt nunmehr darin, dass kein direkt erkennbarer, „objektiver" Kaufpreis für ein Unternehmen existiert. Dies liegt an der mangelnden Vergleichbarkeit von Unternehmen, der überschaubaren Anzahl an Marktteilnehmern sowie an dem hohen Grad an Komplexität der Kaufobjekte.

Diese Probleme versucht die betriebswirtschaftliche Teildisziplin der Unternehmensbewertung zu lösen. Da Kaufpreise regelmäßig auf der Grundlage von durchgeführten Unternehmensbewertungen verhandelt werden, sind sowohl fundierte theoretische als auch praktische Kenntnisse der Unternehmensbewertung eine wichtige Basis für die erfolgreiche Umsetzung einer Transaktion.

Vor dem Hintergrund der gegensätzlichen Interessenlagen von Veräußerer und Erwerber stellt sich immer wieder die Frage des richtigen Bewertungsverfahrens und des daraus resultierenden Unternehmenswerts, da die unterschiedlichen Verfahren zum Teil zu erheblich abweichenden Unternehmenswerten führen können.

In der Theorie und Praxis der Unternehmensbewertung haben sich zahlreiche Bewertungsverfahren entwickelt, die im Nachfolgenden näher beschrieben werden. Hierbei erfolgt eine grundlegende Unterscheidung in

- Gesamtbewertungsverfahren,
- Einzelbewertungsverfahren sowie
- Mischverfahren.

Eine erhebliche Rolle für die Praxis der Unternehmensbewertung spielt der IDW-Standard: Grundsätze zur Durchführung von Unternehmensbewertungen (IDW S 1). Die durch den Berufsstand der Wirtschaftsprüfer entwickelten Grundsätze von Unternehmensbewertungen geben einen umfassenden Leitfaden für die Durchführung einer Unternehmensbewertung nach dem Ertragswertverfahren sowie dem Discounted Cashflow-Verfahren

(DCF-Verfahren) und können durch ihre umfängliche Beachtung in der Praxis als relevanter Standard betrachtet werden.

6 Welche Bedeutung hat die Unternehmensbewertung im Rahmen von Transaktionen?

- Wichtige theoretische und praktische Grundlage für die Kaufpreisermittlung und Verhandlung.
- Die Wahl eines Bewertungsverfahrens kann erhebliche Auswirkungen auf den ermittelten Kaufpreis haben.
- IDW-Standard: Grundsätze zur Durchführung von Unternehmensbewertungen sind zu beachten.

3.2 Grundlagen der Unternehmensbewertung

3.2.1 Begriffliche Grundlagen

3.2.1.1 Subjektiver Unternehmenswert

Die subjektive Bewertungslehre geht von den Erkenntnissen der entscheidungsorientierten Investitionstheorie aus. Dabei wird die Unternehmenswertbestimmung als die Ermittlung des Grenzpreises verstanden. Dieser ist gerade dann erreicht, wenn sich der Investor gegenüber einer für ihn besten Vergleichsinvestition indifferent verhält. Zur Grundlage der Bewertung werden nun subjektive Einschätzungen und Erwartungen bezüglich der zukünftigen Entwicklung des Unternehmens, die für einen konkreten Interessenten von Bedeutung sind, herangezogen.

Der subjektive Unternehmenswert beinhaltet die Einschätzung des Werts der Beteiligung an einem Unternehmen unter Berücksichtigung der individuellen persönlichen Verhältnisse und Ziele des jeweiligen Anteilseigners; Bewertungsparameter sind daher insbesondere der damit verbundene Einfluss des Anteilseigners auf die Unternehmenspolitik sowie erwartete Synergieeffekte.[1)]

Diese Ansprüche werden durch das Ertragswertverfahren erfüllt, welches den Gegenwartswert der Gesamtheit aller zukünftig erzielbaren Erträge berechnet. Dies entspricht prinzipiell den Vorstellungen von Finanzinvestoren, da nur zukünftige Erfolge bzw. Erträge ausgeschüttet, thesauriert,

1) IDW-Standard: Grundsätze zur Durchführung von Unternehmensbewertungen (IDW S 1) TZ 13.

oder zum Rückkauf von Anteilen verwendet werden können und damit zur geforderten Renditeerzielung beitragen.

3.2.1.2 Objektivierter Unternehmenswert

Der objektivierte Unternehmenswert drückt den Wert des im Rahmen des vorhandenen Unternehmenskonzepts fortgeführten Unternehmens, bezogen auf eine Alternativinvestition am Kapitalmarkt, aus. Der objektivierte Unternehmenswert ist ein typisierter Zukunftserfolgswert, der sich bei Fortführung des Unternehmens in unverändertem Konzept und mit allen realistischen Zukunftserwartungen im Rahmen seiner Marktchancen und -risiken, finanziellen Möglichkeiten sowie sonstigen Einflussfaktoren ergibt.[1)]

Aus der Notwendigkeit, neutrale Gutachten zu erstellen, die einen Konfliktausgleich zwischen verschiedenen Interessengruppen schaffen sollen, hat sich der Begriff des objektivierten Unternehmenswerts entwickelt. Dieser Wert ergibt sich aus standardisierten Methoden, beispielsweise aus dem Ertragswertverfahren. So werden bei einem objektivierten Ertragswert zukünftige Einzahlung- und Auszahlungsströme (Cashflow) zu einem Gegenwartswert anhand der nachstehenden Formel abgezinst.

$$\mathrm{EW} = \sum_{t=1}^{\infty} CF_t \cdot (1+i)^{-t}$$

3.2.2 Bewertungsfunktion und Bewertungszweck

Auf der Basis der funktionsorientierten Unternehmensbewertungslehre der Betriebswirtschaft können Unternehmensbewertungen im Rahmen der Gutachterfunktion, der Beraterfunktion sowie der Vermittlungsfunktion ermittelt werden. Die Funktion des Sachverständigen muss im Vorfeld klar und eindeutig formuliert werden.

3.2.2.1 Gutachterfunktion

Im Rahmen der Gutachterfunktion hat der Gutachter einen objektivierten Unternehmenswert zu ermitteln. Er hat anhand einer nachvollziehbaren Methodik einen objektivierten, von den individuellen Wertverhältnissen

1) IDW-Standard: Grundsätze zur Durchführung von Unternehmensbewertungen (IDW S 1) TZ 12.

der betroffenen Parteien unabhängigen, Wert des Unternehmens zu ermitteln.

Entstanden ist die Gutachterfunktion aus der praxisorientierten Notwendigkeit, den Verhandlungspartnern komprimierte Informationen über die Ertragskraft des Unternehmens zu vermitteln. Dies soll im Rahmen einer neutralen und sachkundigen Gewinnung, Prüfung und Analyse von Daten und Informationen des zu bewertenden Unternehmens erfolgen.

3.2.2.2 Beraterfunktion

Im Rahmen der Beraterfunktion hat der Berater, als Interessenvertreter einer Partei, einen subjektiven Unternehmenswert zu ermitteln und zu begründen. Hierbei hat der Berater, unter Berücksichtigung der individuellen Möglichkeiten und Gegebenheiten seiner Partei, einen subjektiven Entscheidungswert zu ermitteln. Dies kann einerseits für den Erwerber die Ermittlung einer Preisobergrenze sein oder andererseits für den Veräußerer die Ermittlung einer Preisuntergrenze. Die nachstehenden Übersichten sollen die Auswirkungen der unterschiedlichen Interessenlagen von Erwerber und Veräußerer auf einen möglichen Unternehmenswert verdeutlichen:

Abb. 1:
Wert und Preis beim Unternehmenskauf

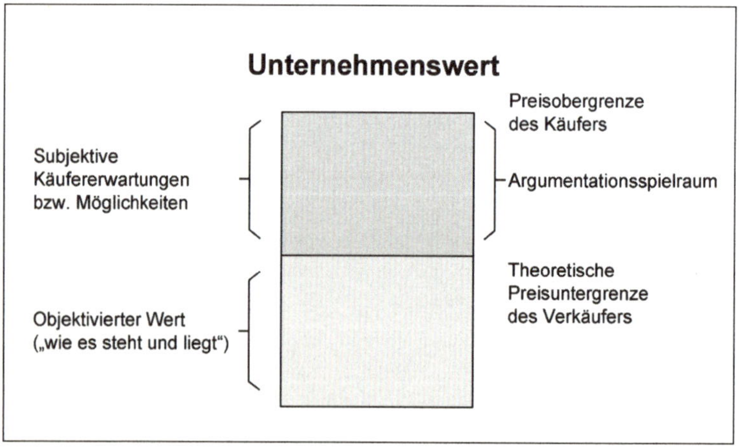

Abb. 2:
Werteskala beim Unternehmenskauf

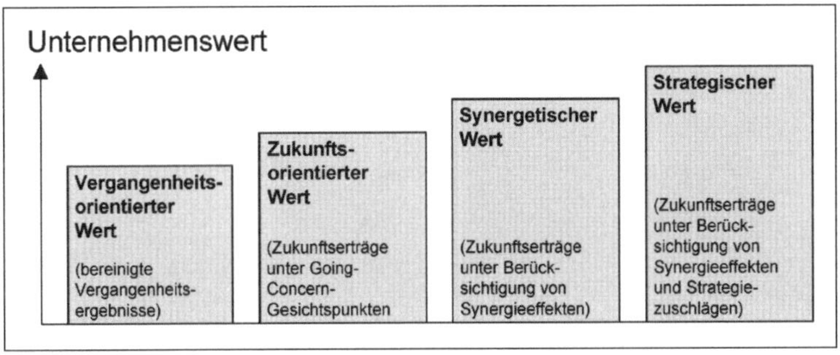

3.2.2.3 Vermittlerfunktion

Im Rahmen der Vermittlerfunktion wird der Berater als Schiedsgutachter in einer Konfliktsituation tätig. Der Schiedsgutachter hat zwischen den unterschiedlichen subjektiven Wertvorstellungen der Parteien zu vermitteln. Der Einigungswert liegt theoretisch zwischen der subjektiven Preisobergrenze des Käufers und der subjektiven Preisuntergrenze des Verkäufers. Die Vermittlungsfunktion wird in der Praxis häufig in Fragen des Zugewinnausgleichs und bei Erbauseinandersetzungen eingesetzt.

3.2.3 Anlässe für Unternehmensbewertungen

Die Bewertungsanlässe für Unternehmen können zahlreich sein. Neben gesetzlichen Vorschriften aus dem Bereich des Aktienrechts können vertragliche Gestaltungen sowie unternehmerische Initiativen den Grund für die Notwendigkeit einer Unternehmensbewertung darstellen. Nachstehend seien einige typische Bewertungsanlässe aufgeführt:

- Kauf und Verkauf eines Unternehmens
- Einbringung
- „Going-Public“
- Verschmelzung
- Spaltung
- Ausscheiden eines Gesellschafters
- Sanierung
- Kreditwürdigkeitsprüfung
- Besteuerung
- Wertsteigerungsanalyse (Shareholder-Value)
- gerichtliche Konfliktlösungen

7 Auf welchen Grundlagen basieren Unternehmensbewertungen?

- **Subjektiver Unternehmenswert:**
  Bewertung auf der Grundlage subjektiver, individueller Einschätzungen des Erwerbers unter Berücksichtigung von Synergien und Strategien
- **Objektivierter Unternehmenswert:**
  Bewertung eines Unternehmens „wie es steht und liegt"
- Unterscheidung zwischen Gutachterfunktion, Beraterfunktion, Vermittlerfunktion
- In der Praxis häufige Anwendung der Beraterfunktion als reiner Interessenvertreter einer Partei unter Berücksichtigung des subjektiven Unternehmenswerts

3.3 Methoden der Unternehmensbewertung

3.3.1 Übersicht

Die unterschiedlichen Methoden der Unternehmensbewertung lassen sich in nachfolgender Übersicht darstellen:

Abb. 3:

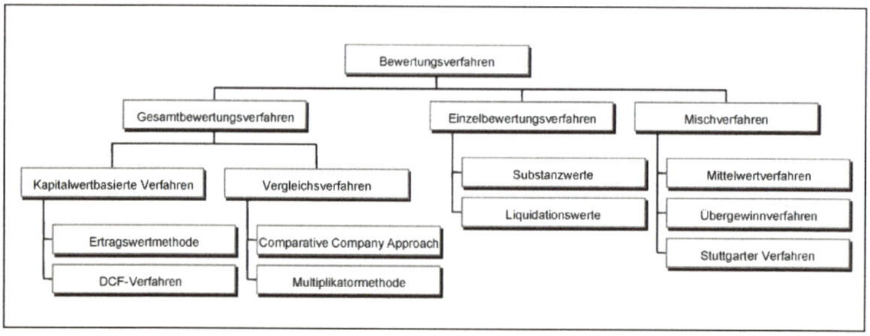

3.3.2 Gesamtbewertungsverfahren

Gesamtbewertungsverfahren ermitteln den Unternehmenswert aus den zukünftig erwarteten Überschüssen. Dabei liegt die Annahme zugrunde, dass ein Unternehmen eine zweckgerichtete Kombination von materiellen und immateriellen Werten ist, die in ihrer Gesamtheit zu betrachten sind. Der Wert eines Unternehmens wird dementsprechend erst durch das Zusammenwirken aller Vermögenswerte bestimmt, nicht durch die einzelnen, isoliert betrachteten Bestandteile.[1] Entscheidendes Kriterium bei der notwendigen Bewertung der einzelnen Vermögenspositionen ist der zukünftig erwartete Nutzen des Bewertungsobjekts für das Unternehmen. Eine Unternehmensbewertung im Rahmen des Gesamtbewertungsverfahrens kann einerseits nach den kapitalbasierten Verfahren (Ertragswertverfahren und Discounted Cashflow-Verfahren), andererseits nach den Vergleichsverfahren (Multiplikatormethode und Comparative Company Approach) durchgeführt werden.

3.3.2.1 Kapitalwertbasierte Verfahren

Das Ertragswertverfahren und das Discounted Cashflow-Verfahren basieren auf dem investitionstheoretischen Kapitalwertkalkül. In beiden Fällen wird der Barwert zukünftiger finanzieller Überschüsse ermittelt, in dem die zeitlich unterschiedlich anfallenden Einnahmenüberschüsse auf einen Entscheidungszeitpunkt diskontiert werden. Beide Verfahren sind geeignet, sowohl einen objektivierten Unternehmenswert als auch einen subjektiven Unternehmenswert zu ermitteln.

3.3.2.1.1 Ertragswertverfahren

Das Ertragswertverfahren ermittelt den Unternehmenswert als Zukunftserfolgswert. Dies erfolgt durch Diskontierung der den Unternehmenseignern künftig zufließenden finanziellen Überschüsse.

Die finanziellen Überschüsse werden auf der Basis des betriebsnotwendigen Vermögens durch eine Vergangenheitsbereinigung und eine mehrstufige Prognoseplanung ermittelt.

Der Kapitalisierungszinssatz resultiert aus der Verzinsung der bestmöglichen Alternative aus der Sicht des Entscheiders. Der Kapitalisierungszinssatz setzt sich zusammen aus einem Basiszinssatz, der um einen Risikozuschlag erhöht wird und der um einen persönlichen Steuersatz gemindert wird. Sofern eine Unternehmensplanung wachsende finanzielle Überschüsse prognostiziert, ist ein Wachstumsabschlag denkbar.

3.3.2.1.2 Discounted Cashflow-Verfahren

Das Discounted Cashflow-Verfahren ermittelt den Unternehmenswert ebenfalls als Zukunftserfolgswert. Im Gegensatz zu dem Ertragswertver-

1) IDW-Standard: Grundsätze zur Durchführung von Unternehmensbewertungen (IDW S 1) TZ 18.

fahren wird der Unternehmenswert durch Diskontierung der zukünftigen Cashflows ermittelt. Die Cashflows werden je nach Verfahren unterschiedlich definiert: Grundsätzlich stellen die Cashflows zukünftige Zahlungen an die Unternehmenseigner dar.

Die Cashflows werden auf der Basis des betriebsnotwendigen Vermögens durch eine Vergangenheitsbereinigung und eine mehrstufige Prognoseplanung ermittelt.

Im Gegensatz zu dem Ertragswertverfahren wird der Kapitalisierungszinssatz auf der Basis von kapitalmarkttheoretischen Modellen entwickelt. Dies erfolgt in der Regel durch das Capital-Asset-Pricing-Modell (kurz CAPM-Modell). Das CAPM-Modell ermittelt den Kapitalisierungszinssatz, indem der risikolose Zinssatz (Basiszinssatz) um einen Zuschlag erhöht wird, der sich aus einer um ein Schwankungsmaß korrigierten Marktrendite ergibt. Die Ermittlung des Kapitalisierungszinssatzes nach dem CAPM-Modell kann durch nachfolgende Formel beschrieben werden.

$$r^{EK} = i + \beta \bullet (r_M - i)$$

mit:

r^{EK} = Eigenkapitalkosten = Renditeerwartung
i = Risikoloser Basiszinssatz
β = Unternehmensindividuelle Risikohöhe
r_M = Erwartungswert der Rendite des Marktportfolios

Das Kernproblem des CAPM-Modells besteht in der Findung des Schwankungsmaßes β. Dieser sogenannte Betafaktor beschreibt die Schwankung einer Unternehmensperformance um die marktübliche Performance. Der Risikozuschlag erhöht sich mit steigender Abweichung von der marktüblichen Performance. Da die Betafaktoren lediglich für börsennotierte Unternehmen ermittelt werden[1)], ist die Wahl eines Betafaktors für nicht börsennotierte Unternehmen mit erheblichen Problemen behaftet.

Das Discounted Cashflow-Verfahren kann sowohl im Rahmen der Equity-Methode als auch der Entity-Methode durchgeführt werden.

1) Die Betafaktoren für börsennotierte Unternehmen sind aktuell der Wirtschaftstagespresse zu entnehmen.

Im Equity-Ansatz wird der Barwert der dem Eigentümer des Unternehmens zufließenden Zahlungsströme ermittelt. Bei dieser Nettomethode werden nur die Zahlungsströme, wie Nettoeinnahmen bzw. -ausschüttungen, an die Eigenkapitalgeber bzw. Eigentümer diskontiert. Zu den Zahlungsströmen, die diskontiert werden müssen, zählen Dividenden, Entnahmen, Kapitalrückzahlungen und gegebenenfalls Körperschaftsteuergutschriften. Die Zahlungsströme sind auf ihre Erwartungswerte zu aggregieren. Diese werden mit der risikoangepassten Renditeforderung der Eigentümer abgezinst. Es wird unterstellt, dass sämtliche Überschüsse ausgeschüttet werden und die Ansprüche der Fremdkapitalgeber bereits befriedigt wurden.

Bei der Entity-Methode wird zuerst der Barwert der allen Kapitalgebern, sowohl Eigen- als auch Fremdkapital, gemeinsam zufließenden Zahlungsströme ermittelt. Von dem Gesamtkapital zu Marktwerten wird dann der Barwert des Fremdkapitals abgezogen, um den Unternehmenswert der Eigentümer zu erhalten.

Eine besondere Ausprägung des Discounted Cashflow-Verfahrens ist der sogenannte Adjusted-Present-Value-Ansatz (APV, angepasster Barwert). Das Konzept des angepassten Barwerts zerlegt die wertbestimmenden Merkmale einer Unternehmung, um diese anschließend getrennt bewerten zu können. Beim APV-Verfahren werden die operativen Cashflows (vor Zinsen) mit den Kapitalkosten bei fiktiver, vollständiger Eigenfinanzierung diskontiert. Die durch die Fremdfinanzierung ersparten Steuerzahlungen werden im Rentenmodell mit den risikolosen Fremdkapitalkosten diskontiert. Der Unternehmenswert entspricht dem Wert eines unverschuldeten Unternehmens und dem Produkt aus Fremdkapital und Steuersatz. Der APV-Ansatz wird von der Literatur als die „beste Verfahrensalternative“ gelobt. Der Investor kann aufgrund der Zerlegung in die einzelnen Komponenten erkennen, „ob die Wertbeiträge aus operativer Leistung oder aus Steuerersparnissen resultieren“, z.B. auch Steuervorteile durch den, nach einem Unternehmenskauf geänderten Verschuldungsgrad. Die Mängel der APV-Methode liegen in der Feststellung der Eigenkapitalkosten unter den Annahmen eines fiktiv komplett eigenfinanzierten Unternehmens.

3.3.2.2 Vergleichsverfahren

Die Vergleichsverfahren basieren im Gegensatz zu den Kapitalwertverfahren nicht auf einem investitionstheoretischen Hintergrund. Die Vergleichsverfahren führen in einer sehr frühen Verhandlungsphase zu einer Komplexitätsreduktion und liefern eine erste grobe Einschätzung des Unternehmenswerts, der sich aus Relation zu vergleichbaren Unternehmen ergibt.

Die in der Praxis angewandten Vergleichsverfahren sind einerseits der Comparative Company Approach und andererseits die Multiplikatormethode.

3.3.2.2.1 Comparative Company Approach (CCA)

Bei dem Comparative Company Approach wird der unbekannte Wert des zu bewertenden Unternehmens durch die bekannten Werte von vergleichbaren Unternehmen abgeleitet. Die Schwierigkeit bei diesem Verfahren liegt einerseits in der Festlegung von vergleichbaren Unternehmen, andererseits in der Festlegung der Vergleichsparameter. Der Ablauf bei den Vergleichsverfahren lässt sich in nachfolgenden Schritten beschreiben:

- Analyse der allgemeinen ökonomischen Lage, der speziellen Branche und der Marktsituation
- Auswahl der geeigneten Vergleichsunternehmen (Peergroup)
- Bestimmung der Vergleichskriterien
- Bildung von Verhältniszahlen und Bestimmung des Unternehmenswerts

Die marktgängigen Vergleichskriterien sind:

EBITDA (Earnings before Interests, Taxes, Depreciation and amortisation):	Operatives Ergebnis vor Zinsen, Steuern, Abschreibungen auf Sachanlagen und Tilgungen
EBIT (Earnings before Interests and Taxes):	Operatives Ergebnis vor Zinsen und Steuern
EBT (Earnings before Taxes):	Operatives Ergebnis vor Steuern

3.3.2.2.2 Multiplikatormethode („market multiples“)

Bei dieser Multiplikatormethode existiert für die Ableitung von Unternehmenswerten eine Vielzahl von Multiplikatoren. Diese lassen sich grundsätzlich in finanzielle Multiplikatoren und nicht finanzielle Multiplikatoren unterteilen. Während die finanziellen Multiplikatoren direkt auf finanzielle Kenngrößen wie beispielsweise den Umsatz oder den Gewinn abzielen, berücksichtigen die nicht finanziellen Multiplikatoren eher die Werttreiber innerhalb der Unternehmen, die letztlich den finanziellen Erfolg generieren.

Wesentliche finanzielle Multiplikatoren sind:

Kurs-Gewinn-Verhältnis: Das Kurs-Gewinn-Verhältnis beschreibt das Verhältnis zwischen dem Gewinn und dem Kurs einer Aktie oder die Anzahl der Jahre, in denen das eingesetzte Kapital zurückerlangt wird.

Kurs-Cashflow-Verhältnis: Dieser Multiplikator gibt das Verhältnis zwischen dem Marktwert und den dem Unternehmen zur Verfügung stehenden liquiden Mitteln wieder.

Kurs-Buchwert-Verhältnis: Das sogenannte EK-Multiple bezieht sich auf das Verhältnis zwischen dem Marktwert und dem Buchwert des Eigenkapitals.

EBIT: Die Größe EBIT stellt die Ertragskraft der Unternehmung vor Steuern und Zinsaufwendungen dar in Bezug auf den sogenannten Enterprise Value.

Umsatz: Der Umsatzmultiple entspricht dem Verhältnis aus Umsatz und dem Enterprise Value.

3.3.3 Einzelbewertungsverfahren

3.3.3.1 Substanzwerte

Der Substanzwert wird ermittelt als Summe der im Unternehmen vorhandenen Vermögensgegenstände abzüglich der Schulden. Dabei wird betriebsnotwendiges Vermögen mit den Wiederbeschaffungskosten bewertet und nicht betriebsnotwendiges Vermögen mit dem zu erzielenden Veräußerungspreis.

Der tatsächliche Wert für die Substanz des Unternehmens wie beispielsweise von Immobilien, Maschinen, Geräten, Einrichtungen, Fahrzeugen und Warenlager ist nicht direkt dem Jahresabschluss des Unternehmens zu entnehmen, da im Jahresabschluss lediglich die nach HGB und EStG ermittelten Buchwerte aufgeführt sind. Zur Ermittlung der für einen Substanzwert maßgeblichen Verkehrswerte kann es sinnvoll sein, Sachverständige hinzuzuziehen. Substanzwerte können zu Teilreproduktionswerten und zu Vollreproduktionswerten ermittelt werden.

Der Teilreproduktionswert gibt den Unternehmenswert als Summe der Wiederbeschaffungskosten der materiell vorhandenen Vermögensgegenstände abzüglich der Verbindlichkeiten und Rückstellungen an. Die Bewertung der Pensionsrückstellungen ist hinsichtlich des in der Bilanz gewählten Zinssatzes zu überprüfen, ebenso die Höhe der Rückstellungen. Die zu ermittelnden Werte des Sachanlagevermögens werden dabei häufig durch Sachverständigengutachten (insbesondere bei Grundstücken) und Richtlinien (beispielsweise VDI-Richtlinien, WIBAU-Listen, Schwacke-Listen) bestimmt, während für das Umlaufvermögen die Wiederbeschaffungspreise anzusetzen sind. Nicht berücksichtigt werden nicht bilanzierte immaterielle Werte, wie Mitarbeiterqualifikationen, Standortvorteile, Marken.[1] Gerade diese Werte sind jedoch oft entscheidend für den Erfolg des Unternehmens und somit auch für seinen tatsächlichen Wert.

Der Vollreproduktionswert berücksichtigt neben dem Teilreproduktionswert die nicht bilanzierten immateriellen Werte des Unternehmens, indem Aufwendungen für die Ingangsetzung und Herstellung der Funktionsfähigkeit des Unternehmens angesetzt werden. Dadurch ergibt sich der Betrag, der notwendig ist, um eine identische Reproduktion des funktionsfähigen Unternehmens zu erreichen. Nicht berücksichtigt werden bei Reproduktionswerten jedoch die zukünftigen Erträge, die das Unternehmen erwirtschaften kann. Ihre Bestimmung ist aber zur Beurteilung der ökonomischen Vorteilhaftigkeit der Investition in das Unternehmen von entscheidender Bedeutung.

3.3.3.2 Liquidationswerte

Mit Liquidationswert (oder auch: Zerschlagungswert) wird der Zeitwert der materiellen Wirtschaftsgüter bei deren Einzelverkauf bezeichnet. Unberücksichtigt bleiben sowohl das werterhöhende funktionelle Zusammenspiel der Wirtschaftsgüter als auch der originäre Wert. Der Liquidationswert stellt die absolute Wertuntergrenze dar.

3.3.4 Mischverfahren

Mischverfahren sind dadurch gekennzeichnet, dass sie eine Kombination aus Gesamtbewertungsverfahren und Einzelbewertungsverfahren darstellen. Mischverfahren treten als Stuttgarter Verfahren, Mittelwertverfahren und Übergewinnverfahren auf.

3.3.4.1 Stuttgarter Verfahren

Das Stuttgarter Verfahren beschreibt die steuerliche Ermittlung des Werts von Anteilen an Kapitalgesellschaften, die nicht an einer deutschen Börse zum amtlichen Handel oder zum geregelten Markt zugelassen sind. Dieses Verfahren zur Wertermittlung ist in den Erbschaftsteuerrichtlinien (ErbStR

1) THOMMEN/ACHLEITNER, Allgemeine Betriebswirtschaftslehre, S. 558.

95–108) geregelt. Das Stuttgarter Verfahren ist ein Mischverfahren, da für die Wertermittlung sowohl ein Vermögenswert als auch ein Ertragswert ermittelt werden muss.

Die Wertermittlung dieses Verfahrens ergibt sich wie nachfolgend dargestellt.

Zunächst wird der Einheitswert des Betriebsvermögens ermittelt und um die gesetzlich vorgeschriebenen bzw. erlaubten Positionen nach oben bzw. unten korrigiert. Von der so ermittelten Summe wird ein pauschaler Abschlag von 15 % mit der Begründung vorgenommen, dass der Wert des Betriebsvermögens für den Anteilseigner geringer sei als für das Unternehmen selbst. Dieses „korrigierte Vermögen" wird mit dem Nominalkapital in Beziehung gesetzt; es lässt sich nunmehr der Vermögenswert der Unternehmung ermitteln, den man auch als „Finanzverwaltungs-Teilreproduktionswert" bezeichnen könnte:

Vermögenswert = (Korrigiertes Vermögen • 100) : Nominalkapital.

Die Ertragsaussichten der Unternehmung werden in der Art berücksichtigt, dass der durchschnittliche körperschaftsteuerliche Gewinn der letzten drei Jahre um bestimmte vorgeschriebene bzw. erlaubte Positionen korrigiert wird. Die so ermittelte Summe darf pauschal um 30 % gekürzt werden, weil es fast nie möglich ist, den gesamten erzielten Jahresgewinn auszuschütten. Der derart ermittelte Jahresertrag wird wiederum mit dem Nominalkapital in Beziehung gesetzt, sodass sich der Ertragsprozentsatz bestimmen lässt, den man auch als „Finanzverwaltungs-Goodwill" bezeichnen könnte:

Ertragsprozentsatz = (ausschüttungsfähiger Jahresertrag • 100) : Nominalkapital.

Aus Vermögenswert (in Prozent) und Ertragsprozentsatz lässt sich der „gemeine Wert" im Sinne von § 9 BewG ermitteln:

Gemeiner Wert = 0,65 • (Vermögenswert + 5 • Ertragsprozentsatz).

Das Stuttgarter Verfahren findet in der gesellschaftsrechtlichen Praxis häufig Verwendung, da dieses Verfahren ein standardisiertes Wertermittlungsverfahren determiniert, sodass Uneinigkeiten bezüglich des ermittelten Werts beispielsweise im Rahmen von Gesellschafterauseinandersetzungen kaum entstehen können.

Aus entscheidungstheoretischer Sicht ist das Stuttgarter Verfahren für die Wertfindung eines Unternehmenswerts nicht geeignet. Der Grund hierfür liegt insbesondere in der ausschließlich vergangenheitsbezogenen Betrachtung des Verfahrens.

3.3.4.2 Mittelwertverfahren

Das Mittelwertverfahren ähnelt dem Stuttgarter Verfahren, da dieses Verfahren ebenfalls einen Substanzwert sowie einen Ertragswert bei der Ermittlung eines Unternehmenswerts berücksichtigt. Hierbei ergibt sich der Unternehmenswert als das arithmetische Mittel aus dem Substanzwert und dem Ertragswert. Es gilt nachstehende Formel:

$$\textbf{Unternehmenswert} = \frac{\text{Substanzwert} + \text{Ertragswert}}{2}$$

Weitere Spielvarianten des Mittelwertverfahrens können sich durch die unterschiedliche Interpretation von Substanzwert und Ertragswert ergeben. Das Mittelwertverfahren findet in der Praxis der Unternehmensbewertung kaum Anwendung, da eine wissenschaftliche Begründung für dieses Verfahren nicht existiert.

3.3.4.3 Übergewinnverfahren

Das Übergewinnverfahren kombiniert ebenfalls die Substanz und den Ertrag eines Unternehmens bezüglich der Determinierung eines Unternehmenswerts. Im Gegensatz zum Mittelwertverfahren berücksichtigt das Übergewinnverfahren den Ertrag des Unternehmens als nachhaltigen Übergewinn. Demnach gilt:

$$\textbf{Unternehmenswert} = \text{Substanzwert} + \text{Barwert der Übergewinne}$$

Als Übergewinn wird jener Teil des künftigen Periodengewinns bezeichnet, der über den sogenannten „Normalertrag“ hinaus von dem Unternehmen erwirtschaftet werden kann. Der Normalertrag entspricht dabei einer angemessenen Verzinsung des Substanzwerts. Als angemessene Verzinsung wird der angewandte Kalkulationszinsfuß berücksichtigt.

8 Welche Methoden kann ich anwenden?

- Generelle Unterscheidung zwischen Gesamtwertverfahren, Einzelbewertungsverfahren und Mischverfahren
- Höchste praktische Relevanz haben Gesamtwertverfahren, insbesondere das Ertragswertverfahren; im angelsächsischen Bereich eher DCF.
- Aus Vereinfachungsgründen wird häufig im Vorfeld die Multiplikatormethode angewandt (Beispiel: UW = KP = EBIT • Faktor 5).
- Einzelbewertungsverfahren sind unter Zerschlagungs- bzw. Liquidationsaspekten anwendbar.
- Stuttgarter Verfahren wird häufig in Gesellschaftsverträgen vereinbart, da der ermittelte Unternehmenswert durch ein standardisiertes Verfahren festgelegt wird.

3.4 Praktischer Ablauf einer Unternehmensbewertung nach IDW S 1

3.4.1 Bestimmung des Bewertungsobjekts

Da sich der Wert eines Unternehmens nicht aus der Summe vieler Einzelwerte ergibt, sondern vielmehr aus einer wirtschaftlichen Unternehmenseinheit, die die Möglichkeit künftiger finanzieller Überschüsse gewährt, hat zunächst eine Abgrenzung des Bewertungsobjekts zu erfolgen. Maßgeblich ist die Gesamtheit aller zusammenwirkenden Bereiche eines Unternehmens, die einen Beitrag zu den künftigen finanziellen Überschüssen leisten. Dies gilt beispielsweise für die Bereiche Beschaffung und Absatz, Management, Forschung und Entwicklung, betriebliches Rechnungswesen etc.

Im Rahmen einer Unternehmensbewertung werden die zukünftigen finanziellen Überschüsse aus dem betriebsnotwendigen Vermögen ermittelt und auf einen Entscheidungszeitpunkt diskontiert. Voraussetzung hierfür ist die vorherige Aufteilung des Unternehmensvermögens in betriebsnotwendiges und nicht betriebsnotwendiges Vermögen.

Die Abgrenzung zwischen dem betriebsnotwendigen und dem nicht betriebsnotwendigen Vermögen erfolgt grundsätzlich unter funktionalen Gesichtspunkten. Demnach zählen zum nicht betriebsnotwendigen Vermögen alle Vermögensgegenstände, die frei veräußert werden können, ohne das der betriebliche Leistungserstellungsprozess beeinträchtigt wird.

3.4.2 Entwicklung der Unternehmensplanung

Da sich der Unternehmenswert durch die zukünftigen finanziellen Überschüsse determiniert, ist die Erstellung einer substantiellen Unternehmensplanung von wesentlicher Bedeutung. Hierbei soll die Entwicklung des Unternehmens anhand eines betriebswirtschaftlichen Planungsinstruments präzise und nachvollziehbar dargestellt werden. Diese Planungsinstrumente umfassen in der Regel nachfolgende Planungsmodule:

- Rentabilitätsplan
- Liquiditätsplanung
- Umsatz- und Kostenplanung
- Investitionsplanung
- Finanzierungsplanung
- Plan-Jahresabschlüsse
- Plan-Kapitalflussrechnung
- Plan-Bilanzkennzahlen

Da es sich hierbei um integrierte Planungsinstrumente handelt, können im Rahmen von Sensitivitätsanalysen die maßgeblichen Aspekte der zukünftigen Unternehmensentwicklung identifiziert und verschiedene Entwicklungsszenarien dargestellt werden.

3.4.2.1 Vergangenheitsanalyse

Grundsätzlich entspricht der Wert eines Unternehmens dem Zukunftserwartungswert. Insofern erfolgt keine direkte Berücksichtigung der Vergangenheitsdaten für die Berechnung des Unternehmenswerts.

Jedoch bildet eine umfangreiche Analyse der Vergangenheit des Unternehmens den Ausgangspunkt für die zukünftige Entwicklung und für entsprechende Plausibilitätsprüfungen. Die Vergangenheitsanalyse sollte sich einerseits mit der Entwicklung des Unternehmens in allen betrieblichen Teilbereichen beschäftigen. Andererseits ist die Situation in der Vergangenheit in Bezug auf das gesamte Umfeld des Unternehmens von Bedeutung. Diese gilt insbesondere für Branchenentwicklungen, gesamtwirtschaftliche und technische Entwicklungen, politische und umweltpolitische Entwicklungen sowie die unternehmensspezifischen Marktentwicklungen.

3.4.2.2 Informationsbeschaffung

Die Aussagekraft einer Unternehmensplanung hängt maßgeblich von der Qualität der verfügbaren Informationen ab. Zu unterscheiden sind die unternehmensbezogenen Informationen und die unternehmensumfeldbezogenen Informationen. Zu den unternehmensbezogen Informationsquellen zählen neben den Jahresabschlüssen der Vergangenheit, Kapitalflussrechnungen, Ergebnisrechnungen, Deckungsbeitragsrechnungen, Kostenrechnungen, interne Statistiken und sämtliche sonstige Dokumentationen der vergangenen Performance der Gesellschaft.

Die unternehmensumfeldbezogenen Informationen können aus Marktstudien, Informationen von Wettbewerbern oder sonstigen Marktinformationen bestehen.

3.4.2.3 Zeitliche Struktur des Phasenmodells

Grundsätzlich ist bei den zu bewertenden Unternehmen von einer unbegrenzten Lebensdauer auszugehen. Da sich das Problem der Prognose bei einer zeitlichen Erweiterung des Planungshorizonts intensiviert, entwickelt das Phasenmodell zwei unterschiedliche Planungsphasen.

In der sogenannten näheren Phase erfolgt eine Detailplanung mit einzeln ermittelten finanziellen Überschüssen. Dies hat zur Folge, dass für jede Periode der näheren Phase jeweils ein Einzelbarwert ermittelt wird. Die nähere Phase kann drei bis fünf Jahre umfassen.

In der sogenannten ferneren Phase werden lediglich Pauschalrechnungen entwickelt, die einen jährlich gleichbleibenden durchschnittlichen finanziellen Überschuss ermitteln. In der ferneren Methode wird somit für die gesamte Zukunft ein Rentenbarwert ermittelt.

3.4.3 Kapitalisierung der künftigen finanziellen Überschüsse

3.4.3.1 Konzeptionelle Grundlagen

Der Unternehmenswert – auch Zukunftserfolgswert genannt – wird durch Diskontierung der zukünftigen finanziellen Überschüsse auf den Entscheidungszeitpunkt ermittelt. Hierbei stehen die zukünftigen finanziellen Überschüsse als Chance gegenüber der Diskontierung als Risiko. Dies entspricht nachfolgender Interpretation der Formel der Ewigen Rente:

$$\textbf{Unternehmenswert} = \frac{E}{i} = \frac{\text{Chance}}{\text{Risiko}}$$

Üblicherweise wird für Unternehmen eine unbegrenzte Lebensdauer unterstellt. Somit ergibt sich der Unternehmenswert als Barwert der zukünftigen finanziellen Überschüsse aus dem betriebsnotwendigen Vermögen zuzüglich dem Barwert der zukünftigen finanziellen Überschüsse aus dem nicht betriebsnotwendigen Vermögen.

3.4.3.2 Bewertung des Risikos

Wie bereits in Kapitel 3.3.2.1 dargestellt, setzt sich der Kapitalisierungszinssatz beim Ertragswertverfahren aus einem Basiszinssatz und einem Risikozuschlag zusammen. Durch den Risikozuschlag soll die Ungewissheit der zukünftigen Entwicklung des Unternehmens abgedeckt werden. Die Bemessung des Risikozuschlags stellt das zentrale Problem bei der Ermittlung von objektivierten UnternehmenswertenUnternehmenswert dar. Grundsätzlich ist der Risikozuschlag markt- und branchenbezogen unter Einbeziehung der individuellen Risikosituation des zu bewertenden Unternehmens nach dem Unsicherheitsgrad der prognostizierten Zukunftserfolge zu bemessen.

Sofern bei dem zu bewertenden Unternehmen ein Risikofrüherkennungssystem im Sinne von § 91 AktG existiert, können aus der unternehmensinternen Risikoeinschätzung Erkenntnisse bezüglich der bestehenden Risiken sowie der Eintrittswahrscheinlichkeit gewonnen werden.

3.4.3.3 Berücksichtigung von Steuern

Der investitionstheoretische Ansatz des Kapitalwertkalküls ermittelt einen Kalkulationszinssatz, in dem das geplante Investment mit einer bestmöglichen Alternativanlage verglichen wird. Als Alternativanlage wird in der Praxis eine Anlage am Kapitalmarkt betrachtet. Hierbei ist grundsätzlich davon auszugehen, dass diese Alternativanlage der Besteuerung auf der Ebene des Anteilseigners unterliegt. Somit ist der Kapitalisierungszinssatz ebenfalls um eine Steuerkomponente zu kürzen. Hierbei hat nachfolgende Formel Geltung.

$$i^s = i \bullet (1 - s)$$

mit:

i = Kalkulationszinsfuß vor Berücksichtigung von Steuern
s = Persönlicher Steuersatz des Anteilseigners
i^s = Kalkulationszinsfuß nach Berücksichtigung von Steuern

3.4.3.4 Berücksichtigung von Wachstum

Bei einer alternativen Investition am Kapitalmarkt stehen die zukünftigen nominalen Zinserträge fest. Insofern ist bei dieser Alternativanlage der Wachstumsaspekt nicht zu berücksichtigen. Demgegenüber besteht bei der Investition in ein Unternehmen die Möglichkeit eines nachhaltigen Wachstums. Hiervon ist insbesondere auszugehen, wenn auf den Absatzmärkten Preis- und Mengensteigerungen erzielt werden können bei gleichzeitiger Kostenreduzierung. Ein erster Anhaltspunkt für die Schätzung der Wachstumsrate kann die Höhe der Geldentwertungsrate sein. In der Praxis erfolgt häufig ein Wachstumsabschlag, der unterhalb der Geldentwertungsrate liegt.

In der Phasenmethode hat eine Korrektur des Kalkulationszinssatzes um einen Wachstumsabschlag erst in der zweiten ferneren Phase zu erfolgen. Dies findet insbesondere seine Geltung darin begründet, dass die finanziellen Überschüsse als unendliche Rate im Sinne einer Ewigen Rente betrachtet werden müssen.

3.4.4 Ermittlung des Unternehmenswerts

Bei der Ermittlung des Unternehmenswerts erfolgt die Zusammenführung der Chancen und Risiken einer Unternehmung durch Abdiskontierung der einzelnen Einzahlungsüberschüsse auf den Entscheidungszeitpunkt. Das nachstehende **Beispiel** soll die Zusammenführung der Chancen (zukünftige Einnahmenüberschüsse) und der Risiken (Kapitalisierungszinssatz) verdeutlichen.

A. Ermittlung Kapitalisierungszinsfuß

Langfristiger Zinssatz	6,00 %
Risikozuschlag	10,00 %
Kapitalisierungszinssatz ohne Steuern	**16,00 %**
Steuersatz	**25,00 %**
Kapitalisierungszinssatz mit Steuern $i^s = i \bullet (1 - s)$	**12,00 %**

B. Ermittlung Ertragswert

Thema		**2005**	**2006**	**2007**	**2008**	**Ewige Rente**
Ergebnis vor Steuern		5.000 T€	6.000 T€	7.000 T€	8.000 T€	8.000 T€
Ertragsteuern		2.000 T€	2.400 T€	2.800 T€	3.200 T€	3.200 T€
Jahresüberschuss		3.000 T€	3.600 T€	4.200 T€	4.800 T€	4.800 T€
Unternehmenswertspezifische Anpassungen						
+ Abschreibungen		500 T€	500 T€	500 T€	500 T€	500 T€
./. Investitionen		750 T€	750 T€	750 T€	750 T€	750 T€
./. Geschäftsführergehälter		200 T€	200 T€	200 T€	200 T€	200 T€
Entnahmefähige Einnahmenüberschüsse		2.550 T€	3.150 T€	3.750 T€	4.350 T€	4.350 T€
Entnahmefähige Einnahmenüberschüsse der Ewigen Rente						36.250 T€
Diskontierungssatz	**12,00 %**	**12,00 %**	**12,00 %**	**12,00 %**	**12,00 %**	**12,00 %**
Diskontierungsfaktor		**89,29 %**	**79,72 %**	**71,18 %**	**63,55 %**	**56,74 %**
Einzelbarwerte + Rentenbarwert		**2.277 T€**	**2.511 T€**	**2.669 T€**	**2.765 T€**	**20.569 T€**
Ertragswert	**30.791 T€**					

9 Wie läuft eine Unternehmensbewertung praktisch ab?

- Analyse des Bewertungsobjekts und der Vergangenheit
- Entwicklung einer Prognose
- Umsetzung der Prognose in eine detaillierte Unternehmensplanung unter Berücksichtigung von Rentabilität, Liquidität, Investitionen, Finanzierung, dargestellt in Planjahresabschlüssen nebst Plankapitalflussrechnungen
- Entwicklung von Bewertungsszenarien durch Sensitivitätsanalysen
- Entwicklung des Risikozuschlags unter Beachtung von echten Synergieeffekten, Finanzierungsannahmen, individuellen Managementfaktoren sowie Ertragsteuern des Unternehmenseigners und Wachstum
- Entwicklung des Unternehmenswerts durch Abdiskontieren der Ergebnisse auf den Entscheidungszeitpunkt
- Dokumentation der Ergebnisse

3.5 Besonderheiten der Unternehmensbewertung

3.5.1 Bewertung von wachstumsstarken Unternehmen

Bei der Bewertung wachstumsstarker Unternehmen werden keine Vergangenheitswerte für eine prognostizierte Unternehmensentwicklung herangezogen.

Anhand folgender Punkte lässt sich ein Unternehmen als wachstumsstark deklarieren:

- Leistungs- und Produktinnovation
- Human- und Sachkapitalinvestitionen
- erhebliche Vorleistungen im Entwicklungs-, Produktions- und Absatzbereich
- wachsender Kapitalbedarf
- Einsatz von Risikokapital
- dynamische Veränderung der Unternehmensorganisation
- progressive Umsatzsteigerung

Einen hohen Grad an Berücksichtigung finden die Markt- und Wettbewerbssituationen des Produkt- und Leistungsprogramms, die Ressourcenverfügbarkeit und die Finanzierbarkeit des Unternehmenswachstums bei der Bewertung von wachstumsstarken Unternehmen.

3.5.2 Bewertung von ertragsschwachen Unternehmen

Aufgrund der steigenden Zahl von Insolvenzfällen, ist eine detaillierte Durchleuchtung jedes gefährdeten Unternehmens unumgänglich geworden. Als reversible Vorstufe zur Insolvenz wird somit die Ertragsschwäche angesehen. Eine solche Schwäche sollte frühzeitig erkannt werden, um Schlimmeres abwenden zu können. Frühwarnsysteme zur Sicherung des Unternehmensfortbestands sind einzurichten. Dies gilt insbesondere für Aktiengesellschaften gemäß § 91 Abs. 2 AktG.

Die rechtzeitige Feststellung einer Ertragsschwäche dient der Abwendung einer drohenden Insolvenz. Eine geeignete Ertragsschwächedefinition im Sinne eines Frühwarnindikators ist daher empfehlenswert. Der Normalertrag wird als der Erhaltungsmaßstab eines Unternehmens angesehen, der die leistungswirtschaftliche Nutzung des Unternehmens auf Dauer ohne zeitliche Beschränkungen ermöglicht. Der Normalertrag ist folglich auf Basis der Substanzerhaltung zu definieren. Abzugrenzen ist hierbei die chronische (unabänderlich, nachhaltige Unterverzinsung des Kapitaleinsatzes) von der temporären Ertragsschwäche (Unterverzinsung auf einen Zeitraum begrenzt).

Der Schwerpunkt muss auf die Rentabilität gelegt werden, da eine scheinbar hohe Rentabilität eine tatsächliche Ertragsschwäche möglicherweise verdecken könnte. Bei einem objektivierten Unternehmenswert werden nur bereits eingeleitete Maßnahmen zur Bekämpfung der Ertragsschwäche berücksichtigt. Wählt man jedoch den subjektiven Unternehmenswert, so werden auch geplante Gegenmaßnahmen einbezogen.

Bei der Bewertung eines ertragsschwachen Unternehmens wird der Schwerpunkt auf Plausibilität und Realisierbarkeit der geplanten Gegenmaßnahmen und die vom Unternehmen geplanten finanziellen Überschüsse gesetzt. Unter Berücksichtung dieser Tatsachen soll der Bewerter die künftigen finanziellen Überschüsse des Unternehmens prognostizieren. Dies macht prinzipiell allerdings keinen Unterschied zur Bewertung eines ertragsstarken Unternehmens.

Man muss jedoch festhalten, dass eine Aussage über künftige finanzielle Überschüsse bei einem ertragsschwachen Unternehmen deutlich schwerer zu treffen ist. Der Bewerter ist verpflichtet, alle Gestaltungsmöglichkeiten zu betrachten, um dann die beste Lösung anzunehmen. Dies geschieht mittels eines Gutachtens sowohl im Hinblick auf mögliche Fortführungskonzepte als auch mögliche Zerschlagungskonzepte.

Realisiert werden soll das Konzept, welches zum höchsten Barwert finanzieller Überschüsse führt. Sollte der Barwert der finanziellen Überschüsse aus der Liquidation höher sein als bei Fortführung, so ist das Unternehmen zu zerschlagen und als Unternehmenswert der Liquidationswert anzunehmen.

3.5.3 Bewertung kleinerer und mittlerer Unternehmen

Zu welcher Größenordnung das jeweilig zu beurteilende Unternehmen zählt, läßt sich sowohl nach quantitativen als auch qualitativen Merkmalen beurteilen. Heranzuziehen sind u.a. der Umsatz, die Mitarbeiterzahl und die unternehmerische Initiative der Unternehmenseigner, wobei für Zwecke der Unternehmensbewertung keine konkreten bezifferbaren Grenzen existieren.

Die allgemeinen Grundsätze zur Ermittlung von Unternehmenswerten haben prinzipiell für alle Unternehmen Geltung. Der Unternehmenswert basiert auf die künftig zu erzielenden Überschüsse eines Unternehmens. In der heutigen Unternehmenspraxis kommen für die Unternehmenswertermittlung mittelständischer Unternehmen fast ausschließlich ertragswertorientierte Verfahren zur Anwendung. Daneben finden sich vereinzelt, aus Vereinfachungsgründen gewählte, substanzwertorientierte Verfahren.

Besonderheiten bei der Bewertung kleinerer und mittlerer Unternehmen ergeben sich in folgenden Punkten:

- **Abgrenzung des Bewertungsobjekts**
  Bei kleinen und mittleren Unternehmen entsteht häufig ein fließender Übergang von Betriebs- und Privatvermögen der Unternehmenseigner. Bei der Bewertung dieser Unternehmen ist eine strikte Trennung von privater und betrieblicher Sphäre vorzunehmen. Im steuerlichen Bereich kann dies erhebliche Auswirkungen haben.
  Zunächst ist von der Kapitalstruktur der Unternehmen auszugehen. Hierbei wird der Bewerter in der Praxis oft mit Gesellschaften konfrontiert, deren Eigenkapitalstruktur unzureichend ist. Diesem Umstand ist durch zukünftige Möglichkeiten zur Stärkung der Eigenkapitalbasis Rechnung zu tragen.
- **Unternehmenslohnbestimmung**
  Eine weitere Besonderheit bei der Bewertung kleiner Unternehmen liegt darin, dass sie im Gegensatz zu großen Unternehmen nicht über ein von den Eigentümern unabhängiges Management verfügen, sondern Eigentümer und Unternehmensführung identisch sind. Insofern kommt hier der Bewertung des Managementfaktors und in diesem Zusammenhang

auch des Unternehmerlohns eine ungleich größere Bedeutung zu, als dies bei großen, insbesondere börsennotierten Unternehmen der Fall ist, zumal dort ein Eigentümerwechsel nicht zwangsweise auch eine Veränderung des Managements zur Folge hat. Berechnet wird der Unternehmerlohn zumeist anhand der Vergütung, die ein nicht am Unternehmen Beteiligter erhalten würde.

- **Zuverlässigkeit der Informationsquellen**
  Die Jahresabschlüsse kleiner Unternehmen werden in der Regel nicht geprüft und Unternehmensplanungen liegen oft nicht vor. Insofern kann der Bewerter nur auf ungeprüfte Vergangenheitszahlen zurückgreifen und muss die Aussagen von Unternehmenseignern auf ihre Plausibilität hin prüfen.

10 Welche Besonderheiten können sich ergeben?

- Bei wachstumsstarken Unternehmen hat eine reine zukunftsorientierte Betrachtung zu erfolgen, da die Vergangenheit in der Regel die zukünftigen Chancen des Unternehmens unzureichend abbildet.
- Erhebliche Prognoseprobleme bei ertragsschwachen Unternehmen unter Berücksichtigung von Insolvenzantragsgründen
- Besonderheiten bei kleinen und mittleren Unternehmen durch Probleme bei der Abgrenzung des Bewertungsobjekts, der Bestimmung des Unternehmerlohns sowie der Zuverlässigkeit von Informationsquellen

3.6 Schlussbetrachtung

Die Methoden der Unternehmensbewertung bieten zahlreichen Spielraum zur Dokumentation bzw. Argumentation einer Kaufpreisvorstellung. Hier ist stets auf die Bewertungsfunktion bzw. den Bewertungszweck abzustellen.

Schwierigkeiten bereiten in der Praxis regelmäßig die Prognoserechnungen, denn nichts ist ungewisser als die Zukunft. Dieser Unsicherheit kann nur begegnet werden, in dem die Prognoserechnungen so detailliert wie möglich aufgestellt werden. Ebenfalls ergibt sich die Möglichkeit, Bewertungsszenarien durch Sensitivitätsanalysen zu entwickeln. Diese Bewertungsszenarien ergeben sodann einen „Lösungsraum", innerhalb dessen eine Verständigung erfolgen kann. Hierbei können auch verschiedene Bewertungsmethoden angewandt werden.

Neben der Prognoserechnung ist die realistische Einschätzung des Risikos von höchstem praktischen Belang. Dies gilt insbesondere für das Ertragswertverfahren, da die Risikoableitung nicht – wie bei dem DCF-Verfahren – durch ein mathematisches Modell abgeleitet wird. Da der Abdiskontierungsfaktor – als Maßstab für die Risikoeinschätzung – eine erhebliche Hebelwirkung auf den Unternehmenswert hat, sind Risikozuschläge fundiert zu begründen und darzustellen. Auch in diesem Bereich sind Bewertungsszenarien denkbar.

Zusammengefasst: **Die Kunst der Unternehmensbewertung liegt in der Argumentation und Interpretation von Chance und Risiko!**

4 Steuerliche Beurteilung von Unternehmenskäufen und -verkäufen

Was Sie in diesem Kapitel erfahren

11	Welche Bedeutung haben Steuern für Unternehmenstransaktionen?
12	Welche steuerlichen Fallgruppen sind zu unterscheiden?
13	Welche Besonderheiten bestehen bei Anteilen an Kapitalgesellschaften?
14	Welche Besonderheiten bestehen bei Betrieben und Mitunternehmeranteilen?
15	Was ist bei der Umsatzsteuer zu beachten?
16	Welche Fallstricke bestehen bei der Grunderwerbsteuer?
17	Wie kann ich Verluste im Rahmen der Transaktion steuerlich nutzen?
18	In welchen Fällen kann ich die Finanzierung des Kaufpreises steuerlich nutzen?
19	Welche Gestaltungen empfehlen sich im Vorfeld einer Transaktion?

Inhalt

4 Steuerliche Beurteilung von Unternehmenskäufen und -verkäufen

4.1 Einleitung

Die Unternehmenssteuerreform 2001 hat zu einer grundlegenden Veränderung der Unternehmensbesteuerung in Deutschland geführt. Diese grundlegenden Veränderungen betreffen sowohl die laufende Besteuerung als auch die Besteuerung von Unternehmenskäufen und -verkäufen. Die wesentlichen Anpassungen der laufenden Besteuerung lassen sich wie folgt zusammenfassen:

- Absenkung des Körperschaftsteuersatzes auf einheitlich 25 %
- Erhöhung der Grundfreibeträge
- Abschaffung des körperschaftsteuerlichen Anrechnungsverfahrens
- Einführung des Halbeinkünfteverfahrens
- gestaffelte Senkung der Eingangs- und Spitzensteuersätze
- Anrechnung einer pauschalierten Gewerbesteuer auf die Einkommensteuerbelastung

Die wesentlichen Veränderungen bei der Besteuerung von Unternehmenskäufen und -verkäufen lassen sich durch nachfolgende Punkte beschreiben:

- Steuerbefreiung für Kapitalgesellschaften bei der Veräußerung von Anteilen an anderen Kapitalgesellschaften
- weitgehende Einschränkung von Abschreibungsgestaltungen

Insbesondere in dem Bereich des Unternehmenskaufs ergeben sich durch die vorstehenden Änderungen erhebliche Auswirkungen auf die zum Teil gegenläufigen Interessen von Käufer und Verkäufer.

Während der Unternehmenskäufer die Abschreibung des Kaufpreises für das Unternehmen in den Mittelpunkt seiner Interessen stellt, ist der Veräußerer im Wesentlichen an einer möglichst niedrigen Besteuerung des Veräußerungsvorgangs interessiert. Diese denkbaren Interessenkollisionen gilt es bereits daher zu einem sehr frühen Zeitpunkt als Gegenstand der Verhandlungen aufzunehmen. Regelmäßig sollten steuerliche Aspekte bereits im Rahmen der Verhandlung über den Kaufpreis angesprochen werden.

Neben den ertragsteuerlichen Aspekten von Unternehmenstransaktionen existieren zahlreiche weitere Besonderheiten, die bei der Beurteilung von

Unternehmenskäufen und -verkäufen relevant werden können. Hierbei werden steuerliche Sonderaspekte wie umsatzsteuerliche Fragestellungen, die Problematik der Grunderwerbsteuer, die Nutzung von Verlusten, die steuerorientierte Kaufpreisfinanzierung sowie vorbereitende Gestaltungen des Verkäufers berührt.

Sämtliche, obengenannten steuerlichen Aspekte von Unternehmenstransaktionen werden in den nachfolgenden Kapiteln im Rahmen dieses Praxisleitfadens dargestellt und analysiert. Neben diesem steuerlichen Überblick, soll im Rahmen eines Exkurses auf den Spezialfall der „einbringungsgeborenen Anteile“ eingegangen werden.

11 Welche Bedeutung haben Steuern für Unternehmenstransaktionen?

- Steuerliche Beurteilung von Unternehmenstransaktionen ist ein „steuerliches Spezialgebiet“.
- Zahlreiche Fallstricke sind zu beachten.
- Käufer hat die Steuersparmöglichkeit durch Abschreibungspotential im Fokus.
- Verkäufer möchte eine möglichst geringe Steuerbelastung aus dem Verkauf.
- Frühzeitige Einbringung der steuerlichen Themen ist ratsam.

4.2 Definition der steuerlichen Fallgruppen

Grundsätzlich lassen sich unter steuerlichen Gesichtspunkten zwei unterschiedliche Fallgruppen bei Unternehmenskäufen bzw. -verkäufen definieren, der Share Deal sowie der Asset Deal. Die Frage, ob eine Transaktion im Rahmen eines Share Deals oder eines Asset Deals erfolgen soll, ist nicht ausschließlich von steuerlichen Gesichtspunkten abhängig und muss somit interdisziplinär – also unter Berücksichtigung steuerlicher, betriebswirtschaftlicher sowie juristischer Aspekte – beantwortet werden.

4.2.1 Share Deal

Der Share Deal beschreibt den Erwerb bzw. die Veräußerung von Geschäftsanteilen an juristische Personen. In der Praxis werden im Rahmen von Share Deals regelmäßig die Gesamtheit bzw. die qualifizierte Mehrheit der Geschäftsanteile an Kapitalgesellschaften übertragen. Der Share Deal erfolgt im Rahmen einer Universalsukzession, d.h. der Erwerber erwirbt nicht einzelne Wirtschaftsgüter, sondern übernimmt vielmehr alle Rechte und Pflichten des Altgesellschafters.

Die steuerliche Beurteilung des Verkaufs bzw. Kaufs von Geschäftsanteilen an Kapitalgesellschaften ist zu zahlreichen Aspekten abhängig und wird detailliert in Kapitel 4.3 beschrieben.

4.2.2 Asset Deal

Der Asset Deal beschreibt den Erwerb bzw. die Veräußerung von Anteilen an Personengesellschaften – sogenannten Mitunternehmeranteilen – sowie den Kauf bzw. den Verkauf von einzelnen bzw. mehreren zusammengehörigen Wirtschaftsgütern. Der Asset Deal erfolgt im Weg einer Singularsukzession, d. h. es erfolgt die einzelne Übertragung der immateriellen und materiellen Wirtschaftsgüter auf den Erwerber.

Der Verkauf von Wirtschaftsgütern bzw. Mitunternehmeranteilen aus einem steuerlichen Betriebsvermögen ist grundsätzlich steuerpflichtig. Dies führt jedoch folgerichtig dazu, dass der Erwerber steuerliche Anschaffungskosten erzielt, die ihn zu einer Abschreibung der Wirtschaftsgüter berechtigen. Diese, an dieser Stelle kurz dargestellte Grundsystematik ist ebenfalls detailliert dem Kapitel 4.4 zu entnehmen.

12 Welche steuerlichen Fallgruppen sind zu unterscheiden?

- **Share Deal:**
  Erwerb bzw. Veräußerung von Geschäftsanteilen an juristische Personen, in der Regel an Kapitalgesellschaften
- **Asset Deal:**
  Erwerb bzw. Veräußerung von Anteilen an Personengesellschaften und einzelnen oder mehreren Wirtschaftsgütern

4.3 Steuerliche Behandlung der Veräußerung und des Erwerbs von Anteilen an Kapitalgesellschaften (Share Deal)

4.3.1 Veräußerung von Anteilen an einer Kapitalgesellschaft

4.3.1.1 Veräußerer ist eine Kapitalgesellschaft

Die Veräußerung von Anteilen an einer Kapitalgesellschaft durch eine Kapitalgesellschaft ist gemäß § 8b Abs. 2 KStG steuerfrei. Diese Steuerfreiheit korrespondiert systemgerecht mit der ebenfalls steuerfreien Behandlung von Gewinnausschüttungen bei Kapitalgesellschaften. Die Steuerfreiheit gilt sowohl für die Veräußerung von inländischen als auch für die Veräußerung von ausländischen Tochtergesellschaften.

Gemäß § 8b Abs. 3 KStG gelten jedoch 5 % des steuerfreien Gewinns als Ausgaben, die nicht als Betriebsausgaben abgezogen werden dürfen. Dies führt im Ergebnis dazu, dass 5 % der erzielten Gewinne der Besteuerung unterworfen werden müssen.

4.3.1.2 Veräußerer ist eine natürliche Person

Die Veräußerung von Anteilen an einer Kapitalgesellschaft durch eine natürliche Person ist in den nachfolgenden Fällen steuerpflichtig im Sinne des Halbeinkünfteverfahrens (§ 3 Nr. 40 Satz 1 EStG).

- Veräußerung einer wesentlichen Beteiligung im Sinne von § 17 EStG
- Veräußerung von sogenannten „einbringungsgeborenen Anteilen“ im Sinne von § 21 UmwStG
- Veräußerung der Anteile innerhalb der einjährigen Spekulationsfrist im Sinne von § 22 Nr. 2 in Verbindung mit § 23 EStG

Bei den wesentlichen Beteiligungen ist zu beachten, dass die Wesentlichkeitsgrenze von vormals 10 % auf nunmehr 1 % gesenkt worden ist. Hat die Kapitalgesellschaft, deren Anteile veräußert worden sind, als Wirtschaftsjahr das Kalenderjahr, so liegt ab dem 01.01.2002 eine wesentliche Beteiligung bereits ab 1 % vor. Hat die Kapitalgesellschaft ein abweichendes Wirtschaftsjahr, gilt die Senkung der Wesentlichkeitsgrenze erst ab dem 01.01.2003.

Auch für die Veräußerung von „einbringungsgeborenen Anteilen“ gilt das Halbeinkünfteverfahren, sofern die Veräußerung nach Ablauf der siebenjährigen Behaltefrist vollzogen wird. Erfolgt die Veräußerung innerhalb dieser Frist, ist der Vorgang voll steuerpflichtig.[1]

Sofern keine wesentliche Beteiligung vorliegt, die Anteile keinen einbringungsgeborenen Charakter haben und keine privaten Veräußerungsgeschäfte vorliegen, löst die Veräußerung von Anteilen an einer Kapitalgesellschaft durch eine natürliche Person keine Steuerbelastung aus.

4.3.2 Erwerb von Anteilen an einer Kapitalgesellschaft

Da die Anteile an einer Kapitalgesellschaft keiner generellen Abnutzung unterliegen, ist eine planmäßige Abschreibung des Kaufpreises für Anteile an einer Kapitalgesellschaft nicht vorgesehen. In der Vergangenheit wurden daher Modelle kreiert, mittels derer der Erwerber den Kaufpreis der Anteile in Anschaffungskosten für die Wirtschaftsgüter der erworbenen Gesellschaft umwandeln konnte. Hierfür standen in der Vergangenheit das Kombinationsmodell, das Umwandlungsmodell bzw. das Mitunternehmermodell zur Verfügung.

Sämtliche Modelle funktionieren nicht mehr, da durch die Unternehmenssteuerreform diese Möglichkeit der Schaffung von Abschreibungsvolumen (Step up) nicht mehr besteht. Insofern soll auf eine detaillierte Beschreibung dieser Modelle verzichtet werden. Bezüglich der aktuellen steuerlichen Gestaltungsmöglichkeiten im Rahmen der Veräußerung von Unternehmen wird auf die Ausführungen in Kapitel 5.5 verwiesen.

Da die Umwandlung des Kaufpreises in Abschreibungspotential ein wesentlicher Bestandteil der Finanzierung der Transaktionen gewesen ist, können sich bei fehlendem Abschreibungsvolumen negative Auswirkungen auf den Kaufpreis des Unternehmens ergeben.

Es lässt sich festhalten, dass der Erwerbsvorgang von Anteilen an Kapitalgesellschaften zu keinen direkten steuerlichen Vorteilen führt. Vielmehr werden im späteren Veräußerungsfall die Anschaffungskosten dem Veräußerungspreis – unter Berücksichtigung der Transaktionskosten – gegenübergestellt, um somit einen Veräußerungsgewinn bzw. einen Veräußerungsverlust zu ermitteln.

1) Eine detaillierte Erläuterung der Problematik der „einbringungsgeborenen Anteile" erfolgt in Kapitel 3.3.

4.3.3 Exkurs: Umwandlungssteuergesetz und „Einbringungsgeborene Anteile“

4.3.3.1 Einführung

Da ein Unternehmen kein statisches Gebilde ist, sondern sich vielmehr an eine permanent verändernde wirtschaftliche, rechtliche und insbesondere steuerliche Umwelt anpassen muss, ergibt sich die Notwendigkeit, diesem Anpassungsprozess einen gesetzlichen Rahmen zu verleihen. Dieses ist geschehen durch eine Kombination aus rechtlichen und steuerlichen Vorschriften, dem Umwandlungsgesetz sowie dem Umwandlungssteuergesetz. Da Unternehmenstransaktionen oftmals mit Umwandlungsvorgängen kombiniert werden, sollen zunächst die wesentlichen Fallgruppen von Umwandlungen kurz beschrieben werden.

Unter einer Umwandlung versteht man grundsätzlich die nachfolgenden Fallgruppen:

- Verschmelzung
- Spaltung
- Vermögensübertragung
- Formwechsel

Bei einer **Verschmelzung** wird das gesamte Vermögen eines Rechtsträgers auf einen anderen Rechtsträger im Weg der Gesamtrechtsnachfolge übertragen. Man unterscheidet die Verschmelzung durch Aufnahme und die Verschmelzung durch Neugründung.

Die **Spaltung** tritt in den Varianten Aufspaltung, Abspaltung sowie Ausgliederung in Erscheinung.

Die **Vermögensübertragung** beschreibt die Übertragung des gesamten Vermögens eines Rechtsträgers auf einen anderen bestehenden Rechtsträger im Rahmen einer Gesamtrechtsnachfolge. Die Besonderheit bei der Vermögensübertragung besteht darin, dass die Gegenleistung nicht in Anteilen an dem übernehmenden Rechtsträger besteht.

Der **Formwechsel** beschreibt die Änderung der Rechtsform der Unternehmung, wobei die rechtliche Identität des Rechtsträgers gewahrt wird.

4.3.3.2 Sonderfall „Einbringungsgeborene Anteile“

Im Mittelpunkt der zahlreichen Varianten des Umwandlungssteuergesetzes steht die steuerliche Behandlung des Ansatzes des Betriebsvermögens sowohl bei dem übertragenden Unternehmen als auch bei dem übernehmenden Unternehmen. Hierbei bestehen oftmals steuerliche Wahlrechte. So kann in vielen Fällen das eingebrachte Betriebsvermögen bei dem übernehmenden Rechtsträger mit seinem Buchwert, seinem Teilwert wie auch mit einem Zwischenwert angesetzt werden. Die steuerlichen Konsequenzen lassen sich wie folgt vereinfacht zusammenfassen:

- **Ansatz zum Buchwert:** Der übertragende Rechtsträger erzielt keinen steuerpflichtigen Vorgang; der übernehmende Rechtsträger hat Anschaffungskosten in Höhe der Buchwerte des Betriebsvermögens.
- **Ansatz zum Teilwert:** Der übertragende Rechtsträger erzielt einen Veräußerungsgewinn in Höhe der Differenz zwischen dem Buchwert und dem Teilwert; der übernehmende Rechtsträger hat Anschaffungskosten in Höhe der Teilwerte des Betriebsvermögens.
- **Ansatz zum Zwischenwert:** Der übertragende Rechtsträger erzielt einen Veräußerungsgewinn in Höhe der Differenz zwischen dem Buchwert und dem Zwischenwert; der übernehmende Rechtsträger hat Anschaffungskosten in Höhe des Zwischenwerts des Betriebsvermögens.

Die Problematik der „einbringungsgeborenen Anteile“ ergibt sich regelmäßig bei Umwandlungsvorgängen zu Buchwerten bzw. zu Zwischenwerten. Demnach liegen „einbringungsgeborene Anteile“ gemäß § 20 Abs. 1, 2 und 4 UmwStG vor, wenn ein Betrieb, ein Teilbetrieb, ein Mitunternehmeranteil sowie sogenannte mehrheitsvermittelnde Anteile an einer Kapitalgesellschaft in eine unbeschränkt steuerpflichtige Körperschaft gegen Gewährung von Gesellschaftsrechten **zu einem Wert unterhalb des Teilwerts** eingebracht werden.

In der Regel entstehen „einbringungsgeborene Anteile“ durch Umwandlungsvorgänge, bei denen das Betriebsvermögen zu Buchwerten übertragen worden ist, da nur diese Fallgestaltungen den Vorgang steuerneutral abbilden können. Jeder Wert oberhalb des Buchwerts löst einen steuerpflichtigen Vorgang aus.

4.3.3.3 Gestaltungsüberlegungen bei „einbringungsgeborenen Anteilen“

Nachfolgende Gestaltungsüberlegungen sind im Zusammenhang mit Unternehmenstransaktionen denkbar.

4.3.3.3.1 Nachträgliche Etablierung einer Holdingstruktur

Wie bereits in Kapitel 3.1.1 dargestellt, ist die Veräußerung von Anteilen an einer Kapitalgesellschaft durch eine Kapitalgesellschaft gemäß § 8b Abs. 2 KStG steuerfrei. Die Veräußerung von Anteilen an Kapitalgesellschaften durch eine natürliche Person hingegen unterliegt dem Halbeinkünfteverfahren in den Fällen der privaten Veräußerungsgeschäfte, der Veräußerung von wesentlichen Beteiligungen sowie in den Fällen der Veräußerung von „einbringungsgeborenen Anteilen".

Da das Halbeinkünfteverfahren die Hälfte eines entstehenden Veräußerungsgewinns der Besteuerung unterwirft, die Veräußerung im Rahmen einer Holdingstruktur jedoch steuerfrei erfolgen kann, stellt sich die Frage, welche steuerlichen Konsequenzen sich durch die Einbringung der Anteile an einer Kapitalgesellschaft in eine neuzugründende vermögensverwaltende Kapitalgesellschaft ergeben. Diese Gestaltungsüberlegung soll durch das nachfolgende Schaubild verdeutlicht werden:

Abb. 1:

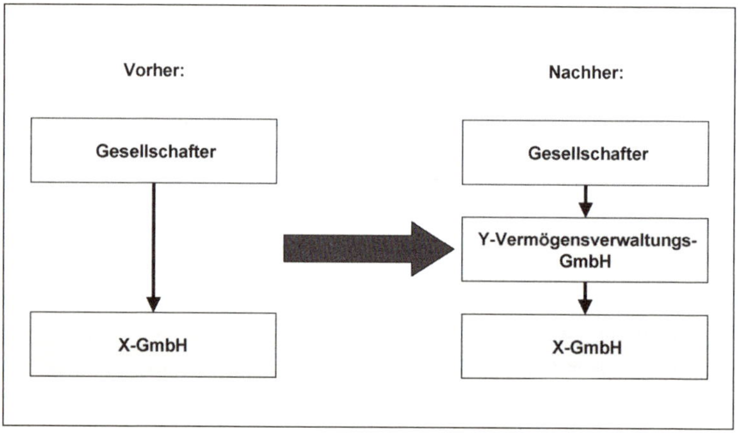

Wie bereits ausgeführt, kann die Einbringung von Anteilen an Kapitalgesellschaften zum Buchwert, zum Teilwert sowie zum Zwischenwert erfolgen. Da die Gestaltung keine negativen steuerlichen Konsequenzen mit sich führen soll, betrachten wir zunächst die Einbringung zu Buchwerten. Insbesondere in dieser Fallgestaltung ergibt sich die Problematik der „einbringungsgeborenen Anteile".

Grundsätzlich unterliegt der Veräußerungsgewinn aus Anteilen an Kapitalgesellschaften dem Halbeinkünfteverfahren gemäß § 3 Nr. 40b in Verbindung mit § 3c Abs. 2 EStG. Die Anwendung des Halbeinkünfteverfahrens ist jedoch ausgeschlossen, wenn die Veräußerung von „einbringungsgeborenen Anteilen" innerhalb eines Zeitraums von sieben Jahren nach der Einbringung erfolgt (§ 3 Nr. 40 bzw. § 21 Abs. 2 Nr. 1 UmwStG).

Zusammengefasst:

Bei dem oben dargestellten Fallbeispiel wäre die Veräußerung der Anteile an der Kapitalgesellschaft nur zur Hälfte steuerpflichtig gewesen; nach der Gestaltung wäre die Veräußerung zumindest für einen Zeitraum von sieben Jahren in vollem Umfang steuerpflichtig gewesen.

Zur Vermeidung dieser steuerlichen nachteiligen Auswirkung stellt sich die Frage, ob die Einbringung der Anteile an der Kapitalgesellschaft nicht mit einem Zwischenwert bzw. dem Teilwert – also dem Verkehrswert – hätte erfolgen können.

In dieser Fallgestaltung würde der Einbringungsvorgang in Höhe der Differenz zwischen dem Buchwert der Geschäftsanteile sowie dem Teilwert (Verkehrswert) der Geschäftsanteile eine Steuerpflicht auslösen. Zukünftige Wertsteigerungen könnten sodann im Rahmen einer Holdingstruktur steuerfrei erzielt werden.

Die Frage, welche der Fallgestaltungen unter steuerlichen Aspekten zu einem optimalen Ergebnis führt, hängt im Wesentlichen von den Gegebenheiten des Einzelfalls ab und lässt sich nicht pauschal beantworten. In Gründungsfällen kann die frühe Etablierung einer Holdingstruktur sinnvoll sein, wenn Veräußerungstatbestände innerhalb der nächsten sieben Jahre erkennbar sind.

Neben Einbringungsvorgängen besteht ebenfalls die Möglichkeit, Anteile an Kapitalgesellschaften durch klassische Veräußerungsvorgänge von einem „steuerlichen" Privatvermögen in das Betriebsvermögen einer Vermögensverwaltungsgesellschaft zu verlagern. Bei derartigen Gestaltungen ist sehr genau darauf zu achten, dass diese Veräußerungsvorgänge wie unter fremden Dritten abgewickelt werden. Diese Forderung gilt insbesondere für die vereinbarten Kaufpreise der Geschäftsanteile.

Die Finanzbehörden versuchen regelmäßig diese Gestaltungen durch die Annahme höherer Verkehrswerte zu torpedieren. Daher sollten derartige Gestaltungen mit Unternehmensbewertungsgutachten untermauert werden.[1)]

1) Gestaltungsspielräume im Rahmen der Unternehmensbewertung sind dem Kapitel 4 zu entnehmen.

4.3.3.3.2 Umwandlung einer Personengesellschaft in eine Kapitalgesellschaft

Das Problem der „einbringungsgeborenen Anteile“ kann sich ebenfalls bei Umwandlungsfällen von Personengesellschaften in Kapitalgesellschaften stellen. Die steuerlichen Konsequenzen sollen anhand des nachfolgenden **Beispiels** erläutert werden:

Die X-GmbH & Co. KG soll in die X-GmbH im Rahmen einer Verschmelzung durch Aufnahme umgewandelt werden. Die Verschmelzung soll erfolgen, in dem das Vermögen der X-KG auf die bisherige Verwaltungs-GmbH verschmolzen werden soll. Die Beteiligung an der Verwaltungs-GmbH wird im Privatvermögen des Gesellschafters gehalten. Die Umwandlung soll zu Buchwerten erfolgen. Im Rahmen der Umwandlung soll zusätzlich eine Holdingstruktur etabliert werden, in dem die Anteile an der „neuen“ X-GmbH von einer dazwischengeschalteten Vermögensverwaltungs-GmbH gehalten werden. Der vorstehende Sachverhalt soll durch das nachstehende Schaubild verdeutlicht werden.

Abb. 2:

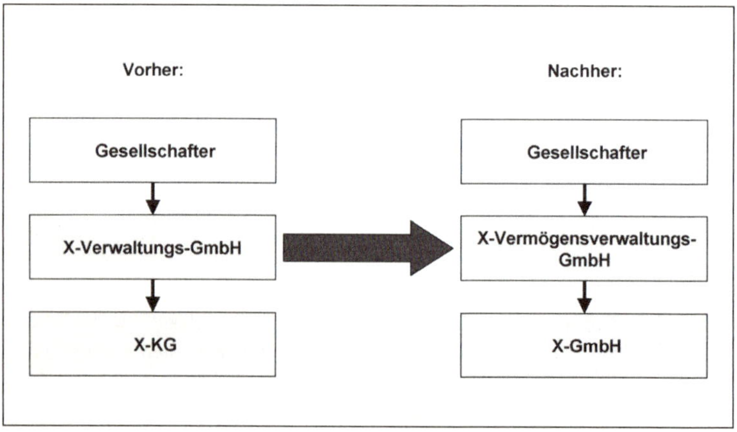

Im ersten Schritt erfolgt die Veräußerung der Anteile an der X-Verwaltungs-GmbH von dem Gesellschafter an die neugegründete X-Vermögensverwaltungs-GmbH. Der Veräußerungspreis beträgt 25.000 €, was dem Stammkapital der Gesellschaft entspricht. In einem zweiten Schritt erfolgt – zeitlich versetzt – die Verschmelzung der X-KG auf die X-Verwaltungs-GmbH. Diese Gestaltung hat zur Folge, dass die Geschäftsanteile an der „neuen“ X-GmbH nicht mehr von der Privatperson gehalten werden, sondern vielmehr von der nunmehr dazwischengeschalteten Vermögensverwaltungsgesellschaft.

Bei derartigen Gestaltungen ergibt sich sofort die Frage, ob die entgeltlich erworbenen Geschäftsanteile der X-Verwaltungs-GmbH als „einbringungsgeborene Anteile" qualifiziert werden können. Faktisch erfolgte die Veräußerung dieser Anteile zum Teilwert, da im Zeitpunkt der Veräußerung die Verschmelzung noch nicht vollzogen worden ist. Sofern diese Veräußerung jedoch im Zusammenhang mit der Verschmelzung steht, ist die Vermutung, dass „einbringungsgeborene Anteile" vorliegen, naheliegend.

Derartige Gestaltungen können jedoch trotz der möglichen Umqualifizierung der Anteile sinnvoll sein, wenn die Haltefrist von sieben Jahren abgewartet werden kann.

4.3.3.4 Zwischenergebnis

Unternehmenstransaktionen werden oftmals mit Umwandlungsvorgängen kombiniert. Hierbei stehen zahlreiche Gestaltungen zur Verfügung, um die steuerfreie Veräußerung von Anteilen an Kapitalgesellschaften zu erzielen. In diesem Zusammenhang sind insbesondere die Fallstricke der „einbringungsgeborenen Anteile" zu beachten, da diese Gestaltungen zur Folge haben können, dass sich die steuerliche Situation der Beteiligten nicht verbessert, sondern vielmehr verschlechtert.

Bei der oben dargestellten Möglichkeit ist ebenfalls § 42 AO zu beachten. Diese Vorschrift regelt den Missbrauch von steuerlichen Gestaltungen. Die Kernaussage lautet: „Sind Gestaltungen ausschließlich steuerlich motiviert, ergibt sich ein Missbrauchstatbestand". Dies hat zur Folge, dass die Gestaltung von den Finanzbehörden nicht akzeptiert wird. Weil insbesondere bei dieser Vorschrift die Grenzen fließend sind, ergibt sich die Notwendigkeit, steuerliche Gestaltungen sehr genau unter diesem Blickwinkel zu betrachten und Gestaltungen entsprechend anzupassen.

13 Welche Besonderheiten bestehen bei Anteilen an Kapitalgesellschaften?

- 95%ige Steuerfreiheit bei Veräußerung durch eine Kapitalgesellschaft
- grundsätzliche Steuerfreiheit von Veräußerung durch natürliche Personen
- Ausnahmen: Private Veräußerungsgeschäfte, wesentliche Beteiligungen sowie „einbringungsgeborene Anteile"
- Erwerbsvorgang führt lediglich zu Anschaffungskosten, die im Veräußerungsfall relevant werden können.
- Sonderfälle der „einbringungsgeborenen Anteile" sind zu beachten.
- § 42 AO Missbrauchstatbestände beachten!

4.4 Steuerliche Behandlung der Veräußerung und des Erwerbs von Betrieben, Teilbetrieben und Mitunternehmeranteilen (Asset Deal)

4.4.1 Veräußerung von Betrieben, Teilbetrieben und Mitunternehmeranteilen

4.4.1.1 Veräußerer ist eine Kapitalgesellschaft

Die Veräußerung von Betrieben, Teilbetrieben und Mitunternehmeranteilen durch eine Kapitalgesellschaft unterliegt grundsätzlich uneingeschränkt der Körperschaftsteuer, da diese Wirtschaftsgüter als Betriebsvermögen der Kapitalgesellschaft gelten und keine steuerliche Befreiungsvorschrift – vergleichbar mit der Befreiungsvorschrift für Anteile an Kapitalgesellschaften – existiert.

Besonderheiten ergeben sich für den Bereich der Gewerbesteuer. Gewinne aus der Veräußerung von Mitunternehmeranteilen durch Kapitalgesellschaften unterlagen grundsätzlich nicht der Gewerbesteuer (Abschn. 40 Abs. 2 Satz 3 GewStR). Ausnahmen ergaben sich nur aus § 18 Abs. 4 UmwStG. Das Unternehmenssteuerfortentwicklungsgesetz (UntStFG) hat in diesem Bereich eine deutliche Verschlechterung mit sich gebracht.

Nach § 7 Satz 2 GewStG ist nunmehr ein Gewinn immer dann gewerbesteuerpflichtig, wenn er aus der Veräußerung oder Aufgabe des Betriebs oder Teilbetriebs einer Mitunternehmerschaft oder des Anteils eines Gesellschafters, der als Unternehmer des Betriebs einer Mitunternehmerschaft anzusehen ist, stammt, soweit er nicht auf eine natürliche Person als unmittelbar beteiligter Mitunternehmer entfällt. Dies hat für Kapitalgesellschaften zur Folge, dass der Gewinn aus der Veräußerung eines Betriebs sowie eines Teilbetriebs der Gewerbesteuer unterliegt. Gleiches gilt für die Veräußerung eines Anteils an einer Personengesellschaft.

4.4.1.2 Veräußerer ist eine natürliche Person

Die Veräußerung von Betrieben, Teilbetrieben oder Mitunternehmeranteilen durch eine natürliche Person unterliegt grundsätzlich der uneingeschränkten Einkommensbesteuerung. Davon abweichend erfolgt die Anwendung des halben durchschnittlichen Steuersatzes im Sinne von §§ 16, 34 EStG unter den nachfolgenden Bedingungen:

- Gegenstand der Veräußerung ist ein Betrieb, Teilbetrieb, Mitunternehmeranteil oder ein Teil eines Mitunternehmeranteils.
- Veräußerer ist eine natürliche Person, die das 55. Lebensjahr vollendet hat bzw. dauernd berufsunfähig ist.

Der ermäßigte Steuersatz wird nur einmal im Leben eines Steuerpflichtigen gewährt und ist auf einen Veräußerungsgewinn in Höhe von 5.000.000 € begrenzt. Für den Fall, dass ein Veräußerungstatbestand im Sinne von §§ 16, 34 EStG vorliegt, die obenstehenden Voraussetzungen jedoch nicht, kann die sogenannte Fünftelregelung beantragt werden. Diese Regelung kann zu einem Progressionsvorteil führen, da der Veräußerungsgewinn für Zwecke der Steuerberechnung auf fünf Jahre verteilt wird.

Die Veräußerung von Betrieben, Teilbetrieben oder Mitunternehmeranteilen durch eine natürliche Person löst keine Gewerbesteuerpflicht aus. Detaillierte Ausführungen hierzu sind der Gewerbesteuerrichtlinie 39 „Gewinn bei natürlichen Personen und bei Personengesellschaften“ zu entnehmen.

4.4.2 Erwerb von Betrieben, Teilbetrieben und Mitunternehmeranteilen

Der Erwerb von Betrieben, Teilbetrieben oder Mitunternehmeranteilen führt zu der generellen Möglichkeit, auf die Anschaffungskosten Abschreibungen vorzunehmen. Diese Möglichkeit steht in keiner Abhängigkeit zu der Rechtsform des Erwerbers. Der Kaufpreis wird auf die erworbenen Wirtschaftsgüter im Rahmen der sogenannten Stufentheorie aufgeteilt; die planmäßige Abschreibung richtet sich nach den grundsätzlichen Regelungen des § 7 EStG. Im Rahmen der Stufentheorie erfolgt die Aufteilung des Kaufpreises in den nachstehenden Stufen:

- Aktivierung der übernommenen bilanzierten Wirtschaftsgüter zu dem entsprechenden Teilwert.
- Der verbleibende Betrag ist als Geschäfts- oder Firmenwert zu aktivieren.
- Wirtschaftsgüter, bei denen der Veräußerer das Bilanzierungsverbot des § 248 HGB beachten musste, sind durch den Erwerber als entgeltlich erworbene immaterielle Wirtschaftsgüter anzusetzen.

Das somit erzielte Abschreibungsvolumen ist für den Erwerber von großem Interesse, da durch die jährlichen Abschreibungen ein erheblicher Teil der steuerpflichtigen Gewinne „steuerfrei" gestellt werden können und sich somit die Liquiditätssituation des Erwerbers auf mehrere Jahre gesehen deutlich verbessert. Diese Effekte werden in der Praxis durch integrierte Berechnungsschemata dargestellt sowie deren Interdependenzen durch Sensitivitätsanalysen interpretiert, sodass der Erwerber die steuerlichen Wirkungen in seine Finanzierungsüberlegungen einbetten kann.

14 Welche Besonderheiten bestehen bei Anteilen an Personengesellschaften?

- Körper- und Gewerbesteuerpflicht für Kapitalgesellschaften
- Grundsatz: Einkommensteuerpflicht für natürliche Personen
- Ausnahme: halber Durchschnittssteuersatz ab Vollendung des 55. Lebensjahres und weitere Voraussetzungen
- Schaffung von Abschreibungspotential im Erwerbsfall durch Buchwertaufstockung

4.5 Steuerliche Sonderaspekte des Unternehmenskaufs bzw. -verkaufs

4.5.1 Umsatzsteuer

Die umsatzsteuerlichen Fragen beim Unternehmenskauf bzw. Unternehmensverkauf fokussieren sich grundsätzlich auf die Frage der Abziehbarkeit von gezahlten Vorsteuern. Hierbei ist die Unterscheidung zwischen dem Kauf bzw. Verkauf von Wirtschaftsgütern (Asset Deal) und dem Kauf bzw. Verkauf von Gesellschaftsanteilen (Share Deal) von großer Bedeutung.

4.5.1.1 Kauf bzw. Verkauf von Gesellschaftsanteilen

Das System der Umsatzsteuer umfasst eine zweistufige Prüfung von Sachverhalten.

Im ersten Schritt erfolgt die Überprüfung der Steuerbarkeit des Sachverhalts. Wird diese Fragestellung bejaht, finden die umsatzsteuerlichen Regelungen grundsätzlich ihre Anwendung.

In einer zweiten Stufe wird der Sachverhalt auf eventuell bestehende Steuerbefreiungen analysiert. Dies kann zur Folge haben, dass ein steuerbarer Sachverhalt dennoch steuerfrei ist und keine Umsatzsteuer auslöst.

In Bezug auf den Kauf bzw. Verkauf von Gesellschaftsanteilen scheitert die Steuerbarkeit in der Regel daran, dass nach der Rechtsprechung des BFH und des EuGH das reine Verwalten und Halten von Gesellschaftsanteilen nicht als unternehmerische Tätigkeit anzusehen ist. Der Veräußerer wird somit nicht als Unternehmer im Sinne des UStG betrachtet, was dazu führt, dass die Veräußerung von Gesellschaftsanteilen in der Regel nicht steuerbar ist. Eine abweichende Beurteilung muss erfolgen, sofern eine unternehmerische Tätigkeit durch den Handel von Gesellschaftsanteilen gegeben ist.

Ist eine Veräußerung von Gesellschaftsanteilen ausnahmsweise steuerbar, unterliegt dieser Sachverhalt einer grundsätzlichen Steuerbefreiung.[1] Dies führt zu einem grundsätzlichen Ausschluss des Vorsteuerabzugs[2] mit der Folge, dass die in dem Zusammenhang mit der Veräußerung stehenden Vorsteuern nicht geltend gemacht werden können.

Auch der Erwerber erfüllt in der Regel nicht die Voraussetzungen einer unternehmerischen Tätigkeit in Sinne des UStG. Somit kann auch der Erwerber die Vorsteuern, die im Zusammenhang mit dem Erwerb von Gesellschaftsanteilen entstehen, nicht geltend machen.

Eine Ausnahme existiert im Bereich der umsatzsteuerlichen Organschaft. Veräußert ein Organträger Anteile an einer Kapitalgesellschaft, die die Voraussetzungen einer umsatzsteuerlichen Organschaft erfüllen, handelt es

1) Vgl. § 4 Nr. 8 Buchst. f) UStG.
2) Vgl. § 15 Abs. 2 UStG.

sich für Zwecke der Umsatzsteuer um eine nicht steuerbare Geschäftsveräußerung im Ganzen gemäß § 1 Abs. 1a UStG.

4.5.1.2 Kauf bzw. Verkauf von Wirtschaftsgütern

Die Geschäftsveräußerung im Ganzen durch die Übertragung von einzelnen Wirtschaftsgütern ist seit der Einführung des § 1 Abs. 1a UStG im Jahr 1994 nicht mehr steuerbar. Werden in Abgrenzung zur Geschäftsveräußerung im Ganzen lediglich einzelne Wirtschaftsgüter übertragen, liegen in der Regel steuerbare, nicht steuerbefreite Sachverhalte vor.

Aus den unterschiedlichen steuerlichen Konsequenzen der obenstehenden Sachverhalte ergibt sich die Fragestellung der Abgrenzung zwischen der Geschäftsveräußerung im Ganzen und der Einzelübertragung von Wirtschaftsgütern.

Eine Geschäftsveräußerung im Ganzen liegt im Sinne des § 1 Abs. 1a UStG vor, wenn ein Unternehmen im Ganzen entgeltlich oder unentgeltlich übereignet wird. Dies ist nicht problematisch, sofern der Unternehmer alle Wirtschaftsgüter auf den Erwerber überträgt.

Nach einhelliger Meinung liegt die Geschäftsveräußerung im Ganzen bereits vor, wenn die wesentlichen Grundlagen des Unternehmens übertragen werden. Als wesentliche Grundlagen werden Betriebsgrundstücke, Maschinen, Inventar, Patente, sonstige Rechte und der Kundenstamm betrachtet.

Sind die Voraussetzungen einer Geschäftsveräußerung im Ganzen erfüllt, ist die Übertragung der einzelnen Wirtschaftsgüter auf den Erwerber nicht steuerbar.

Es schließt sich die Frage an, ob der Veräußerer der einzelnen Wirtschaftsgüter trotz des nicht steuerbaren Grundgeschäfts die Vorsteuer geltend machen kann, die im Zusammenhang mit der Veräußerung (z.B. Beratungskosten) entstanden sind. Dies ist zu bejahen, wenn die Ausgangsumsätze des veräußerten Unternehmens steuerpflichtig waren und die Leistungen in Bezug auf die Geschäftsveräußerung mit diesen in unmittelbarem Zusammenhang stehen.

Weiterhin stellt sich die Frage, ob der Erwerber die Vorsteuer geltend machen kann, die im Zusammenhang mit dem Erwerb der einzelnen Wirtschaftsgüter stehen. Diese Frage ist in Anlehnung an die Frage der Abzugsfähigkeit der Vorsteuer des Veräußerers ebenfalls zu bejahen.

Sofern eine Geschäftsveräußerung im Ganzen nicht vorliegt und lediglich einzelne Wirtschaftsgüter übertragen werden, gelten die allgemeinen umsatzsteuerlichen Regelungen. Die Übertragung ist in der Regel steuerbar und nicht steuerbefreit; es besteht eine Vorsteuerabzugsberechtigung beim Erwerber.

15 Was ist bei der Umsatzsteuer zu beachten?

- **Share Deal:**
  keine Umsatzsteuer beim Veräußerer, keine Vorsteuer beim Erwerber
- **Geschäftsveräußerung im Ganzen:**
  keine Umsatzsteuer beim Veräußerer, keine Vorsteuer beim Erwerber, gegebenenfalls Vorsteuer aus Beratungskosten
- **Verkauf einzelner Wirtschaftsgüter:**
  Umsatzsteuer beim Veräußerer, Vorsteuer beim Erwerber

4.5.2 Grunderwerbsteuer

Die Grunderwerbsteuer will generell die Übertragung von Grundstücken steuerlich erfassen. So unterliegt ein Kaufvertrag, der den Anspruch auf Übereignung eines inländischen Grundstücks begründet, der Grunderwerbsteuer.[1)] Gleiches gilt für die Vorgänge, die den Anspruch auf Übereignung begründen oder die Übereignung herbeiführen oder herbeigeführt haben, sowie einige Ersatztatbestände.

Als Bemessungsgrundlage wird der Wert der Gegenleistung betrachtet. Der Grunderwerbsteuersatz beträgt 3,5 % der Bemessungsgrundlage. Der Grundstückserwerb von Todes wegen und die Grundstücksschenkung unter Lebenden sind von der Besteuerung ausgenommen. Gleiches gilt für den Grundstückserwerb durch den Ehegatten des Veräußerers sowie die Übertragung von Grundstücken an Abkömmlinge und Stiefkinder.

Auch bei der Grunderwerbsteuer ist die Unterscheidung zwischen dem Kauf bzw. Verkauf von Wirtschaftsgütern (Asset Deal) einerseits und dem Kauf bzw. Verkauf von Gesellschaftsanteilen (Share Deal) von Bedeutung, da bei der Veräußerung des Grundstücks selbst stets Grunderwerbsteuer entsteht und bei der Übertragung von Geschäftsanteilen nur in Ausnahmefällen grunderwerbsteuerliche Tatbestände verwirklicht werden.

1) Vgl. § 1 Abs. 1 Nr. 1 GrEStG.

4.5.2.1 Kauf bzw. Verkauf von Gesellschaftsanteilen

Das Vermögen von Kapitalgesellschaften und Personengesellschaften wird für Zwecke der Grunderwerbsteuer nicht den Gesellschaftern, sondern den Gesellschaften zugeordnet. Somit führt die Übertragung von Anteilen an einer Gesellschaft, deren Vermögen u.a. aus einem Grundstück besteht, grundsätzlich nicht zur Entstehung von Grunderwerbsteuer. Folgende Ausnahmen sind jedoch zu beachten:

Vollständiger oder wesentlicher Wechsel einer grundstücksbesitzenden Personengesellschaft (§ 1 Abs. 2a GrEStG)

Sofern sich der Gesellschafterbestand innerhalb von fünf Jahren unmittelbar oder mittelbar derart verändert, dass mindestens 95 % der Anteile auf neue Gesellschafter übergehen, ergibt sich eine Grunderwerbsteuerpflicht.

Vereinigung und Übertragung von 95 % der Anteile an einer grundstücksbesitzenden Gesellschaft (§ 1 Abs. 3 GrEStG)

Die Übertragung von Anteilen bei Personengesellschaften und Kapitalgesellschaften führt dann zur Grunderwerbsteuerpflicht, wenn mindestens 95 % der Anteile unmittelbar oder mittelbar vereinigt oder übertragen werden.

4.5.2.2 Kauf bzw. Verkauf von Wirtschaftsgütern

Werden im Rahmen des Verkaufs von Wirtschaftsgütern, Grundstücken, den Grundstücken gleichstehenden Erbbaurechten, Gebäuden auf fremden Böden sowie dinglich gesicherte Sondernutzungsrechte übertragen, unterliegt der Unternehmensverkauf bzw. der Verkauf der übertragenen Wirtschaftsgüter der Grunderwerbsteuer. Es entsteht eine Grunderwerbsteuer in Höhe von 3,5 % der Bemessungsgrundlage.

Es gelten die allgemeinen sowie die besonderen Ausnahmen von der Besteuerung gemäß §§ 3 und 4 GrEStG. So unterliegen beispielsweise Grundstücksübertragungen zwischen Ehegatten oder Verwandten in gerader Linie nicht der Grunderwerbsteuer.

16 Welche Fallstricke bestehen bei der Grunderwerbsteuer?

- **Grundsatz:**
  Keine Grunderwerbsteuer bei Verschiebungen innerhalb der Gesellschafterstruktur, da Grundstücke der Gesellschaft zugeordnet werden
- **Ausnahme:**
  Bei einem mindestens 95%igen Gesellschafterwechsel einer Personengesellschaft oder Kapitalgesellschaft entsteht Grunderwerbsteuer.
- Bei Übertragung des Grundstücks selbst als Einzelwirtschaftsgut entsteht stets Grunderwerbsteuer.
- Allgemeine und besondere Ausnahmen der Besteuerung beachten.

4.5.3 Verluste und Unternehmenskauf

4.5.3.1 Steuerliche Würdigung des Verlusts einer Akquisition

Die psychologische Grundhaltung der Beteiligten bei der Akquisition von Unternehmen oder Unternehmensbeteiligungen ist durch ein hohes Maß an Optimismus geprägt. Dennoch darf die Möglichkeit eines wirtschaftlichen Verlusts der Investition bei der steuerlichen Gestaltung nicht außer Acht gelassen werden. Die steuerliche Gestaltung sollte so aufgebaut sein, dass der Erwerber einen derartigen Verlust zumindest steuerlich nutzen kann. Hierbei sind nachfolgende Fallvarianten zu unterscheiden.

4.5.3.1.1 Veräußerungsverluste einer Kapitalgesellschaft durch Anteile an einer anderen Kapitalgesellschaft

Wie bereits dargestellt, haben sich die steuerlichen Rahmenbedingungen für Gewinne, die eine Kapitalgesellschaft durch die Veräußerung von Anteilen einer anderen Kapitalgesellschaft erzielt, maßgeblich verändert. Diese positiven Veränderungen (Veräußerungsgewinne sind steuerfrei) finden ihre Kehrseite bei der steuerlichen Berücksichtigung von Verlusten, die eine Kapitalgesellschaft durch die Veräußerung von Anteilen einer anderen Kapitalgesellschaft erzielt.

Gemäß § 8 Abs. 3 KStG können Gewinnminderungen, die im Zusammenhang mit Anteilen an Kapitalgesellschaften stehen, nicht bei der Gewinnermittlung berücksichtigt werden.

In Abgrenzung zu Veräußerungsverlusten können sich ebenfalls Verluste aus der Wertminderung von Anteilen an Kapitalgesellschaften durch Teilwertabschreibungen ergeben. Auch diese Verluste sind steuerlich nicht zu berücksichtigen.

4.5.3.1.2 Veräußerungsverluste einer natürlichen Person durch Anteile an einer Kapitalgesellschaft

Grundsätzlich sind Vermögensmehrungen und Vermögensminderungen in der Privatsphäre einer natürlichen Person steuerlich unbeachtlich. Dies hat zur Folge, dass sowohl ein Veräußerungsgewinn als auch ein Veräußerungsverlust einer natürlichen Person durch Anteile an einer Kapitalgesellschaft steuerlich nicht berücksichtigt werden.

Abweichend zu diesem Grundsatz bestehen nachfolgende Ausnahmen:

- Private Veräußerungsgeschäfte (früher: Spekulationsgeschäfte) im Sinne von § 23 EStG
- Veräußerungsgeschäfte von wesentlichen Beteiligungen im Sinne von § 17 EStG

Auch die steuerlichen Rahmenbedingungen für die privaten Veräußerungsgeschäfte und die Veräußerungsgeschäfte von wesentlichen Beteiligungen haben sich maßgeblich verändert. Die positiven Veränderungen (Veräußerungsgewinne aus privaten Veräußerungsgeschäften und wesentlichen Beteiligungen unterliegen dem Halbeinkünfteverfahren) finden ihre Kehrseite bei der nur hälftigen steuerlichen Berücksichtigung von Verlusten, die eine natürliche Person durch die Veräußerung von Anteilen einer Kapitalgesellschaft erzielt.

Auf der Basis der oben dargestellten Veräußerungsfristen (ein Jahr bei privaten Veräußerungsgeschäften und sieben Jahre bei „einbringungsgeborenen Anteilen“) gilt für realisierte Veräußerungsverluste Nachfolgendes:

Veräußerungsverluste aus privaten Veräußerungsgeschäften und Veräußerungsverluste bei wesentlichen Beteiligungen (Anteile ab 1,00 %), die innerhalb der Behaltefrist oder der Sperrfrist realisiert worden sind, können in Anlehnung an das Halbeinkünfteverfahren nur zur Hälfte angesetzt werden.

4.5.3.1.3 Veräußerungsverluste einer Personengesellschaft bei Anteilen an einer Kapitalgesellschaft

Da eine Personengesellschaft Anteile an einer Kapitalgesellschaft systembedingt als ihr Betriebsvermögen ausweist, sind sowohl Vermögensmehrungen als auch Vermögensminderungen des Betriebsvermögens generell steuerlich relevant.

Da ein Veräußerungsgewinn durch Anteile an Kapitalgesellschaften dem Halbeinkünfteverfahren unterliegt, können Veräußerungsverluste ebenfalls nur mit der Hälfte steuerlich geltend gemacht werden.

4.5.3.1.4 Veräußerungsverluste einer Kapitalgesellschaft bei Anteilen an einer Personengesellschaft

Die Veräußerungsgewinne einer Kapitalgesellschaft bei Anteilen an einer Personengesellschaft unterliegen in voller Höhe der Besteuerung. Dementsprechend können Veräußerungsverluste in voller Höhe steuerlich geltend gemacht werden.

4.5.3.1.5 Veräußerungsverluste einer natürlichen Person durch Anteile an einer Personengesellschaft

Die Verluste von natürlichen Personen durch die Veräußerung von Anteilen an Personengesellschaften sind in § 16 EStG geregelt. Demnach wirkt sich sowohl ein Veräußerungsgewinn als auch ein Veräußerungsverlust in voller Höhe auf die privat zu entrichtende Einkommensteuer aus.

4.5.3.1.6 Veräußerungsverluste einer Personengesellschaft bei Anteilen an einer anderen Personengesellschaft

Die Veräußerungsverluste einer Personengesellschaft bei Anteilen an einer anderen Personengesellschaft sind korrespondierend zu den Veräußerungsverlusten einer natürlichen Person durch Anteile an einer Personengesellschaft geregelt. Sowohl die Veräußerungsgewinne als auch die Veräußerungsverluste wirken sich in voller Höhe auf die Steuerbelastung aus.

Aus den vorstehenden Fallvarianten ergibt sich nachfolgende zusammenfassende Übersicht:

durch Anteile an ...	Erzielter Veräußerungsverlust ...	
	Kapitalgesellschaft	**Personengesellschaft**
Kapitalgesellschaft	Nicht ansetzbar	Ansetzbar: 100 %
Natürliche Person	Grundsatz: Nicht ansetzbar Ausnahme: § 23 EStG: Ansetzbar 50 % § 17 EStG: 50 %	Ansetzbar: 100 %
Personengesellschaft	Ansetzbar: 50 %	Ansetzbar: 100 %

4.5.3.2 Steueroptimierung durch Verlustnutzung

Da der Verlust im Rahmen einer Kapitalgesellschaft im Gegensatz zum Verlust bei einer Personengesellschaft in der Regel nicht auf die Ebene der privaten Steuererklärung der Gesellschafter transportiert werden kann, führt ein derartiger Verlust nicht zur Minderung der privaten Einkommensteuerbelastung der Gesellschafter.

Unter steuerpolitischen Gesichtspunkten stellt sich somit die Frage, unter welchen Voraussetzungen Verluste einer Kapitalgesellschaft steuerlich nutzbar gemacht werden können, etwa durch Verrechnung mit Gewinnen einer anderen Kapitalgesellschaft.

Zunächst ist diese Verrechnung von laufenden Verlusten durch eine Ergebnisabführung bei einem bestehenden Organschaftsverhältnis möglich. Im Rahmen eines Ergebnisabführungsvertrags kann eine Kapitalgesellschaft den Verlust einer anderen Kapitalgesellschaft unter folgenden Voraussetzungen ansetzen:

- Der Ergebnisabführungsvertrag muss zivilrechtlich wirksam sein.
- Der Vertrag muss die Abführung des gesamten Gewinns vorsehen.
- Eine Verlustübernahme analog § 302 Abs. 1 AktG muss vorgesehen sein.
- Die Abführung von Erträgen aus vorvertraglichen Rücklagen muss ausgeschlossen sein.
- Der Vertrag muss auf mindestens fünf Jahre abgeschlossen sein.

Eine weitere Möglichkeit der Verlustnutzung besteht im Rahmen des sogenannten Mantelkaufs.

Der aufgelaufene Verlust einer Zielgesellschaft kann unter bestimmten Voraussetzungen durch eine Erwerbergesellschaft genutzt werden. Eine wesentliche Voraussetzung für die Verlustnutzung ist neben der rechtlichen Identität die Wahrung der wirtschaftlichen Identität der Zielgesellschaft. Eine wirtschaftliche Identität wird grundsätzlich verneint, wenn mehr als die Hälfte der Anteile an der Kapitalgesellschaft wechselt oder wenn der Zielgesellschaft überwiegend neues Betriebsvermögen zugeführt wird. Die Zuführung neuen Betriebsvermögens ist unschädlich, wenn sie allein der Sanierung des Geschäftsbetriebs dient und die Körperschaft den Geschäftsbetrieb in einem nach dem Gesamtbild der wirtschaftlichen Verhältnisse vergleichbaren Umfang in den folgenden fünf Jahren fortführt.

Somit sind die Möglichkeiten des Mantelkaufs stark eingeschränkt worden. Die steuerliche Würdigung der Verlustnutzung bei Verschmelzungen und Spaltungen orientiert sich an der oben dargestellten Regelung, sodass auch diese alternativen Möglichkeiten der Unternehmenszusammenführung keine Veränderung der steuerlichen Würdigung von Verlustnutzungen herbeiführt.

17 Wie kann ich Verluste im Rahmen der Transaktion steuerlich nutzen?

- Die steuerliche Beurteilung von Verlusten aus Transaktionen korrespondiert mit der steuerlichen Beurteilung von Gewinnen (siehe Übersicht).
- Eine steuerliche Nutzung eines Verlusts einer Tochtergesellschaft ist durch einen Ergebnisabführungsvertrag möglich; die Voraussetzungen hierfür sind eng gesteckt.
- Die Möglichkeiten eines Verlustmantelkaufs sind sehr stark eingeschränkt worden.

4.5.4 Steuerorientierte Kaufpreisfinanzierung

Ein weiterer Aspekt bei Unternehmenstransaktionen ist die steuerliche Abzugsfähigkeit der Refinanzierungszinsen. Die steuerliche Beurteilung der Refinanzierungszinsen hängt im Wesentlichen von der Rechtsform der Zielgesellschaft ab.

4.5.4.1 Erwerb einer Kapitalgesellschaft

Bei der steuerlichen Würdigung von Refinanzierungszinsen im Zusammenhang mit dem Erwerb einer Kapitalgesellschaft, sind nachfolgende Fallvarianten zu unterscheiden.

- **Kapitalgesellschaft finanziert Anteile an einer anderen Kapitalgesellschaft**
  Da die Einnahmen der Kapitalgesellschaft aus der anderen Kapitalgesellschaft steuerfrei gestellt worden sind, dürfen gemäß § 3c Abs. 1 EStG Zinsen, die in unmittelbarem wirtschaftlichen Zusammenhang stehen, nicht als Betriebsausgabe abgezogen werden.
- **Natürliche Person finanziert Anteile an einer Kapitalgesellschaft**
  Da die Einnahmen aus der Beteiligung an einer Kapitalgesellschaft dem Halbeinkünfteverfahren unterliegen, regelt § 3c Abs. 2 EStG, dass Betriebsausgaben oder Werbungskosten, die im wirtschaftlichen Zusammenhang mit diesen Einnahmen stehen, bei der Ermittlung der Einkünfte nur zur Hälfte abgezogen werden können.

4.5.4.2 Erwerb einer Personengesellschaft

Wird der Erwerb einer Personengesellschaft bzw. eines Mitunternehmeranteils mit Fremdkapital finanziert, so sind die Zinsaufwendungen des Gesellschafters in unbeschränkter Höhe abzugsfähig.

Voraussetzung hierfür ist, dass die Zinsen im Zusammenhang mit dem Erwerb der Personengesellschaft bzw. des Mitunternehmeranteils stehen. Die Darstellung der Abzugsfähigkeit erfolgt als Sonderbetriebsausgaben des Gesellschafters in der Steuererklärung der Gesellschaft.

18 In welchen Fällen kann ich die Finanzierung des Kaufpreises steuerlich nutzen?

- Die steuerliche Beurteilung der Kaufpreisfinanzierung korrespondiert mit der steuerlichen Beurteilung der Gewinne.
- Bei Finanzierung von Anteilen an Kapitalgesellschaften kann die Kapitalgesellschaft Zinsen nicht steuerlich nutzen, da Gewinne steuerfrei sind; natürliche Personen können Zinsen nur zu 50 % nutzen, da Gewinne dem Halbeinkünfteverfahren unterliegen.
- Bei Finanzierung von Anteilen an Personengesellschaften sind Zinsen zu 100 % abzugsfähig.

4.5.5 Vorbereitende Gestaltungen

4.5.5.1 Terminliche Überlegungen

In der Vergangenheit haben sich auf der Basis zahlreicher Änderungen der Steuergesetze regelmäßig Überlegungen ergeben, den Übergang des Eigentums an Geschäftsanteilen zeitlich zu verlagern. Diese zeitlichen Verlagerungen können einerseits durch Terminverkäufe und andererseits durch Optionsgestaltungen erreicht werden. Entscheidend bei derartigen Gestaltungen ist, dass die Finanzbehörden nicht unabhängig von der späteren dinglichen Übertragung von Geschäftsanteilen eine Übertragung des wirtschaftlichen Eigentums zu einem früheren Zeitpunkt annehmen. Dies ist regelmäßig der Fall, wenn der potentielle Erwerber bereits bei Vertragsabschluss die wirtschaftlichen Chancen und Risiken trägt und mit den wesentlichen Rechten eines Gesellschafters ausgestattet worden ist.

Diese Problematik lässt sich durch Optionsmodelle lösen. In Betracht kommen die einseitige Kaufoption, die einseitige Verkaufsoption sowie eine Kombination aus Kauf- und Verkaufsoption (sogenannte „Überkreuzoption"). Bei den einseitigen Optionsmodellen ist insbesondere zu beachten, dass nur eine Partei das Recht auf den Erwerb bzw. die Veräußerung hat. Dieses ist in der Praxis oftmals nicht im Sinne der Vertragsparteien. Bei den Kombinationsmodellen besteht oft die Gefahr der Annahme des Übergangs des wirtschaftlichen Eigentums.

Denkbar sind auch Gestaltungen über Betriebsverpachtungsmodelle oder über spezielle Wertpapieranleihen. Allen dargestellten Gestaltungsmöglichkeiten ist gemein, dass die Beteiligten sehr sorgfältig die Besonderheit des Einzelfalls im Blick haben müssen.

4.5.5.2 Einbringung in eine Kapitalgesellschaft

Die Möglichkeit einer Kapitalgesellschaft, Anteile an einer anderen Kapitalgesellschaft ohne Steuerbelastung zu veräußern, führt zu der Überlegung, für jede betriebliche Aktivität, die eine potentielle Veräußerung in sich birgt, eine eigene Kapitalgesellschaft zu gründen. Diese neuzugründende Kapitalgesellschaft hat den Charakter einer reinen Vermögensverwaltungsgesellschaft. Hierbei sind die laufenden Kosten einer (zusätzlichen) Vermögensverwaltungsgesellschaft den zukünftigen Steuerspareffekten gegenüberzustellen.

Diese Überlegungen gelten sowohl für Kapitalgesellschaften als auch für natürliche Personen bzw. für Personengesellschaften mit natürlichen Personen als Gesellschaftern. Um Bewertungsprobleme mit dem Finanzamt zu umgehen, ist es in der Praxis ratsam, die Holdingstruktur vor Aufnahme der unternehmerischen Aktivitäten einzurichten.

Sofern dies nicht möglich ist, können bereits existierende Betriebe, Teilbetriebe oder Mitunternehmeranteile in Kapitalgesellschaften eingebracht werden. Erfolgt die Einbringung zum Teilwert (Verkehrswert), ist der Vorgang in Höhe der Aufdeckung der stillen Reserve steuerpflichtig. Erfolgt die Einbringung zum Buchwert, löst der Vorgang keine Steuer aus. Nach Ablauf der siebenjährigen Sperrfrist erfolgt die Versteuerung bei einem möglichen Veräußerungstatbestand im Rahmen des Halbeinkünfteverfahrens. Eine vollständige Steuerfreiheit kann durch die Etablierung der oben dargestellten Holdingstruktur erreicht werden.[1)]

Erhebliche praktische Anwendungsprobleme können sich dadurch ergeben, dass „einbringungsgeborene Anteile“ mit Altanteilen vermischt werden. In diesem Zusammenhang stellt sich die grundsätzliche Frage der Trennung von Neu- und Altanteilen.[2)]

4.5.5.3 Umwandlung einer Kapitalgesellschaft in eine Personengesellschaft

Unter bestimmten Umständen kann es sinnvoll sein, dass der Veräußerer seine Kapitalgesellschaft vor der Durchführung der Transaktion in eine Personengesellschaft umwandelt und sodann die Anteile an der Personengesellschaft veräußert. Dies führt einerseits zu einer Buchwertaufstockung auf der Erwerberseite. Dies hat zur Folge, dass der Erwerber das generierte Abschreibungspotential steuermindernd nutzen kann.

Andererseits sind die Besteuerungsfolgen für die Veräußerung von Anteilen an Personengesellschaften zu beachten. Nachteile können auf der Veräußererseite insbesondere dann auftreten, wenn der Veräußerer das 55. Lebensjahr noch nicht vollendet hat und somit nicht in den Genuss des halben durchschnittlichen Einkommensteuersatzes im Sinne der §§ 16, 34 EStG kommt.

Zu beachten ist ein gewerbesteuerlicher Fallstrick. Gemäß § 18 Abs. 4 UmwStG unterliegt der Veräußerungsgewinn der Gewerbesteuer, wenn der Betrieb einer Personengesellschaft innerhalb von fünf Jahren nach der Umwandlung veräußert wird. Die entstehende Gewerbesteuer ist nicht nach § 35 EStG auf die persönliche Einkommensteuer anzurechnen.

1) Eine präzise Darstellung der steuerlichen Konsequenzen ist bereits in Kapitel 4.3.3 zu dem Thema „Einbringungsgeborene Anteile“ erfolgt.

2) Auf diese Problematik wurde bereits in Kapitel 4.3.3.3.2 eingegangen.

Die steuerlichen Vorteile für den Erwerber sind somit mit dem gewerbesteuerlichen Nachteil abzuwägen. Bei langfristigen Überlegungen kann eine vorbereitende Umwandlung in eine Personengesellschaft sinnvoll sein. Hier sind jedoch zahlreiche weitere Aspekte wie eventuell bestehende betriebliche Altersvorsorgemodelle der Gesellschafter, Entnahmeüberlegungen sowie Liquiditätsbetrachtungen zu betrachten.

4.5.5.4 Entstrickung wesentlicher Beteiligungen

Sofern eine wesentliche Beteiligung im Sinne von § 17 EStG vorliegt (zur steuerlichen Behandlung siehe Kapitel 3.1.2), kann unter Beachtung der Fünfjahresfrist die wesentliche Beteiligung in eine steuerneutrale nicht wesentliche Beteiligung überführt werden. Dies kann einerseits im Rahmen von Kapitalerhöhungsmodellen erfolgen. Andererseits besteht die Möglichkeit von Anteilsverlagerungen durch Schenkungen im Rahmen einer vorweggenommenen Erbfolgeregelung. Gestaltungen in diesem Bereich haben jedoch an Relevanz verloren, da die Wesentlichkeitsgrenze auf 1 % gesenkt worden ist.

19 Welche Gestaltungen empfehlen sich im Vorfeld einer Transaktion?

- Terminliche Gestaltungen durch Terminverkäufe oder Optionsmodelle
- Nutzung der steuerlichen Privilegierung von Holdingstrukturen bzw. des Halbeinkünfteverfahrens durch Einbringung in Kapitalgesellschaften
- Nutzung von Abschreibungspotentialen durch vorbereitende Umwandlung in Personengesellschaft (Achtung: § 18 Abs. 4 GewStG)
- Entstrickung von wesentlichen Beteiligungen durch vorweggenommene Erbfolgeregelungen

4.6 Schlussbetrachtung

Wie die vorstehenden Ausführungen zeigen, ist die grundlegende steuerliche Unterscheidung bei Unternehmenstransaktionen zwischen dem **Share Deal** einerseits sowie dem **Asset Deal** andererseits insbesondere bei der ertragsteuerlichen Beurteilung von besonderer Relevanz.

Während nur der steuerliche Asset Deal – also die Veräußerung von Anteilen an Personengesellschaften (sogenannten Mitunternehmeranteilen) sowie der Verkauf von einzelnen bzw. mehreren zusammengehörigen Wirtschaftsgütern – zur Schaffung von Abschreibungsvolumen geeignet ist, gewährleistet nur der Share Deal im Rahmen einer Holdingstruktur eine steuerfreie Veräußerung von Anteilen einer Kapitalgesellschaft.

Ebenfalls stellen die umsatzsteuerlichen sowie die grunderwerbsteuerlichen Regelungen im Wesentlichen auf die Frage Share Deal bzw. Asset Deal ab.

In der Praxis von Unternehmenstransaktionen ist nunmehr zu beobachten, dass die steuerlichen Aspekte von Unternehmenskäufen und -verkäufen in der Regel erst zu einem späten Zeitpunkt betrachtet werden. Häufig wird eine Einigung bezüglich eines Kaufpreises erzielt, ohne die steuerlichen Wirkungen der Transaktion auf Käufer- und Verkäuferseite zu kennen. Dies gilt es durch eine frühzeitige Würdigung der steuerlichen Besonderheiten bei Unternehmenstransaktionen zu vermeiden.

Hierbei sollte eine Balance der denkbaren gegenläufigen Interessen von Käufer- und Verkäuferseite im Mittelpunkt stehen. Abschließend sei angemerkt, dass eine geschickte und ausgewogene steuerliche Planung der Transaktion oftmals zu einem Durchbruch bei der zum Teil sehr kontroversen Frage der Unternehmensbewertung bzw. der Kaufpreise führen kann.

5 Erklärungen/Vereinbarungen im Vorfeld des Vertragsabschlusses

Was Sie in diesem Kapitel erfahren

20 Welche Arten von Vereinbarungen im Vorfeld des Vertragsabschlusses gibt es?

21 Was ist bei der Vertraulichkeitsvereinbarung zu beachten?

22 Was sind Vorfeldvereinbarungen und warum sind sie sinnvoll?

23 Was ist bei einer Absichtserklärung zu beachten und wozu dient sie?

24 Welche Bedeutung haben Vorvertrag und Option?

Inhalt

5 Erklärungen/Vereinbarungen im Vorfeld des Vertragsabschlusses

Die Verhandlungen zwischen Käufer und Verkäufer können sich bis zur Unterzeichnung des Kaufvertrags über viele Monate hinziehen. Während dieser Verhandlungsphase besteht auf beiden Seiten das Bedürfnis, bestimmte Verhandlungsergebnisse schriftlich festzuhalten, sich über die weitere Vorgehensweise abzustimmen und gegebenenfalls auch wegen der in dieser Phase bereits entstehenden Kosten eine Verhandlungsexklusivität durchzusetzen. Aus diesem Grund werden bereits vor Unterzeichnung des Kaufvertrags eine Vielzahl von Erklärungen abgegeben und zum Teil bereits rechtsverbindliche Vereinbarungen zwischen den Parteien geschlossen.

Zu Beginn steht hier üblicherweise eine Vertraulichkeitsvereinbarung, die der Kaufinteressent unterzeichnen muss, bevor er erste konkrete Unterlagen über die Objektgesellschaft erhält. Findet das Angebot sein Interesse und kommt es zu weiteren Verhandlungen, wird üblicherweise eine rechtlich nicht verpflichtende Absichtserklärung von beiden Parteien abgegeben, in denen erste Eckdaten des möglichen Erwerbs festgehalten werden. Daran anschließen können sich weitere Protokolle über Verhandlungsergebnisse, aber auch rechtsverbindliche Vereinbarungen (sogenannte „Vorfeldvereinbarungen"), die bereits für die Parteien bestimmte Rechte und Pflichten verbindlich festlegen.

Nachfolgend werden diese unterschiedlichen Vereinbarungen kurz erläutert.

5.1 Vertraulichkeitsvereinbarung

Der Verkäufer möchte üblicherweise vermeiden, dass seine Veräußerungsabsicht vorzeitig bekannt wird. Tut er dies nicht, besteht die Gefahr, dass Mitarbeiter und Kunden verunsichert werden und Konkurrenten verstärkt Abwerbungsversuche bei Mitarbeitern und Kunden unternehmen. Außerdem muss sichergestellt werden, dass Geschäfts- und Betriebsgeheimnisse geschützt werden, die im Rahmen einer Due-Diligence-Prüfung dem Käufer offenbart werden. Potentiellen Erwerbern sollten deshalb Geheimhaltungsverpflichtungen auferlegt werden. Dies sollte bereits geschehen, bevor der Interessent Kenntnis von der Identität des zu veräußernden Objekts erhält.

Auch wenn es in der Praxis äußerst schwierig ist, dem Kaufinteressenten eine konkrete Verletzung der Geheimhaltungsvereinbarung nachzuweisen, sollte stets auf Abgabe einer entsprechenden Erklärung bestanden und auch eine angemessene Vertragsstrafe festgelegt werden. Sind die begehrten Informationen so sensibel, dass eine missbräuchliche Nutzung existenzbedrohende Folgen für die Objektgesellschaft haben könnte, empfiehlt es sich, diese nur an einen zur Verschwiegenheit verpflichteten Berufsträger herauszugeben (Rechtsanwalt, Wirtschaftsprüfer) oder erst nach Vertragsunterzeichnung (mehr zu dieser Frage im Kapitel 6).

Der typische Inhalt einer Vertraulichkeitserklärung ist im Anhang dargestellt.

20 Welche Arten von Vereinbarungen im Vorfeld des Vertragsabschlusses gibt es?

- Vertraulichkeitsvereinbarung
- Absichtserklärung
- Vorvertrag
- Option
- Vorfeldvereinbarungen
  - Art und Durchführung der Due Diligence
  - Verhandlungsexklusivität
  - Festlegung einer „break-up fee“

21 Was ist bei der Vertraulichkeitsvereinbarung zu beachten?

- Abschluss möglichst schon vor Bekanntgabe des Verkaufsobjekts
- Vereinbarung einer Vertragsstrafe im Fall der Verletzung
- Herausgabe von besonders sensiblen Unterlagen, gegebenenfalls nur an zur Berufsverschwiegenheit verpflichtete Berater (Rechtsanwälte, Steuerberater, Wirtschaftsprüfer)
- des Weiteren siehe Checkliste im Anhang

5.2 Vorfeldvereinbarungen

Bereits im Vorfeld des eigentlichen Kaufvertrags werden von den Parteien neben der Vertraulichkeitsvereinbarung weitere rechtsverbindliche Vereinbarungen getroffen. Die Parteien wenden in der Regel im Vorfeld nicht unerhebliche Kosten, z.B. für die Prüfung des Unternehmens oder die Einschaltung von Beratern, auf. Insoweit sind für den Fall des Fehlschlagens der Vertragsverhandlungen Regelungen zur Kostentragung geboten, zudem wünscht der potentielle Käufer häufig auch für einen begrenzten Zeitraum eben wegen dieser Kosten Verhandlungsexklusivität. Häufig werden auch die Eckpunkte für die Durchführung einer Due Diligence durch den Käufer festgelegt. Sehr häufig werden diese Vorfeldvereinbarungen mit einer Absichtserklärung verbunden.

5.2.1 Art und Durchführung der Due Diligence

Üblicherweise schließt sich an die Absichtserklärung die Durchführung einer Unternehmensprüfung bei der Objektgesellschaft (Due Diligence) an. Im Letter of Intent (LOI, siehe nachfolgend Kapitel 5.3) werden die Parteien gegebenenfalls festlegen, in welchem Zeitraum die Due-Diligence-Prüfung durchgeführt wird, welche Einsichtsrechte dem Käufer gewährt werden, mit welchen Mitarbeitern er Kontakt aufnehmen darf und wo die Prüfung durchzuführen ist. Durch eine klare Regelung im Vorfeld der Due Diligence vermeiden die Parteien Diskussionen während der Durchführung der Due Diligence hinsichtlich der Frage, was wie eingesehen werden darf.

5.2.2 Verhandlungsexklusivität für den Kaufinteressenten

Der Käufer wird – zumindest für eine begrenzte Zeit – vom Verkäufer auch die Einräumung von Verhandlungsexklusivität verlangen. Hiermit möchte der Käufer einerseits die Ernsthaftigkeit der Verkaufsabsicht des Verkäufers prüfen, andererseits auch das Risiko einschränken, Kosten aufzuwenden und dann von einem Mitbewerber „ausgestochen" zu werden. Aus Verkäufersicht ist dann Vorsicht geboten, wenn noch weitere Kaufinteressenten vorhanden sind. Bei Eingehung einer sehr langen Exklusivitätsabrede besteht jedoch für den Verkäufer die Gefahr, dass die übrigen Interessenten ihre Kaufabsicht aufgeben und damit die Verhandlungsposition des verbleibenden Kaufinteressenten deutlich gestärkt wird.

5.2.3 Festlegung einer Vertragsstrafe bei grundlosem Abbruch der Verhandlungen („break-up fee")

Weit verbreitet ist auch die Vereinbarung einer Vertragsstrafe bei grundlosem Abbruch der Verhandlungen („break-up fee"). Sie soll die Parteien davor schützen, dass die jeweils andere Partei ohne triftigen Grund von dem Projekt wieder Abstand nimmt und damit alle auf der anderen Seite entstandenen Beraterkosten vergeblich aufgewendet wurden. Gleichwohl ist jedoch zu beachten, dass derartige Klauseln in der Rechtspraxis häufig nur schwer durchsetzbar sind. Die Frage, wann ein grundloser Abbruch von Vertragsverhandlungen vorliegt, lässt bei einer gerichtlichen Geltendmachung der Vertragsstrafe viel Auslegungsspielraum. Insoweit haben derartige Vereinbarungen häufig mehr psychologische als rechtliche Bedeutung.

22 Was sind Vorfeldvereinbarungen und wann sind sie sinnvoll?

- Unter Vorfeldvereinbarungen versteht man Vereinbarungen, die vor dem eigentlichen Abschluss des Kaufvertrags abgeschlossen werden und bereits rechtsverbindlich Rechte und Pflichten für die Parteien begründen.
- Vorfeldvereinbarungen sind sinnvoll, um das Kostenrisiko der Parteien zu begrenzen und auch Verzögerungen und Unstimmigkeiten bei Durchführung, beispielsweise einer Due-Diligence-Prüfung, zu verhindern.
- Im Einzelnen werden Vorfeldvereinbarungen zu folgenden Punkten getroffen:
  - Verhandlungsexklusivität
  - Ablauf der Due-Diligence-Prüfung
  - Vereinbarung einer sogenannten „break-up fee“.

5.3 Absichtserklärung (Letter of Intent (LOI), Memorandum of Understanding (MOU))

Nachdem erste Gespräche erfolgreich geführt wurden, bestätigen die Parteien ihre weitere Verhandlungsbereitschaft regelmäßig im Rahmen einer Absichtserklärung. Hier werden bereits einige Eckpunkte der geplanten Transaktion festgehalten (z.B. Kaufgegenstand, Kaufpreis/Kaufpreisbemessungsformel, Zeitplan), ohne dass hiermit bereits eine Rechtspflicht zum Vertragsabschluss verbunden ist. Auch bei dieser Erklärung hat sich in Deutschland die im angloamerikanischen Raum gebräuchliche Bezeichnung „Letter of Intent“ eingebürgert.

Der Letter of Intent (LOI) entstammt dem angloamerikanischen Rechtskreis. Er ist weder dort noch im Geltungsbereich des deutschen Rechts kodifiziert und damit ein „Kind“ der Vertragsjuristen. Auch außerhalb des M&A hat er große Bedeutung gewonnen, so z.B. bei Großaufträgen im Bereich des Baugewerbes, bei Lieferung von Industrieanlagen und Schiffen. Eine eindeutige rechtliche Einordnung ist nicht möglich. Die Qualifizierung hängt von dem jeweiligen Inhalt ab. Das Wort „intent“ = Absicht und das Wort „letter“ deuten zunächst darauf hin, dass lediglich ein Vorhaben beschrieben, aber noch kein bindendes Angebot im Rechtssinne abgegeben werden soll. Häufig wird der Brief jedoch übersandt mit der Bitte um Annahme und Bestätigung. Wird von vornherein eine beidseitige Vereinbarung aufgesetzt, spricht man häufiger vom „Memorandum of Understanding" (MOU).

Es ist daher genau zu prüfen, was tatsächlich erklärt wird, kann der Absender unter dem Etikett des LOI/MOU doch bereits eine Option, den Abschluss eines Vorvertrags oder gar des Hauptvertrags neben den üblichen Vorfeldvereinbarungen anbieten. Es besteht also Veranlassung, den LOI/MOU stets sorgfältig auf seinen rechtlichen Gehalt hin zu überprüfen. Der Zweck des LOI/MOU kann wie folgt definiert werden:

- Vertrauensbildung
- Feststellung des bisherigen Verhandlungsergebnisses
- Auflistung offener Fragen und Probleme
- Aufgabenverteilung für die dem Vertragsschluss vorangehenden Maßnahmen
- Basis für Verhandlungen mit Dritten
- Abschluss von Vorfeldvereinbarungen

Der LOI ist auch ohne unmittelbar rechtliche Verpflichtungen von großer Bedeutung für die weiteren Verhandlungen. Bei seiner Erstellung spielen taktische Erwägungen eine große Rolle. Der Verkäufer mag beispielsweise erst dann in nähere Verhandlungen eintreten, wenn grundsätzlich Einigkeit über den Kaufpreis bzw. die Kaufpreisformel erzielt worden ist. Die Käufer hingegen werden hierzu lieber erst nach Durchführung der Due-Diligence-Prüfung Stellung nehmen und etwaige frühere Festlegungen unter einen entsprechenden Vorbehalt stellen.

Auch wenn mit dem „Letter of Intent" nur eine unverbindliche Absichtserklärung abgegeben wird, so ist es nicht unüblich, diese mit verschiedenen „harten" Pflichten zu verbinden, deren Verletzung wiederum Schadensersatzansprüche auslösen kann. Insoweit ist der „Letter of Intent" nicht selten die Kombination einer unverbindlichen Absichtserklärung sowie verschiedener Vorfeldvereinbarungen.

Zudem kann der LOI auch ohne entsprechende Pflichten für den Verhandlungspartner rechtliche Relevanz erlangen. Bei einem grundlosen Abbruch von Vertragsverhandlungen kann dem Vertragspartner ein Anspruch auf Ersatz der von ihm vergeblich getätigten Aufwendungen nach den Grundsätzen der culpa in contrahendo gemäß § 311 BGB zustehen. Bei der Darlegung und Begründung dieses Anspruchs ist ein entsprechend ausführlicher LOI sehr hilfreich, dokumentiert er doch zumindest einen bestimmten Verhandlungsstand.

Die Absichtserklärung hat für beide Parteien auch im jeweiligen Verhältnis zu Dritten eine Bedeutung. Befindet sich beispielsweise der Verkäufer in wirtschaftlichen Schwierigkeiten, so kann die Vorlage einer Absichtserklärung eines potentiellen Käufers die Banken zur Aufrechterhaltung der gewährten Kredite veranlassen. Andererseits mag auch die den Erwerb finanzierende Bank des Kaufinteressenten die Vorlage einer Absichtserklärung verlangen, um sich so einen Überblick über die möglichen Eckdaten der Transaktion zu verschaffen.

23 Was ist bei der Absichtserklärung zu beachten und wozu dient sie?

- Die Absichtserklärung dient zur Vertrauensbildung zwischen den Parteien durch Feststellung des bisherigen Verhandlungsergebnisses.
- Sie dient als Basis für Verhandlungen mit Dritten (z.B. Banken).
- Sie wird zum Anlass für den Abschluss von Vorfeldvereinbarungen genommen (z.B. Verhandlungsexklusivität, „break up fee“ etc.).

Bei Abschluss der Absichtserklärung ist deutlich herauszustellen, dass hierdurch keine Verpflichtung zum Abschluss eines Kaufvertrags begründet werden soll. Geschieht dies nicht, kann die Absichtserklärung den Charakter eines bindenden Vorvertrags erlangen.

5.4 Vorvertrag

In seltenen Fällen besteht das Bedürfnis, sich vor Abschluss des eigentlichen Unternehmenskaufvertrags bereits im Rahmen eines Vorvertrags zu binden. Die Parteien verpflichten sich hier rechtsverbindlich, zu einem späteren Zeitpunkt einen Hauptvertrag abzuschließen. Ein derartiger Vorvertrag ist bereits dann zustande gekommen, wenn die Parteien über alle wesentlichen Punkte der Transaktion eine Einigung erzielt haben, der abzuschließende Vertrag muss insoweit zumindest bestimmbar sein und ist notfalls im Weg ergänzender Vertragsauslegung zu ermitteln. Fehlen mithin einige Detailregelungen, könnten diese später bei einer gerichtlichen Auseinandersetzung durch das Gericht festgelegt werden. Der Vorvertrag verpflichtet insoweit die Parteien, ein Angebot auf Abschluss eines Hauptvertrags abzugeben und das Angebot des anderen Teils anzunehmen.

Der Abschluss eines Vorvertrags wird von den Parteien regelmäßig dann erwogen, wenn eine Partei vor Abschluss der Verhandlungen bereits eine rechtliche Bindung des Vertragspartners verlangt. Dennoch ist vom Abschluss eines Vorvertrags grundsätzlich abzuraten, da in derartigen Fällen häufig immer noch zu viele Punkte offen sind und besser der gesamte Vertrag „durchverhandelt" wird.

Die Parteien können eine vorzeitige Bindung auch dadurch erreichen, dass sie den ausgehandelten Hauptvertrag unter eine aufschiebende Bedingung stellen, sodass dieser erst mit Eintritt der Bedingung und damit dem Wegfall des bestehenden Hindernisses wirksam wird. Sie können auch den Vertrag unbedingt abschließen und ein Rücktrittsrecht vorsehen oder aber eine auflösende Bedingung vereinbaren, bei deren Eintritt der Vertrag endgültig unwirksam wird.

Soweit ein Vorvertrag abgeschlossen wird, bedarf dieser zu seiner Wirksamkeit der Form des Hauptvertrags. Verpflichtet sich somit eine Partei im Rahmen des Vorvertrags zum Verkauf von GmbH-Anteilen, bedarf wegen § 15 Abs. 4 GmbHG auch der Vorvertrag der notariellen Beurkundung.

Praxistipp

Den Vertragsparteien ist daher zu empfehlen, genau zu prüfen, welche Erklärung sie vor Abschluss des Hauptvertrags im Hinblick auf die weiteren Vertragsverhandlungen abgeben wollen:

Handelt es sich hier um eine unverbindliche Absichtserklärung, so sollte dies auch ausdrücklich erklärt werden. Handelt es sich um die verbindliche Festlegung von Teilen des zukünftigen Hauptvertrags, so sollte auch hier festgehalten werden, dass dies noch keinen Vorvertrag darstellt, ebenso wenig wie den Abschluss eines lückenhaften Hauptvertrags. Nur durch diese klarstellenden Erklärungen können die Parteien das Risiko ausschließen, später möglicherweise einer weitergehenden rechtlichen Bindung zu unterliegen, als sie dies ursprünglich gewollt haben.

5.5 Option

Eine weitere Möglichkeit, vor Abschluss des Hauptvertrags eine oder beide Parteien rechtlich zu binden, bietet die Einräumung einer Option. Bei der Option gibt eine Partei ein für sie bindendes Angebot zum Vertragsabschluss (Kauf/Verkauf) ab, das die andere Partei (Optionsberechtigte) durch eine einseitige Erklärung annehmen kann und damit das im Übrigen regelmäßig bereits fixierte Vertragsverhältnis in Kraft setzt. Im Unterschied zum Vorvertrag bewirkt die Option nur eine einseitige Bindung des Käufers oder Verkäufers. Eine ähnliche Wirkung wie beim Vorvertrag kann jedoch dann erreicht werden, wenn sich die Parteien wechselseitig Kauf- bzw. Verkaufsoptionen einräumen („Überkreuzoptionen").

Vertragsangebote in Form einer Option im Hinblick auf das Gesamtunternehmen treten eher selten auf. In den vergangenen Jahren wurden Optionen teilweise dann eingesetzt, wenn bereits im alten Jahr eine rechtliche Bindung erzeugt werden sollte, der tatsächliche Übergang aus steuerlichen Gründen jedoch im neuen Jahr liegen musste. Derartige Gestaltungen werden von den Finanzbehörden unter dem Gesichtspunkt des Gestaltungsmissbrauchs sehr kritisch untersucht, was insbesondere für den Fall der gegenseitigen Einräumung von Optionen („Überkreuzoptionen") in Verbindung mit Stimmbindungsregelungen bei Einräumung der Option gilt. Einen zweiten Anwendungsbereich findet die Option bei einem stufenweisen Verkauf des Unternehmens. Verbleibt beim Verkäufer ein Minderheitsanteil an der Gesellschaft, so wird ihm für diese Beteiligung häufig eine Verkaufsoption eingeräumt.

In rechtlicher Hinsicht ist bei Einräumung von Optionen noch zu beachten, dass auch diese den gleichen formellen Anforderungen wie der Hauptvertrag unterliegen. Beispielsweise muss die Einräumung einer Kaufoption für GmbH-Geschäftsanteile daher notariell beurkundet werden.

5.6 Aufhebung von Vorvereinbarungen

Bei Abschluss des Unternehmenskaufvertrags sollten die zuvor geschlossenen Vorvereinbarungen aufgehoben werden. Hierdurch kann vermieden werden, dass zu einem späteren Zeitpunkt Streit darüber entsteht, ob Verpflichtungen aus einer Vorfeldvereinbarung noch weiterhin Geltung haben, insbesondere wenn diese den Regelungen des Hauptvertrags widersprechen.

24 Welche Bedeutung haben Vorvertrag und Option?

- Vorvertrag
  - Der Vorvertrag begründet eine rechtliche Verpflichtung zum Abschluss des Hauptvertrags.
  - Er bedarf zur Wirksamkeit der Form des Hauptvertrags.
  - Es ist grundsätzlich hiervon abzuraten, da insoweit immer Unsicherheit über die konkreten Vertragsdetails besteht.
  - Besser ist es, den Kaufvertrag abzuschließen und unter eine aufschiebende Bedingung zu stellen bzw. ein Rücktrittsrecht vorzusehen.
- Option
  - Die Option begründet das Recht einer Partei, den Kauf/Verkauf des Unternehmens/der Beteiligung von der anderen Partei zu verlangen.
  - Bei Einräumung sogenannter „Überkreuzoptionen" steht dieses Recht jeder Partei zu.
  - Die Einräumung von „Überkreuzoptionen" aus steuerlichen Gründen zur Verschiebung des Übergangsstichtags ist steuerrechtlich als Gestaltungsmissbrauch bedenklich.

6 Die Prüfungsphase – Due Diligence

Was Sie in diesem Kapitel erfahren

25	Was ist eine Due Diligence?
26	Warum macht es Sinn, eine Due Diligence durchzuführen?
27	Wie vermeide ich unnötigen Prüfungsaufwand?
28	Mit welchen Problemen muss ich rechnen und wie kann ich sie lösen?
29	Was ist in jedem Fall zu prüfen?
30	Wie ist mit den Ergebnissen umzugehen?
31	Welche Risiken entstehen durch die Due Diligence?
32	Besteht eine Rechtspflicht zur Durchführung einer Due-Diligence-Prüfung?

Inhalt

6 Die Prüfungsphase – Due Diligence

6.1 Begriff und Zielsetzung

Die Überprüfung der Zielgesellschaft durch den Käufer und häufig auch durch den Verkäufer ist mittlerweile fester Bestandteil bei einer Vielzahl von Unternehmenskauftransaktionen. In Anlehnung an die angloamerikanische Vertragspraxis, in der seit vielen Jahren bei derartigen Transaktionen die Zielgesellschaften einem formalisierten Prüfungsverfahren unterzogen werden, hat sich auch in Deutschland für diese Prüfung der Begriff „Due Diligence" durchgesetzt. „Due Diligence" bedeutet wörtlich „gebotene Sorgfalt", was eher auf die Pflicht zur Durchführung einer derartigen Prüfung anspielt, als auf die Prüfung selbst. Die Praxis versteht unter „Due Diligence" die Überprüfung eines Zielunternehmens unter verschiedenen Gesichtspunkten im Rahmen eines formalisierten Prüfungsverfahrens.

Die Prüfung bezieht sich in der Regel auf betriebswirtschaftliche, steuerliche und rechtliche Aspekte des Unternehmens, kann aber auch die jeweilige Unternehmenskultur oder Umweltfragen zum Gegenstand haben. Für die Prüfung selbst haben sich in der Praxis bestimmte Vorgehensweisen herausgebildet, die nur noch im Hinblick auf das konkrete Prüfungsobjekt modifiziert werden.

Die Motive für die Durchführung einer derartigen Prüfung sind vielfältig:

In Anbetracht der Schwierigkeiten, nach Vertragsabschluss und Übernahme des Unternehmens den Kaufvertrag wieder rückgängig zu machen, der Schwierigkeiten beim Nachweis und der Ermittlung eines Schadens und etwaiger Bonitätsrisiken des Verkäufers, möchte der Käufer vor Vertragsschluss sicherstellen, dass ihm die wesentlichen Probleme der Zielgesellschaft bekannt sind. Er möchte sich zudem durch eine derartige Prüfung einen Überblick über die wirtschaftliche, rechtliche und steuerliche Struktur des Unternehmens und seiner Marktstellung verschaffen. Im Idealfall ermöglicht ihm die Due-Diligence-Prüfung damit eine rechtzeitige Beurteilung der mit dem Erwerb verbundenen Risiken und des geplanten Investments. Der Geschäftsführer oder Vorstand der Erwerbergesellschaft dokumentiert mit der Durchführung der Due Diligence die ihm beim Erwerb der Zielgesellschaft obliegende Sorgfalt in kaufmännischen Angelegenheiten.

Auch für den Verkäufer spielt die Due Diligence eine gewichtige Rolle. Einerseits ist sie für die Ermittlung des Unternehmenswerts und damit des

Kaufpreises von Bedeutung, andererseits ermöglicht sie dem Verkäufer eine Aufdeckung etwaiger Risiken und Probleme und deren Beseitigung **vor** Eintritt in Vertragsverhandlungen mit potentiellen Käufern. Er kommt damit dem Versuch des Kaufinteressenten zuvor, den vorläufigen Kaufpreis in Anbetracht von Risiken herabsetzen zu wollen.

Schließlich wird für beide Seiten mit der Durchführung eines derartigen Prüfungsverfahrens die Dokumentation der Informationen erleichtert, die im Rahmen der Vertragsverhandlungen an die Käuferseite übergeben und zur Grundlage der Kaufentscheidung gemacht werden.

Wurde früher noch die Auffassung vertreten, Due-Diligence-Prüfungen seien nur bei großen Transaktionen mit Auslandsbezug von Bedeutung, so sind heute auch bei fehlendem Auslandsbezug und bereits bei einem Volumen im einstelligen Millionenbereich zumindest eingeschränkte Due-Diligence-Prüfungen weitverbreitet. Gerade auch bei mittelständischen Unternehmen, bei denen Gesellschafterkreis und Management identisch oder aber zumindest eng verflochten sind und nach wie vor die Unternehmen in der Rechtsform einer Personengesellschaft betrieben werden, empfiehlt sich zumindest eine eingeschränkte Due Diligence aus verschiedenen Gründen:

Häufig ist eine Vielzahl erwerbsrelevanter Informationen nicht umfassend dokumentiert – dies gilt beispielsweise für Leistungsbeziehungen zwischen Gesellschaft und Gesellschaftern oder den Inhalt von Geschäftsführerbesprechungen oder Gesellschafterversammlungen. Gerade diese Informationen sind für einen Erwerber aber von Bedeutung, ermöglichen sie es ihm doch, die Hintergründe und Motive für bestimmte Entscheidungen zu verstehen.

Ein weiterer wesentlicher Aspekt in diesem Zusammenhang ist auch die rechtliche und wirtschaftliche Gestaltung der Leistungsbeziehungen zwischen Gesellschaft und Gesellschaftern. Regelmäßig wird hier wegen der besonders engen Verflechtung auf die rechtliche Gestaltung der Verträge, z.B. Dienstverträge oder Mietverträge über das Betriebsgelände, keine große Sorgfalt verwandt. Dies kann jedoch nach Veräußerung des Unternehmens zu Problemen führen, wenn z.B. der Veräußerer als Eigentümer des Betriebsgeländes dieses langfristig vermieten möchte, der Mietvertrag wegen Formmängeln aber unwirksam und damit jederzeit kündbar ist. Zudem werden diese Leistungsbeziehungen häufig unter dem Gesichtspunkt der verdeckten Gewinnausschüttung steuerliche Bedeutung erlangen, wenn beispielsweise die gezahlten Geschäftsführervergütungen unangemessen hoch sind oder private Ausgaben der Gesellschafter über das Unternehmen abgerechnet werden.

All diese Vorgänge erlangen im Veräußerungsfall große Bedeutung und sollten vor Veräußerung und Prüfung des Unternehmens durch den Kaufinteressenten geregelt – zumindest aber dokumentiert werden.

25 Was ist eine Due Diligence?

- die systematische und umfassende Prüfung des Kaufobjekts in rechtlicher, steuerlicher, betriebswirtschaftlicher und technischer Hinsicht

26 Warum macht es Sinn, eine Due-Diligence-Prüfung durchzuführen?

- für den Verkäufer zur Aufdeckung der bestehenden Risiken und deren Beseitigung vor Beginn der Vertragsverhandlungen – „die Braut vor der Hochzeit schmücken"
- für den Käufer zur Ermittlung des mit dem Erwerb verbundenen Haftungsrisikos
- für den Käufer zur Überprüfung/Ermittlung des Kaufpreises
- für beide zur Dokumentation der kaufmännisch gebotenen Sorgfalt im Rahmen der Abwicklung der Unternehmenstransaktion – „Persilschein" zur Vermeidung von persönlichen Haftungsansprüchen
- für beide zur Dokumentation der ausgetauschten Informationen

6.2 Planung und Ablauf der Due Diligence

Planung

Die sorgfältige Planung der Due-Diligence-Prüfung bestimmt ganz wesentlich ihren Erfolg und hilft dem Auftraggeber Kosten einzusparen.

Bei der Planung der Due Diligence sind aus Käufersicht die folgenden Kernfragen zu beantworten:

- Was soll geprüft werden?
- In welcher Reihenfolge?

- Wie viel Zeit steht hierfür zur Verfügung?
- Wer übernimmt die Prüfung?
- Wer koordiniert das Team?

Im Idealfall würde der potentielle Käufer das Zielunternehmen einer umfassenden Due-Diligence-Prüfung unterziehen und bis in alle Einzelheiten etwaige Problemfelder abprüfen lassen. Dies würde ihm sodann einen umfassenden Eindruck von dem Zielunternehmen geben und eine optimale Risikobeurteilung ermöglichen. Dieser Idealfall tritt in der Praxis jedoch nie ein, da einer derartigen Prüfung in mehrfacher Hinsicht – gerade bei mittelständischen Unternehmen – Grenzen gesetzt sind:

Die Durchführung der Due Diligence erfolgt in Teilbereichen insbesondere im Bereich legal, financial und tax durch externe Berater, deren Beauftragung mit erheblichen Kosten verbunden ist. Die Stundensätze derartiger Berater liegen in aller Regel und abhängig von der jeweiligen fachlichen Qualifikation in einer Bandbreite von durchschnittlich 150 bis 300 €. Der Käufer wird jedoch bei einem Kaufpreis von beispielsweise 5 Mio. € nicht bereit sein, bereits für eine umfassende Due-Diligence-Prüfung mehrere Hunderttausend Euro zu budgetieren.

Aus diesem Grund ist es für den Käufer auch sinnvoll, zunächst möglichst die besonders relevanten Bereiche prüfen zu lassen, bei denen ein negatives Prüfungsergebnis zum Abbruch der Vertragsverhandlungen führen kann. Es macht beispielsweise keinen Sinn, umfassend arbeitsrechtliche Fragen zu prüfen, wenn es dem Käufer ganz wesentlich auf die Qualität des Know-hows des Unternehmens ankommt. Hier sollte – soweit möglich – zunächst die Frage des Know-hows geprüft werden, bevor die Prüfung von weniger gewichtigen Punkten vorgenommen wird.

Eine weitere Grenze erfährt die umfassende Idealprüfung in der Praxis durch den regelmäßig äußerst engen Zeitrahmen, der für die Due Diligence eingeplant ist. Es lässt sich gerade bei kleineren mittelständischen Unternehmen, die nicht über entsprechend große Stabsabteilungen verfügen, nicht über einen Zeitraum von mehreren Monaten hinweg eine Due Diligence durchführen. Dies bindet die mit der Beschaffung der Informationen befassten Mitarbeiter oder die Gesellschafter in einem Umfang, der ihnen nicht mehr hinreichend Zeit für ihre eigentlichen Aufgaben lässt. Davon abgesehen geraten auch die eigentlichen Vertragsverhandlungen durch eine übermäßig lange Due Diligence ins Stocken, da sich ja auch die Rahmenbedingungen für die Transaktion (z.B. Auftragsbestand des Zielunternehmens, gesamtwirtschaftliche Lage etc.) während dieses Zeitraums wieder ändern können.

Zuletzt ist häufig auch der Verkäufer nicht bereit, in unbegrenztem Umfang Informationen und Unterlagen zur Verfügung zu stellen. Teilweise ist der Umfang der einsehbaren Unterlagen ohnehin vom Verkäufer vorgegeben, sofern dieser einen sogenannten „Datenraum“ („data room“) eingerichtet hat, in dem er Unterlagen zur Prüfung durch den Käufer zusammengestellt hat.

Die Kunst der optimalen Planung der Due Diligence besteht daher darin, den Prüfungsumfang sinnvoll zu beschränken, möglichst eine Prüfungsreihenfolge festzulegen und die notwendigen Unterlagen/Informationen fachübergreifend abzufragen und die fachbezogenen Einzelprüfungen optimal miteinander zu verzahnen und so Doppelprüfungen desselben Sachverhalts und das mehrfache Abfragen der gleichen Informationen zu vermeiden. So ist es beispielsweise sehr sinnvoll beim Thema „Leistungsverkehr zwischen Gesellschaft und ihren Gesellschaftern“ eine Abstimmung zwischen dem steuerlichen und dem rechtlichen Berater zu gewährleisten, da die hier auftretenden Fragen sowohl steuerliche (verdeckte Gewinnausschüttung) als auch rechtliche Relevanz (verbotene Kapitalrückzahlungen) haben.

Lassen sich Probleme, die in den „Standardbereichen“ auftreten, häufig zumindest über Kaufpreisreduzierungen oder Freistellungen regeln, so kann ein im „Kernbereich“ des Unternehmens auftretendes Problem kaufentscheidend sein und als „Dealbreaker“ zum Abbruch der Verhandlungen führen. Umso wichtiger ist es, diesen „Kernbereich“ des Unternehmens zu identifizieren und diesen sodann sorgfältig auf mögliche Risiken hin zu prüfen.

Die Kunst einer effektiven Due-Diligence-Prüfung liegt hier darin, die jeweils relevanten Sachgebiete herauszuarbeiten und Randthemen auszusondern. Regelmäßig wird hierbei zunächst von einem allgemeinen und umfassenden Due-Diligence-Fragenkatalog ausgegangen. Dieser kann leicht einen Umfang von 10 bis 15 DIN-A4-Seiten erreichen und die zu beschaffenden Unterlagen eine Vielzahl von Ordnern füllen. An dieser Stelle reicht es, die Grundstruktur der Legal Due Diligence zu verstehen. Ein typischer Fragenkatalog für eine Due Diligence beim Erwerb von Gesellschaftsanteilen („Share Deal“ – beim „Asset Deal“ entfallen die gesellschaftsrechtlichen Fragestellungen, da nur Einzelwirtschaftsgüter erworben werden) ist in der Anlage beigefügt.

Um den Erfolg der Due Diligence sicherzustellen, ist es daher für alle Beteiligten ratsam, ihre Berater bereits zu einem sehr frühen Zeitpunkt hinzuzuziehen und das „Due-Diligence-Team“ zusammenzustellen. Dieses Team besteht in der Regel aus eigenen Mitarbeitern und aus externen Beratern wie Steuerberatern, Wirtschaftsprüfern, Rechtsanwälten sowie M&A-Beratern. Die Größe des Teams ist einerseits von der Größe des Zielunternehmens abhängig, andererseits auch von den jeweils als prüfungsrelevant angesehenen Sachgebieten. Die Zusammensetzung des Teams erfolgt regelmäßig ebenfalls unter Berücksichtigung der eigenen fachlichen Kapazitäten. So wird häufig die Durchführung der Legal, Tax und Financial Due Diligence an externe Berater vergeben, die Commercial oder Business Due Diligence wird bei branchenkundigen Käufern hingegen oft von diesen selbst durchgeführt.

Anders als bei Großunternehmen fehlt es in mittelständischen Unternehmen häufig an einer M&A-Abteilung mit transaktionserfahrenen Mitarbeitern. Auf Verkäuferseite nimmt die Aufbereitung von Unterlagen die hiermit betrauten Mitarbeiter – und häufig auch die Gesellschafter – regelmäßig in besonderer Weise in Anspruch, auf Käuferseite fehlt es hingegen an eigenem Know-how für die Durchführung einer Due Diligence. Gerade in diesen Fällen fehlenden eigenen Know-hows oder fehlender personeller Kapazitäten kommt externen Beratern eine besondere Bedeutung zu.

Egal, ob als Käufer oder Verkäufer, beide Seiten sollten frühzeitig ihr Team für die Due Diligence zusammenstellen und ihre externen Berater mit einbeziehen.

Ablauf

Der Verkäufer muss bei Vorbereitung der Due Diligence entscheiden, ob er die gewünschten Unterlagen an den Kaufinteressenten herausgeben möchte, oder lieber in einem von ihm eingerichteten „Datenraum“ vorbereitete Ordner mit Unterlagen zur Verfügung stellt. Bei dieser „Datenraum“-Option wird sodann häufig auch noch genau geregelt, zu welchen Zeiten dieser betreten werden darf, ob Kopien angefertigt werden dürfen und mit welcher Personenzahl Prüfungen vorgenommen werden dürfen. Welche Vorgehensweise der Verkäufer hier durchsetzen kann, ist letztlich von seiner Verhandlungsmacht abhängig.

Der Ablauf einer Due-Diligence-Prüfung folgt in aller Regel einem festen Schema. Es lassen sich folgende Phasen unterscheiden (bei Anforderung von Unterlagen durch den Kaufinteressenten):

- Abschluss einer Due Diligence/Geheimhaltungsvereinbarung
- Übergabe eines Fragenkatalogs/Anforderungskatalogs
- Zusammenstellung der Unterlagen durch Verkäufer

- ergänzende Interviews mit Mitarbeitern des Zielunternehmens
- Prüfung der Unterlagen
- gegebenenfalls Anforderung zusätzlicher Unterlagen
- Abschlussgespräch
- Due-Diligence-Bericht

Der vorbeschriebene Ablauf beschreibt eine Due Diligence ohne Einrichtung eines „Datenraums“. Bei Einrichtung des Datenraums kann abweichend von dem vorbeschriebenen Ablaufschema der Dokumentenbestand – ganz oder teilweise – vorgegeben sein, was die Prüfungsmöglichkeiten des Kaufinteressenten entsprechend einschränkt. Zum Ablauf und zur Durchführung selbst sei Folgendes angemerkt:

Aus Sicht des Verkäufers ist die Sicherstellung der vertraulichen Behandlung der übergebenen Informationen wesentlich. Eine allgemeine Verhaltensregel lässt sich hier nicht aufstellen. Wie hier konkret vorgegangen werden soll, ist immer vom Einzelfall abhängig, insbesondere vom Geheimhaltungsbedürfnis des Verkäufers. Bei einem Unternehmen mit besonderem technischem Know-how, das auch nur teilweise schutzfähig ist, ist das Geheimhaltungsbedürfnis wesentlich größer als beispielsweise bei einem Einzelhandelsunternehmen hinsichtlich des Kundenstamms. Als Mindestanforderung sollte der Verkäufer jedoch den Abschluss einer Geheimhaltungsvereinbarung vom Kaufinteressenten verlangen. Durch diese Vereinbarung verpflichtet sich der Kaufinteressent, die ihm übergebenen Unterlagen und Informationen vertraulich zu behandeln, diese Informationen nur zum Zweck der Due Diligence zu verwenden sowie die Unterlagen nach Abschluss der Due Diligence zu vernichten bzw. zurückzugeben. Diese Verpflichtung sollte er auch jedem Mitarbeiter persönlich auferlegen, der mit den vertraulichen Informationen in Berührung kommt. Im Idealfall unterwirft sich der Kaufinteressent hierbei auch einer Vertragsstrafe im Fall der Verletzung.[1)]

Im Anhang ist die Grundstruktur eines Due-Diligence-Fragenkatalogs vorgestellt. Dieser Fragen- bzw. Anforderungskatalog ist vom Verkäufer sodann „abzuarbeiten“ und die jeweiligen Informationen an den Kaufinteressenten zu übergeben. Hierbei ist darauf zu achten, dass möglichst genau festgehalten wird, welche konkreten Unterlagen übergeben wurden. Hierdurch sichert sich der Verkäufer gegen den Vorwurf ab, er habe Unterlagen unvollständig oder überhaupt nicht übergeben. Bei Befragungen leitender Mitarbeiter oder der Geschäftsleitung empfiehlt es sich, gemeinsame Ge-

1) Zu den Einzelheiten siehe Kapitel 5.

sprächsprotokolle hinsichtlich des wesentlichen Gesprächsinhalts zu erstellen.

Nach Übergabe der Informationen an das Due-Diligence-Team, wertet dieses die Unterlagen aus, stellt ergänzende Fragen oder fordert weitere Unterlagen an. Bei einer umfangreicheren Due Diligence empfiehlt sich eine laufende Abstimmung mit dem Auftraggeber über die erzielten Ergebnisse, sodass erkannte Probleme gegebenenfalls sofort gelöst werden können, oder entschieden wird, ob bei erkannten Problemen eine vertiefte Prüfung erfolgen soll. Hierzu werden während der Prüfungsphase nach Bedarf verschiedene Besprechungen durchgeführt. Die erzielten Prüfungsergebnisse werden sodann regelmäßig schriftlich in einem Bericht („Due-Diligence-Report") festgehalten. Der Bericht hat zwei Zielrichtungen:

- Zusammenstellung der Kerninformationen über das Zielunternehmen
- Darstellung der Risiken/Probleme des Zielunternehmens

Der Bericht wird daher einerseits aus einem rein deskriptiven Teil bestehen, in dem beispielsweise die wesentlichen Rechtsverhältnisse dargestellt sind oder die Unternehmenshistorie, andererseits aber auch aus einem wertenden Teil, in dem die aus Sicht des Due-Diligence-Teams bestehenden Risiken/Probleme dargestellt werden. Umfang und Schwerpunkt des Berichts sind ebenfalls wieder von den individuellen Bedürfnissen des Auftraggebers abhängig. Bei Durchführung einer Due Diligence im Auftrag des Verkäufers wird es diesem hauptsächlich auf potentielle, für einen Käufer relevante Risiken ankommen, an einer Zusammenstellung der Kerninformationen wird ihm nicht in gleichem Maß gelegen sein.

Dem Bericht vorangestellt wird üblicherweise eine Kurzzusammenfassung („executive summary"), in der nur die wesentlichen Prüfungsergebnisse/Risiken dargestellt werden.

Der Abschlussbericht wird schließlich bei Bedarf nochmals mit den Auftraggebern zur Klärung noch offener Fragen und zur Festlegung der weiteren Verhandlungstaktik besprochen.

27 Wie vermeide ich unnötigen Prüfungsaufwand?

- frühzeitige fachübergreifende Abstimmung des Due-Diligence-Teams zur Vermeidung von Doppelprüfungen
- Festlegung bzw. Beschränkung des Prüfungsumfangs
- Festlegung der Prüfungsreihenfolge – wichtige Punkte vor weniger wichtigen prüfen!
- Bestimmung eines zentralen Ansprechpartners/Projektleiters auf Käufer- und Verkäuferseite
- regelmäßige Abstimmung der Zwischenergebnisse

6.3 Typische Probleme bei Durchführung der Due Diligence

Bei Durchführung einer Due Diligence stehen die Beteiligten immer wieder vor gleichartigen Problemen, die häufig bei rechtzeitiger Kenntnis der möglichen Schwierigkeiten hätten vermieden werden können. Bei diesen Problemen handelt es sich zum einen um Probleme von eher technischer Natur, wie beispielsweise der Zusammenstellung der erbetenen Informationen, andererseits aber auch um Probleme, die aus den widerstreitenden Interessen von Käufer und Verkäufer entstehen. Dieser Interessenkonflikt soll hier vorangestellt werden, um so auch Verständnis für die Position der jeweils anderen Seite zu wecken und so Bereitschaft zu Kompromisslösungen zu schaffen.

6.3.1 Widerstreitende Käufer- und Verkäuferinteressen

Vereinfacht lässt sich dieser Interessenkonflikt als das Ringen um Informationen umschreiben. Überspitzt formuliert ist der Käufer daran interessiert, schnell und umfassend und insbesondere vor Eingehung vertraglicher Verpflichtungen sämtliche erbetenen Informationen zu erhalten.

Der Verkäufer hingegen möchte vertrauliche Informationen möglichst lange zurückhalten, da er vor Vertragsschluss ein „Ausforschen“ durch den Käufer und die missbräuchliche Verwendung der übergebenen Informationen befürchtet und auch Unruhe in seinem Unternehmen vermeiden möchte, solange das Geschäft noch nicht „unter Dach und Fach“ ist.

Hieraus ergeben sich typischerweise die nachfolgenden Konfliktsituationen, für die auch kurz ein Lösungsansatz aufgezeigt wird:

Der Verkäufer ist nicht bereit, hochvertrauliche Informationen, z.B. hinsichtlich technischen Know-hows oder hinsichtlich des aktuellen Auftragsbestands und der Kalkulation, vor Vertragsschluss zu offenbaren. Der Käufer sieht sich in diesem Fall außerstande, die Verhandlungen fortzusetzen:

Dieser Konflikt lässt sich beispielsweise dergestalt auflösen, dass zwar die unmittelbare Offenlegung gegenüber dem Kaufinteressenten verweigert wird, jedoch den zur Berufsverschwiegenheit verpflichteten Beratern (Rechtsanwälten, Patentanwälten, Wirtschaftsprüfern oder Steuerberatern) diese Informationen zugänglich gemacht werden. Diese werden verpflichtet, sie ihrem Mandanten nur in allgemeiner Form weiterzugeben. Schließlich kann die Herausgabe erst nach Vertragsabschluss, jedoch vor Vollzug des Vertrags erfolgen und hier für besondere Extremfälle eine Rücktrittsklausel vorgesehen werden.

Der Verkäufer möchte die Vertragsverhandlungen und die Durchführung der Due Diligence vor den Mitarbeitern möglichst geheim halten, um vor Vertragsschluss Unruhe im Betrieb zu vermeiden. Der Käufer besteht auf einer umfassenden Prüfung:

Hier könnte der Verkäufer zunächst die Unterlagen außerhalb des Unternehmens zur Verfügung stellen, beispielsweise in den Geschäftsräumen seiner Berater. Bei der Beschaffung und Zusammenstellung der Unterlagen muss der Verkäufer prüfen, inwieweit ihm dies allein oder gemeinsam mit seinem Steuerberater möglich ist. Sollte ihm dies nicht möglich sein, sollte er diejenigen Personen über die Due Diligence unterrichten, die den umfassendsten Überblick über die relevanten Bereiche haben und insbesondere auch die Unternehmenshistorie gut kennen. Keinesfalls sollte er aber dem Käufer gestatten, ohne Abstimmung wahllos Mitarbeiter befragen zu dürfen. Er sollte genau festlegen, wen, wie und zu welchem Thema der Käufer befragen darf.

6.3.2 Probleme bei der Zusammenstellung und Auswertung der Unterlagen

Ein häufiges Problem stellt auch die ordnungsgemäße und zeitnahe Zusammenstellung der gewünschten Unterlagen durch den Verkäufer dar. Gerade Verkäufer, die noch keine Erfahrungen mit Due-Diligence-Prüfungen sammeln konnten, sind oft überrascht von dem Umfang der angeforderten Informationen und dem extremen Zeitdruck, dem sie bei der Zusammenstellung unterliegen. Auch hier empfiehlt es sich, frühzeitig sein Due-Diligence-Team und die relevanten Informationen zusammenzustellen. Die im

Rahmen der konkreten Prüfung übergebenen Listen weichen in aller Regel nicht wesentlich vom Standard ab, sodass der Verkäufer eine Vielzahl von Fragen bereits vorwegnehmen kann, sich dem Zeitdruck entzieht und dem Käufer auch vermittelt, dass er über eine effektive Unternehmensdokumentation verfügt.

Für den weiteren Fortgang der Prüfung sollten die Beteiligten sicherstellen, dass auf beiden Seiten feste Ansprechpartner für eventuelle Rückfragen und ergänzende Informationen bereitstehen. Hierdurch lassen sich Zeitverluste bei der Beschaffung zusätzlicher Informationen vermeiden.

6.3.3 Verschwiegenheitspflichten der Geschäftsführungsorgane der Zielgesellschaft

Unter bestimmten Umständen kann es der Geschäftsleitung des Zielunternehmens verwehrt sein, vertrauliche Informationen an den Käufer herauszugeben. Dieses Problem stellt sich im Fall des Verkaufs einer Beteiligung durch einen Mehrheitsgesellschafter.[1] In einem solchen Fall kann nicht ohne weiteres davon ausgegangen werden, dass das Interesse des Mehrheitsgesellschafters an der Veröffentlichung der Information dem Interesse der Gesellschaft entspricht. Nur im letzteren Fall kann die Geschäftsleitung die Informationen ohne ausdrücklichen Beschluss der Gesellschafter veröffentlichen, ohne Gefahr zu laufen, sich pflichtwidrig zu verhalten. Eine gerichtliche Klärung, wie sich die Geschäftsleitung in einem derartigen Fall verhalten soll, ist bisher noch nicht erfolgt. Die Beratungspraxis empfiehlt hier u.a. die Einholung zumindest eines Zustimmungsbeschlusses des Aufsichtsgremiums sowie eine sehr restriktive Offenlegung der Informationen.[2] Ob dies letztlich den Gerichten ausreichen wird, ist fraglich. Bei Spannungen im Gesellschafterkreis und bei hochsensiblen Informationen ist daher aus Sicht des betroffenen Geschäftsführers oder Vorstands Vorsicht geboten.

1) Siehe hierzu umfassend: HOLZAPFEL/PÖLLATH, Rdnr. 15, 17.
2) HOLZAPFEL/PÖLLATH, a.a.O.

28 Mit welchen Problemen muss ich rechnen?

- das Ringen um Informationen – Geheimhaltungsbedürfnis versus Informationsinteresse des Käufers
- ordnungsgemäße und zeitnahe Zusammenstellung der Unterlagen
- Verschwiegenheitspflichten der Geschäftsführungsorgane der Zielgesellschaft bei Verkauf einer Beteiligung durch einen Gesellschafter

Wie kann ich sie lösen?

- Informationsaustausch zwischen zur Verschwiegenheit verpflichteten Berufsträgern
- Zusammenstellung von Unterlagen bereits vor Eintritt in Vertragsverhandlungen, Einbindung der wesentlichen Wissensträger im Unternehmen
- Absicherung der Freigabe von Informationen zumindest durch Beschluss des Aufsichtsgremiums (Aufsichtsrat oder Beirat bzw. Gesellschafterversammlung)

6.4 Arten von Due-Diligence-Prüfungen

Wie bereits kurz erwähnt, hat die Due Diligence verschiedene Aspekte des Zielunternehmens zum Gegenstand. Sie besteht daher aus den nachfolgend aufgeführten Einzelprüfungen. Auch in Deutschland haben sich die im angloamerikanischen Rechtskreis gebräuchlichen Begriffe in Deutschland durchgesetzt:

- Financial Due Diligence
- Tax Due Diligence
- Legal Due Diligence
- Business/Commercial Due Diligence
- Environmental Due Diligence
- Cultural Due Diligence
- Technical Due Diligence

6.4.1 Financial Due Diligence

Bei der Durchführung einer Financial Due Diligence werden die betriebswirtschaftlichen Rahmendaten der Zielgesellschaft untersucht. Die Financial Due Diligence kann unterteilt werden in die Analyse des internen

Rechnungswesens einerseits und die Analyse der Jahres- bzw. Planabschlüsse andererseits.

Bei der Analyse des internen Rechnungswesens werden die Bereiche Informationstechnologie, Internes Kontrollsystem, Interne Revision, Finanz- und Lohnbuchhaltung, Mahnwesen, Kostenrechnung, Investitionsrechnung sowie Finanzierungsrechnung auf mögliche Risiken untersucht.

Die Analyse der Jahres- und Planabschlüsse durchleuchtet sämtliche Rahmendaten, die Vermögensgegenstände und Schulden der Zielgesellschaft sowie die ergänzenden Angaben des Jahresabschlusses aus dem Anhang sowie aus dem Lagebericht.

Grundlage für diese Auswertung sind in der Praxis die letzten drei bis fünf abgeschlossenen Wirtschaftsjahre. Die Anzahl der Prüfungsjahre hängt im Wesentlichen von der individuellen Risikoeinschätzung des potentiellen Erwerbers ab.

Dem Erwerber soll hierdurch zum einen die Geschäftsführung der Zielgesellschaft und zum anderen die Finanz-, Vermögens- und Ertragslage, die eine zukunftsorientierte Prognose beinhaltet, transparent dargestellt werden.

Laut einer statistischen Auswertung, basierend auf einer breitangelegten Umfrage[1)], liegt der Verbreitungsgrad für die Financial Due Diligence je nach Transaktionsform (Akquisition, Joint Venture oder Merger) bei 93,53 %. Damit ist sie die am meisten angewandte Überprüfungsart.

Der Financial Due Diligence wird damit ein hoher Grad an Bedeutung, insbesondere für das Durchleuchten möglicher Risiken, die sich einerseits auf den weiteren Transaktionsprozess und andererseits auf die Einschätzung möglicher, nicht aus dem Jahresabschluss des Zielunternehmens erkennbarer, Risiken auswirken, zugesprochen.

„Die Identifikation in der Vergangenheit wurzelnder Risiken und deren richtigen Abbildung in der Bilanz ist deshalb ein „Muss“ jeder Financial Due Diligence“.[2)]

Chancen und Risiken sollen entsprechend ihrer Eintrittswahrscheinlichkeit dem Erwerber dargelegt und erläutert werden. Hinzu kommt, dass alle

1) Finanzbetrieb, November 1999, Heft 11, 341.
2) Zitat aus Finanzbetrieb, November 2000, Heft 10, 609.

aufgezeigten Aspekte, Risiken und Ertragspotentiale den Erwerber in die Lage versetzen, durch eine verbesserte Informationssituation und Transparenz der Zielgesellschaft, angemessene Entscheidungen zu treffen.

Im Rahmen der Analyse der eingesetzten **Informationstechnologie** (IT) ist bedeutsam, ob diese Technologie für die Art und Größe des Geschäfts angemessen ist, inwieweit eine Integrierung der Systeme erfolgt ist, ob die Technologie den Anforderungen entspricht, ob ein Notfallplan vorhanden ist, welche Verbesserungspotentiale in dem Unternehmen stecken und wie das Verhalten der Managementebene zur Informationstechnologie ist.

Gegenstand der Financial Due Diligence ist die Überprüfung, ob die Elemente des IT-Systems dazu geeignet sind, Informationen über Geschäftsprozesse abzubilden, die für die Rechnungslegung von Bedeutung sein können. Der Begriff der Rechnungslegung umfasst hierbei die Buchführung, den Jahresabschluss und den Lagebericht.

Folgende Risiken sind bei der Beurteilung des IT-Systems zu überprüfen:

- Abhängigkeit von IT-Anwendungen
- laufende Änderungen durch die Einführung von neuen Systemen und Technologien
- aktuelles und fachspezifisches Wissen der Mitarbeiter
- Abbildung der Geschäftsprozesses durch IT-Systeme

Unter einem **Internen Kontrollsystem** werden die von der Unternehmensleitung im Unternehmen eingeführten Grundsätze, Verfahren und Maßnahmen verstanden, die gerichtet sind auf die organisatorische Umsetzung der Entscheidungen der Unternehmensleitung

- zur Sicherung der Wirksamkeit und Wirtschaftlichkeit der Geschäftstätigkeit,
- zur Ordnungsmäßigkeit und Verlässlichkeit der internen und externen Rechnungslegung sowie
- zur Einhaltung der für das Unternehmen maßgeblichen rechtlichen Vorschriften.[1)]

In Abgrenzung zum Internen Kontrollsystem wird die Interne Revision als prozessunabhängige Kontrollinstanz verstanden, die in unregelmäßigen Abständen Einzelkontrollen durchführt.

1) IDW Prüfungsstandard: Das Interne Kontrollsystem im Rahmen der Jahresabschlussprüfung (IDW PS 260).

Im Rahmen einer risikoorientierten Abschlussprüfung nimmt die Kontrolle des Internen Kontrollsystems eine zentrale Rolle ein. Da die Financial Due Diligence ebenfalls eine risikoorientierte Ausrichtung hat, hat die Analyse des Internen Kontrollsystems auch im Rahmen dieser Prüfungshandlungen eine zentrale Bedeutung.

Überprüft wird in der Regel das Interne Steuerungssystem, die Internen Überwachungsmaßnahmen, die jeweils in den Unternehmensprozess integriert sein können bzw. prozessunabhängig sein können. Typische Kontrollen sind Vollständigkeitskontrollen, Bestandskontrollen, Genehmigungskontrollen und Kontrollen durch Funktionstrennung.

Eine besondere Bedeutung kommt der Prüfung des Risikofrüherkennungssystems nach § 317 Abs. 4 HGB für börsennotierte Aktiengesellschaften zu.

Hinsichtlich der **Kostenrechnung** sollte eine Prüfung der Kostenrechnungssysteme Auskunft über Produktbereiche, Produktlinie oder einzelne Produkte geben. Insbesondere für produzierende Unternehmen sind die Aussagen der Kostenrechnung von existentieller Bedeutung, da die Aussagen maßgebliche Grundlagen für die Kalkulationen der einzelnen Produkte liefern.

Weiterhin liefert die Kostenrechnung wesentliche Grundlagen für die Ermittlung der Herstellungskosten eines Produkts. Somit bietet die Kostenrechnung über die Bilanzierungs- und Bewertungswahlrechte bei den Herstellungskosten einen signifikanten Parameter für bilanzpolitische Maßnahmen.

Im Rahmen von betriebswirtschaftlichen Prognoserechnungen sind die **Investitionsrechnung** und die **Finanzierungsrechnung** wesentliche Bestandteile. Die Ergebnisse dieser Planungsrechnungen fließen u.a. in die prospektive Kapitalflussrechnung ein.

Die Überprüfung dieser Planungsrechnungen soll Auskunft geben über den zukünftigen Investitionsbedarf der Zielgesellschaft, eventuelle Investitionsrückstände, den Einsatz von geplanten Finanzierungsinstrumenten sowie die Einhaltung von Finanzierungsregeln.

Alle in der Planungsrechnung eingehenden Faktoren sollten durch die Due Diligence auf ihr Zustandekommen und ihre Plausibilität untersucht werden. Hierbei sollten Gespräche mit dem gesamten Personal geführt werden und man sollte die Vergangenheit und Planung plausibel in Beziehung zueinander setzen können.

Die **Analyse der Jahres- bzw. Planabschlüsse** der Zielgesellschaft ist der Kern der Financial Due Diligence. Zunächst erfolgt eine Analyse der statischen Daten der Bilanzen, die dynamischen Daten der Gewinn- und Verlustrechnung sowie deren Zustandekommen durch die Erläuterungen im Anhang bzw. im Lagebericht.

Der Erwerber lernt dadurch die einzelnen Vermögenspositionen sowie Schulden der Zielgesellschaft kennen, die Struktur der Gewinn- und Verlustrechnung wird transparent und eventuell vorgenommene bilanzpolitische Maßnahmen können analysiert werden.

Insgesamt geht es um eine umfassende Darstellung der Vermögens-, Finanz- und Ertragslage der Zielgesellschaft mit einer sowohl vergangenheitsorientierten als auch zukunftsorientierten Ausrichtung.

Bei der Untersuchung der Planabschlüsse handelt es sich im Wesentlichen um eine Plausibilisierung der Planungsrechnungen. Hierbei ergeben sich nachfolgende Fragestellungen:

- Sind die Planungsrechnungen vergangenheitsbezogen?
- Wie ist die Arithmetik der Planungsrechnungen aufgebaut?
- Stimmen die getroffenen Annahmen der Planungsrechnungen?
- Basieren die Planungsrechnungen auf fundierten Marktuntersuchungen?
- Wie ändern sich die Planungsrechnungen, wenn sich einzelne Parameter ändern?

Da bei der Vorbereitung einer Unternehmenstransaktion in der Regel eine Jahresabschlussprüfung gemäß §§ 317 ff. HGB durchgeführt wird, werden bei der Financial Due Diligence keine weiteren detaillierten Prüfungshandlungen vorgenommen. Das Ziel der Financial Due Diligence sind vielmehr die Gründe für das Zustandekommen der Vermögens-, Finanz- und Ertragslage kennen zu lernen. Als Grundlage hierzu dienen eine Vielzahl von Unterlagen, Gespräche mit der Unternehmensleitung und den Mitarbeitern sowie zahlreichen Experten.

Die Schwerpunkte sowie die Intensität der Analysen hängen grundsätzlich von der individuellen Risikoeinschätzung des Erwerbers, den unternehmensinternen Risiken, den Risiken der Branche bzw. den Marktrisiken ab.

Im Rahmen der Analyse der **Vermögens- und Ertragslage** sind grundsätzlich nachfolgende Aspekte zu berücksichtigen:

- Sind die Vermögenspositionen des Umlaufvermögens werthaltig?
- Wie ist die Beschaffenheit des Anlagevermögens?
- Liegt gegebenenfalls ein Investitionsstau vor?
- Wie hoch werden die Stillen Reserven eingeschätzt?
- Sind Rückstellungen in angemessener Höhe gebildet worden?
- Existieren sonstige finanzielle Verpflichtungen wie Bürgschaften, Garantieverträge oder Sicherheitenbestellung?
- Sind die Finanzierungsregeln eingehalten worden?

Bei der **Analyse der Ertragslage** der Zielgesellschaft sollten die wichtigsten Größen und Kennzahlen herausgearbeitet werden, die für die Kauf- und Kaufpreisentscheidung des Erwerbers bedeutsam sind. Ein weiteres Ziel ist es, die Gründe für das Zustandekommen der Ergebnisse zu erfahren, außergewöhnliche oder außerordentliche Einflüsse zu erkennen, gegebenenfalls zu eliminieren und damit die Ergebnisrechnung zu normalisieren.

Zu berücksichtigen sind hierbei folgende gebräuchliche Ergebnisgrößen:

- Gross Profit (Roherträge/Bruttoergebnis vom Umsatz)
- Net Loss/Net Profit (Jahresergebnis)
- EBDIT (Earnings before Depreciation, Interests and Taxes)
- EBIT (Earnings before Interests and Taxes)
- EBT (Earnings before Taxes)

Sofern in der Gewinn- und Verlustrechnung ein Beteiligungsergebnis ausgewiesen wird, ist in Abhängigkeit der Beteiligungsquote für diese Beteiligung eine gesonderte Due Diligence durchzuführen.

6.4.2 Tax Due Diligence

Im Rahmen der Tax Due Diligence werden vergangene Wirtschaftsjahre im Hinblick auf steuerliche Sachverhalte untersucht. Dies dient zur Aufzeichnung von Risiken, die zu finanziellen Verpflichtungen gegenüber dem Fiskus führen könnten. Man kann sagen, dass diese Due Diligence eine Art vorgezogene Betriebsprüfung darstellt, bei der eventuelle Nachzahlungen zu identifizieren sind.

Steuerliche Effekte werden in endgültige und immer wiederkehrende Kategorien unterteilt. Meist erfolgt diese Überprüfung im Zusammenhang mit der Legal Due Diligence[1)] und der Financial Due Diligence, um ein schlüssiges Gesamtbild der Zielgesellschaft erstellen zu können.

Laut einer statistischen Auswertung, basierend auf einer breitangelegten Umfrage[2)], liegt der Verbreitungsgrad für die Tax Due Diligence je nach Transaktionsform (Akquisition, Joint Venture oder Merger) bei 77,52 %.

Die Intensität einer Tax Due Diligence hängt sehr stark von der Transaktionsart ab. Während die steuerlichen Risiken eines Asset Deals überschaubar sind, tritt der Erwerber eines Unternehmens bei einem Share Deal in sämtliche Rechte und Pflichten der Zielgesellschaft ein. Insofern ist eine intensive Tax Due Diligence bei einem Share Deal unerlässlich.

Ein weiteres Ziel der Tax Due Diligence ist die Optimierung der steuerlichen Ausgestaltung der Akquisitionsstruktur. Im Mittelpunkt stehen hierbei zum Teil gegenläufige Interessen der Erwerbers und des Veräußerers:

Während der Veräußerer eine möglichst niedrige Steuerbelastung des Veräußerungserlöses avisiert, stehen beim Erwerber die Abschreibung des Kaufpreises, die steuerliche Absetzbarkeit der Finanzierungskosten sowie gegebenenfalls die Nutzung von bestehenden Verlustvorträgen im Vordergrund.

Zudem will sich der Käufer durch diese Prüfung auch vor einer Inanspruchnahme durch die Finanzbehörden schützen. Wegen des möglichen Insolvenzrisikos auf Verkäuferseite will er sich hier nicht nur auf vertragliche Garantien verlassen.

Dies macht eine Tax Due Diligence somit unumgänglich und es ist daher umso wichtiger, dass die steuerlichen Risiken möglichst vollständig identifiziert, quantifiziert und mit einer Eintrittswahrscheinlichkeit belegt werden.

Von großer Bedeutung für die Überprüfung der Zielgesellschaft sind die letzten steuerlichen Betriebsprüfungen und die daraufhin ergangenen Bescheide. Sofern in der nahen Vergangenheit keine steuerlichen Betriebsprüfungen durchgeführt worden sind, besteht die Möglichkeit, dass der Veräußerer die Durchführung einer Betriebsprüfung beantragt.

1) Erwerbs- oder Unternehmensprüfung (Due Diligence), S. 24, 13 bb.
2) Finanzbetrieb, November 1999, Heft 11, 341.

Bei der Bestandsaufnahme der Tax Due Diligence werden eine Vielzahl von Unterlagen benötigt. Grundlage für diese Auswertung sind in der Praxis die letzten drei bis fünf abgeschlossenen Wirtschaftsjahre. Die Anzahl der Prüfungsjahre hängt im Wesentlichen von der individuellen Risikoeinschätzung des potentiellen Erwerbers ab.

Die zu prüfenden Unterlagen lassen sich in steuerliche Rahmendaten und steuerliche Einzelsachverhalte untergliedern.

Die Analyse der steuerlichen Rahmendaten umfasst sämtliche Steuererklärungen, die Steuerveranlagungen, den Schriftwechsel mit den Finanzbehörden, Rechtsbehelfsverfahren, Betriebsprüfungen u.v.m.

Die Untersuchung der steuerlichen Einzelsachverhalte beinhaltet Einzelsachverhalte in den Steuerarten Körperschaftsteuer, Einkommensteuer, Gewerbesteuer, Umsatzsteuer, Lohnsteuer und Sozialversicherung. In Abhängigkeit der individuellen steuerlichen Unternehmensstrukturen sind beispielsweise Organschaften, Betriebsaufspaltungen, Unternehmensverträge oder internationale Sachverhalte zu prüfen.

6.4.3 Legal Due Diligence

Im Rahmen der Legal Due Diligence wird die Zielgesellschaft in rechtlicher Hinsicht überprüft. Bei dieser Prüfung geht es einerseits um die rechtlichen Beziehungen der Zielgesellschaft zu Dritten (**rechtliche Außenbeziehungen**) als auch um ihre innere Struktur und ihre Beziehungen zu Gesellschaftern (**rechtliches Innenverhältnis**).

Die rechtlichen Außenbeziehungen sind für jede Form des Unternehmenskaufs relevant, da diese Rechtsbeziehungen für die Fortführung des operativen Geschäfts notwendig sind (z.B. Kündbarkeit von Rahmenverträgen mit Kunden oder Lieferanten, arbeitsrechtliche Sonderleistungen etc.). Zunächst werden hierzu die als wesentlich angesehenen Verträge und Rechtsbeziehungen übersichtsartig erfasst. Sodann werden diese Verträge auf ihre Wirksamkeit, Kündigungsmöglichkeiten, Üblichkeit der Klauseln sowie etwaige bestehende Haftungsrisiken (z.B. Gewährleistungen/Garantien gegenüber Kunden, Rückforderung von gewährten Subventionen, Kündbarkeit der Verträge bei Gesellschafterwechsel etc.) hin überprüft.

Dem Erwerber wird hierdurch ein Überblick über das Vertragswesen der Zielgesellschaft verschafft und es ermöglicht ihm, vor Erwerb den aus seiner Sicht notwendigen Änderungsbedarf sowie potentielle Risiken abzuschätzen. Stellt sich beispielsweise heraus, dass ein Rahmenvertrag im Fall des Gesellschafterwechsels sofort kündbar ist, wird der Erwerber bei einem für ihn wirtschaftlich attraktiven Vertrag darauf Wert legen, dass dieser Kunde möglichst vorab erklärt, er werde von seinem Kündigungsrecht keinen Gebrauch machen.

Weiterhin von besonderer Bedeutung ist die Frage, ob sämtliche öffentlichrechtlichen Genehmigungen für den Betrieb des Unternehmens vorhanden sind und inwieweit durch den Inhaberwechsel der Fortbestand dieser Genehmigungen in Frage gestellt ist.

Schließlich sind **arbeitsrechtliche Fragen** regelmäßig Gegenstand der Due Diligence:

Der Erwerber möchte vor Übernahme die auf ihn zukommenden Verpflichtungen gegenüber Mitarbeitern des Zielunternehmens kennen. Zu diesem Zweck wird geprüft, welche Ansprüche den Mitarbeitern aus den jeweiligen Arbeitsverträgen, Betriebsvereinbarungen, betrieblicher Übung oder aufgrund von Tarifverträgen zustehen. Es wird weiterhin der Status der Mitarbeiter überprüft – handelt es sich bei „freien Mitarbeitern" wirklich um „freie Mitarbeiter" oder vielleicht doch um Arbeitnehmer mit entsprechenden (Nach-)Zahlungspflichten gegenüber Sozialversicherungsträgern.

Das **rechtliche Innenverhältnis** der Zielgesellschaft ist hingegen nur bei einem Share Deal (Verkauf von Gesellschaftsanteilen) oder bei Eingehung von Beteiligungsverträgen von Bedeutung, da der Erwerber hier in die Gesellschafterstellung des Veräußerers eintritt und damit auch Haftungsrisiken (z.B. Haftung für ausstehende Einlagen) übernimmt.

In diesem Zusammenhang wird geprüft, ob die Gesellschaft wirksam gegründet wurde, der Veräußerer tatsächlich Inhaber geworden ist, Kapital verbotswidrig an die Gesellschafter zurückgezahlt wurde und Kapitalerhöhungen und sonstige Satzungsänderungen wirksam durchgeführt wurden und welche Beteiligungs- oder Zusammenarbeitsverträge mit Dritten abgeschlossen worden sind.

Sollten sich hier Probleme ergeben, kann dies zu einer Haftung des neuen Gesellschafters führen, er wird daher darauf drängen, dass diese Probleme vor Übergang der Gesellschaftsanteile beseitigt sind oder er von einer Haftung durch den Verkäufer freigestellt wird. Der Käufer muss auch wissen, auf Grundlage welcher gesellschaftsvertraglichen Regelungen er das Unternehmen zukünftig führen wird, dies gilt insbesondere in den Fällen, in denen nur eine Beteiligung erworben wird, oder noch andere Gesellschafter in der Gesellschaft verbleiben.

Neben den vorgenannten Prüfungskomplexen, die eigentlich immer im Rahmen der Legal Due Diligence angesprochen werden, gibt es bei jeder Transaktion branchenspezifische Besonderheiten, die eine rechtliche Prüfung in Spezialbereichen erforderlich machen. Gerade diese Bereiche können für die Kaufvertragsparteien besondere Bedeutung haben, da hier häufig der besondere Unternehmenswert, z.B. die „Geschäftsidee", liegt.

Liegt der besondere Vermögenswert des Zielunternehmens beispielsweise in seinem Know-how, so ist sorgfältig zu prüfen, inwieweit dieses bereits rechtlich geschützt wurde oder geschützt werden kann und inwieweit Rechte Dritter diesem entgegenstehen.

29 Was ist in jedem Fall zu prüfen?

- internes Rechnungswesen
- Jahresabschlüsse, Planrechnungen
- Steuererklärungen und Betriebsprüfungsberichte
- Leistungsbeziehungen zwischen Gesellschaft und Gesellschaftern
- die Gesellschaftsverhältnisse
- die vertraglichen Beziehungen zu Hauptkunden- und Lieferanten
- Mitarbeiter

6.5 Auswirkungen der Due Diligence auf die Gesamttransaktion

Die Due Diligence hat in folgender Hinsicht Auswirkungen auf die Gesamttransaktion:

- Sie beeinflusst den Unternehmenswert und den Kaufpreis.
- Sie bestimmt den Umfang der Verkäuferhaftung mit.
- Sie bestimmt die vor Übernahme vom Verkäufer noch zu erledigenden „Aufräumarbeiten" mit.

6.5.1 Bestimmung von Unternehmenswert und Kaufpreis

Die Due Diligence dient zunächst der Ermittlung und Überprüfung der für die Unternehmensbewertung und der Kaufpreisbestimmung notwendigen

Informationen. In diesem Zusammenhang ist z.B. von Bedeutung, inwieweit steuerliche Verlustvorträge bei der Zielgesellschaft genutzt werden könnten, welches Abschreibungspotential bei einem Asset Deal zur Verfügung steht oder inwieweit besondere Haftungsrisiken bei Großaufträgen bestehen.

Auf Grundlage der Ergebnisse der Due Diligence wird sodann entweder die Unternehmensbewertung erstellt oder aber die vorliegende Bewertung auf Plausibilität überprüft. Stellen sich bei der Prüfung unbekannte Risiken heraus oder müssen die Annahmen des Verkäufers korrigiert werden, so wird der Kaufinteressent versuchen, den Kaufpreis herunterzuhandeln, zumindest aber Kaufpreiseinbehalte durchzusetzen.

6.5.2 (Mit-)Bestimmung des Haftungsumfangs

Umfang und Ergebnis der Due Diligence bestimmen u.a. auch den Umfang der Haftung des Verkäufers im Rahmen des Vertrags mit. Hier stehen sich zwei gegensätzliche Auffassungen gegenüber:

Der Verkäufer wird seine Haftung umso mehr beschränken wollen, je umfangreicher er im Rahmen der Due Diligence dem Kaufinteressenten Einblick in sein Unternehmen gewährt hat. Er wird die Haftung ganz ausschließen wollen, sofern der Kaufinteressent oder dessen Berater die haftungsbegründenden Umstände kannten (oder hätten kennen müssen), wobei er sich an die gesetzliche Regelung des § 442 Abs. 1 BGB anlehnt, die bei Kenntnis des Käufers von Sach- und Rechtsmängeln die Haftung des Verkäufers ausschließt.

Der Kaufinteressent hingegen wird regelmäßig versuchen trotz durchgeführter Due Diligence einen umfangreichen und strengen Gewährleistungskatalog durchzusetzen und einen Ausschluss der Verkäuferhaftung bei Kenntnis bzw. grob fahrlässiger Unkenntnis ablehnen. Er wird dies damit begründen, dass auch bei einer umfassenden Due Diligence nicht jeder Sachverhalt bis ins letzte Detail nachprüfbar ist und daher der Verkäufer für die aus Tatbeständen bis zum Übergangsstichtag entstehenden Risiken haften müsse.

Eine ähnliche Diskussion ergibt sich bei der Bestimmung von Haftungshöchstgrenzen und Kaufpreiseinbehalten. Hat der Kaufinteressent konkrete Risiken identifiziert, kann dies zu Kaufpreiseinbehalten („Sicherheitseinbehalten") führen, die die Kosten zur Beseitigung des Problems abdecken sollen. Schließlich wird der Kaufinteressent nach einer für ihn zufriedenstellenden Due Diligence eher dazu bereit sein, einer betragsmäßigen Begrenzung der Haftung des Verkäufers zuzustimmen.

6.5.3 Bestimmung der vor Übernahme vom Verkäufer noch vorzunehmenden „Aufräumarbeiten"

Gerade bei inhabergeführten, mittelständischen Unternehmen besteht häufig eine Vielzahl von wirtschaftlichen Verbindungen zwischen dem Unternehmen und den Gesellschaftern und ihren Angehörigen. Diese Verbindungen sind häufig steuerlich motiviert: So steht das Betriebsgrundstück im Eigentum der Gesellschafter oder ihrer Angehörigen und wird im Weg der sogenannten „Betriebsaufspaltung" an die Zielgesellschaft vermietet oder Angehörige sind bei der Zielgesellschaft angestellt. Die hierfür zugrundeliegenden Verträge werden oft bei Übergabe aufgehoben und durch neue Verträge ersetzt.

Die im Rahmen der Due Diligence entdeckten Probleme sollen häufig noch vom Verkäufer vor Übergabe erledigt werden: Soweit beispielsweise die Due Diligence zum Ergebnis kommt, dass eine Kapitalerhöhung nicht ordnungsgemäß durchgeführt wurde, wird der Kaufinteressent verlangen, dass dies bis zur Übergabe nachgeholt wird.

30 Wie ist mit den Ergebnissen umzugehen?

- gegebenenfalls Anpassung des Kaufpreises
- gegebenenfalls Anpassung der Verkäuferhaftung wegen aufgedeckter Risiken
- Bestimmung des Katalogs der vor Übernahme vom Verkäufer durchzuführenden „Aufräumarbeiten" – Herstellung der Verkaufsreife

6.6 Rechtliche Gesichtspunkte der Due Diligence

Abschließend soll noch auf die wichtigsten rechtlichen Gesichtspunkte der Due Diligence eingegangen werden. Für die Vertragsparteien sind hier die nachfolgenden Fragen von Bedeutung:

- Ist der Käufer zur Durchführung einer Due Diligence verpflichtet?
- Begrenzt er seine Haftungsansprüche bei Durchführung?
- Ist der Verkäufer von sich aus zur Aufklärung des Käufers verpflichtet?

6.6.1 Pflicht zur Durchführung einer Due Diligence

Auch wenn in der Praxis mehr oder minder umfangreiche Due-Diligence-Prüfungen vor Erwerb eines Unternehmens mittlerweile die Regel sind, so stellt sich dennoch die Frage, ob das Unterlassen einer Due-Diligence-Prüfung dem Käufer später die Geltendmachung von Mängelhaftungs- oder Garantieansprüchen gegenüber dem Verkäufer erschweren oder sogar gänzlich vereiteln kann.

Hier gilt zunächst der Grundsatz, dass ein Käufer nicht verpflichtet ist, das Kaufobjekt vor Erwerb zu untersuchen, um sich seine Gewährleistungsansprüche zu erhalten. Eine derartige Untersuchungs- und Rügepflicht ist nur für Kaufleute bei einem sogenannten „Handelskauf" vorgesehen (§ 377 BGB). Hierbei handelt es sich jedoch um den Kauf von Waren (beweglichen Sachen) oder Wertpapieren.[1] Der Unternehmenskauf fällt nicht darunter.

Andererseits stellt sich bei sonstigen gesetzlichen Schadensersatzansprüchen außerhalb des Gewährleistungsrechts für ihn jedoch die Frage, ob ihm wegen einer unterlassenen Due Diligence eine Sorgfaltswidrigkeit zur Last gelegt werden kann, die als „Mitverschulden" im Sinne des § 254 BGB zu werten ist und seine Ersatzansprüche reduziert oder unter besonderen Umständen den Umfang der Aufklärungspflicht des Verkäufers bei einem Prüfungsangebot entsprechend herabsetzt. In der juristischen Literatur wird nunmehr überwiegend diese Auffassung vertreten.[2] Der Bundesgerichtshof hat sich hierzu bis zum heutigen Tag noch nicht grundsätzlich geäußert. In einigen Entscheidungen wird vielmehr eine Prüfungspflicht verneint[3], in einer anderen Entscheidung[4] wird unter Hinweis auf die besonderen Umstände des Einzelfalls eine Prüfungspflicht dann bejaht, wenn es sich um einen sach- und branchenkundigen Käufer (1) gehandelt hat, dieser bereits einen allgemeinen Hinweis auf bestimmte Risiken (2) sowie die Möglichkeit zur umfassenden Einsicht in Unterlagen (3) erhalten hat und von dieser Möglichkeit nicht in dem gebotenen Umfang gebraucht gemacht hat (4). Wie sich die Rechtsprechung hierzu weiterentwickeln wird, ist derzeit nicht absehbar. Der Käufer sollte vor dem Hintergrund der jüngsten Entscheidung jedoch nicht darauf vertrauen, sich ohne Durchführung einer Due-Diligence-Prüfung die Haftungsansprüche erhalten zu können.

1) BAUMBACH/HOPT, HGB, Überblick vor § 373, Rdnr. 10.
2) PÖLLATH/HOLZAPFEL, a.a.O., Rdnr. 434.
3) Hierzu beispielsweise BGH, NJW 1977, 1538; BGH, WM 1974, 51.
4) BGH, NZG 2002, 298 ff.

Bei der Frage, ob eine Due Diligence durchgeführt wird, sollte insbesondere ein Fremdgeschäftsführer oder -vorstand beachten, dass die unterlassene Due-Diligence-Prüfung eine Verletzung der kaufmännisch gebotenen Sorgfaltspflichten eines „ordentlichen Geschäftsleiters/-manns" darstellen und eine persönliche Haftung dieser Organe begründen kann (§ 93 Abs. 1 AktG, § 43 Abs. 1 GmbHG). Dieser Fall kann beispielsweise eintreten, wenn die Garantieansprüche gegen den Käufer wirtschaftlich nicht mehr durchsetzbar sind.

Praxistipp

Gerade bei Verkäufern, deren Bonität nicht außer Frage steht, ist es daher für angestellte Geschäftsführer und Vorstände empfehlenswert, eine Prüfung durchzuführen, um hierdurch die Anwendung der gebotenen Sorgfalt zu dokumentieren!

6.6.2 Beschränkung von Gewährleistungs- und Ersatzansprüchen – § 442 BGB

Hat sich der Käufer für die Durchführung einer Due-Diligence-Prüfung entschieden, so wird ihm von Gesetzes wegen für hier entdeckte Mängel sein Gewährleistungsanspruch verwehrt (§ 442 BGB). Bleiben ihm Mängel grob fahrlässig unbekannt, kann er nur Ansprüche geltend machen, wenn der Verkäufer diese Mängel arglistig verschwiegen oder aber eine sogenannte „Beschaffenheitsgarantie" übernommen hat (§ 442 BGB).

Hierbei ist dem Käufer auch das Wissen derjenigen Personen, die für ihn die Prüfung durchgeführt haben, in entsprechender Anwendung der § 278 BGB sowie der § 166 BGB zuzurechnen, dies gilt beispielsweise für die Berater oder Mitarbeiter, die auch nach außen gegenüber dem Verkäufer aufgetreten sind.

Nach der gesetzlichen Wertung läuft der Käufer somit Gefahr, durch eine Due Diligence seine Rechtsposition zu verschlechtern, da bei positiver Kenntnis der Mängel seine Gewährleistungsansprüche ausgeschlossen, bei grob fahrlässiger Unkenntnis diese zumindest deutlich eingeschränkt sind!

In der Praxis wird üblicherweise die Käuferhaftung umfassend durch besondere vertragliche Bestimmungen geregelt. Hierbei werden vom Verkäufer ganz überwiegend selbständige Garantieversprechen abgegeben, bei denen die Rechtsfolgen bereits festgelegt werden (siehe ausführlich Kapitel 9). Auch in diesem Fall kann der in § 442 BGB zum Ausdruck kommende Rechtsgrundsatz von der Rechtsprechung angewendet werden im Wege der Analogie dieser Norm.

Nur durch ausdrückliche Abbedingung dieser Vorschrift und ihrer analogen Anwendung kann der Käufer sicherstellen, dass der Verkäufer unabhängig von der Kenntnis des Käufers vom Fehlen wertbildender Faktoren haftet!

6.6.3 Verpflichtung des Verkäufers zur Aufklärung des Käufers

In den vorherigen Abschnitten wurden die rechtlichen Konsequenzen einer vom Käufer durchgeführten Unternehmensprüfung dargelegt. Aus Verkäufersicht bleibt die Frage offen, inwieweit dieser **von sich aus** den Käufer über bestimmte, das Unternehmen betreffende Umstände aufzuklären hat und welche Rechtsfolgen er zu befürchten hat, wenn er dies nicht tut. Diese Frage wird in Kapitel 9.5 im Detail erörtert. An dieser Stelle sei nur das Ergebnis vorweggenommen:

> Der Verkäufer sollte die aus seiner Sicht für die Transaktion erheblichen (negativen) Informationen, beispielsweise Gewinneinbrüche, Insolvenz von Großkunden etc., dem Käufer rechtzeitig vor Vertragsabschluss offenbaren! Nur so kann er spätere, gegebenenfalls langwierige und teure Auseinandersetzungen verhindern.

Gerade in diesem Zusammenhang wird auch eine weitere wichtige Funktion der Due Diligence deutlich:

Durch eine formalisierte Prüfung wird für beide Parteien dokumentiert, welche Unterlagen und Informationen übergeben wurden. Sie schafft eine größere Rechtssicherheit bei Streitigkeiten über die Frage einer ordnungsgemäßen Aufklärung. Da der Verkäufer im Streitfall darlegen und beweisen muss, dass er den Käufer über einen bestimmten Umstand aufgeklärt hat, ist dieser Nachweis von außerordentlicher Bedeutung.

> **31 Welche Risiken entstehen durch die Due Diligence?**
>
> - missbräuchliche Verwendung der übergebenen Informationen
> - Verlust von Haftungsansprüchen des Käufers durch Offenlegung des konkreten Risikos – § 442 BGB

32 Besteht eine Rechtspflicht zur Durchführung einer Due-Diligence-Prüfung?

- grundsätzlich kein Verlust von Haftungsansprüchen des Käufers bei unterlassener Due-Diligence-Prüfung, aber Pflicht, Hinweisen nachzugehen
- Verpflichtung des Verkäufers zur Offenlegung vertragswesentlicher Informationen

6.7 Schlussbetrachtung

In den vorhergehenden Kapiteln wurden die Vorteile und Risiken bei Durchführung einer Due Diligence beleuchtet und Entscheidungshilfen für diese Phase des Unternehmenskaufs gegeben. Die Frage, ob eine solche Due Diligence durchgeführt wird und in welchem Umfang, lässt sich immer nur am konkreten Einzelfall entscheiden. Die Durchführung bietet für beide Seiten jedoch deutliche Vorteile gegenüber einer rein vertraglichen Absicherung über Garantie- oder Gewährleistungsansprüche:

Dem Verkäufer wird bei rechtzeitiger Aufdeckung von Problemen vor Übergang des Unternehmens die Möglichkeit gegeben, diese Probleme selbst zu beseitigen. Dies ist für ihn häufig günstiger, als nach Übergang Geldersatz leisten zu müssen, und vermeidet auch Streitigkeiten über die Höhe des zu leistenden Ersatzes.

Der Käufer erhält vor Abschluss eines Vertrags und Übergang des Unternehmens die Möglichkeit, die auf ihn zukommenden Risiken besser einschätzen zu können. Lassen sich diese rechtzeitig vor Übergang beseitigen, erspart er sich unter Umständen langwierige Rechtsstreitigkeiten über seine Ersatzansprüche und ist unabhängig von der wirtschaftlichen Leistungsfähigkeit des Verkäufers.

7 Finanzierung der Transaktion

Was Sie in diesem Kapitel erfahren

33 Welche Rolle spielt die Finanzierung von Unternehmenstransaktionen?

34 Welche klassischen Möglichkeiten der Innenfinanzierung stehen zur Verfügung?

35 Welche Möglichkeiten existieren im Rahmen der Außenfinanzierung?

36 Was versteht man unter einem Leveraged-Buy-out (LBO)?

37 Wie können Finanzierungsprobleme in der Praxis auch gelöst werden?

Inhalt

7 Finanzierung der Transaktion

7.1 Die Bedeutung der Finanzierung beim Unternehmenskauf

Die Frage der Finanzierung eines Unternehmenskaufs bzw. des Kaufs einer Beteiligung kann von entscheidender Bedeutung für das Zustandekommen einer Unternehmenstransaktion sein. In vielen Fällen verfügen potentielle Erwerber eben nicht über das notwendige Eigenkapital, sodass die Einbindung von Fremdkapital zwingend notwendig ist.

Hierbei stehen den potentiellen Erwerbern zahlreiche Möglichkeiten zur Verfügung. Daher sollen in diesem Kapitel zunächst sowohl die grundlegenden Möglichkeiten der Innenfinanzierung als auch die Gestaltungen der Außenfinanzierung dargestellt werden.

Neben diesen klassischen Finanzierungsgestaltungen hat sich im Bereich der Finanzierung von Unternehmenstransaktionen eine Mischform – der Leveraged-Buy-out – herausgebildet, welche ebenfalls Gegenstand der Ausführungen sein wird.

Über dem gesamten Themenbereich der Finanzierung schwebt die aktuelle Situation am Kapitalmarkt. Durch zahlreiche Unternehmenszusammenbrüche haben sich in der Vergangenheit erhebliche Wertberichtigungen ergeben. Diese Wertberichtigungen haben Kreditinstitute, Kapitalbeteiligungsgesellschaften sowie Business Angels gleichermaßen getroffen. Daher ist der gesamte Markt durch eine starke Zurückhaltung geprägt. Diese Zurückhaltung führte naturgemäß zu einem starken Rückgang von Unternehmenstransaktionen in der Vergangenheit.

Vor diesem Hintergrund haben sich neue Tendenzen bei der Finanzierung von Transaktionen ergeben, die abschließend in diesem Kapitel dargestellt werden.

33 Welche Rolle spielt die Finanzierung von Unternehmenstransaktionen?

- Finanzierung kann über „go" oder „no go" einer Transaktion entscheiden.
- Erwerber verfügen in der Regel nicht über ausreichendes Eigenkapital.
- Daher ist die Einbeziehung von Fremdfinanzierung zwingend.
- Der gesamte Markt ist aufgrund zahlreicher Unternehmenszusammenbrüche durch eine starke Zurückhaltung geprägt.
- Finanzierungsprobleme haben in der Vergangenheit zu einem Rückgang der Transaktionen geführt.

7.2 Innenfinanzierung

7.2.1 Einbehalten von Gewinnen

Das klassische Instrument der Innenfinanzierung stellt die Einbehaltung von Gewinnen dar (Thesaurierung), die durch den laufenden Geschäftsbetrieb oder mittels anderer nicht dem eigentlichen Geschäftszweck dienlichen Aktivitäten erzielt werden. Diese einbehaltenen Gewinne können zur Finanzierung von Unternehmenskäufen bzw. anderen Investitionen genutzt werden.

Die Bedeutung dieser Finanzierungsform spiegelt sich auch in der steuergesetzlich geänderten Behandlung von Gewinnen bei Kapitalgesellschaften wider. Eine Ungleichbehandlung von einbehaltenen und ausgeschütteten Gewinnen entfällt seit der Einkommensteuerreform 2001 und der damit einhergehenden Änderung des KStGKörperschaftsteuergesetz.B.im Wechsel zum Halbeinkünfteverfahren werden Gewinne einer Kapitalgesellschaft seitdem mit einer Definitivsteuerbelastung von 25 % versehen (abgesehen von der Erhöhung des KSt-Satzes um 1,5 % für das Geschäftsjahr 2003, um die Auswirkungen der Oder-Flutkatastrophe zu kompensieren). Diese Unternehmenssteuerreform stellte eine deutliche Verbesserung der Innenfinanzierungsmöglichkeiten der Unternehmen dar.

Weiter wird die Möglichkeit der Finanzierung über das Einbehalten von Gewinnen durch die konkrete Ausschüttungspolitik der Unternehmen bestimmt, was sich in regelmäßigem Konflikt zwischen Eigentümer und Management befindet. Während die Eigentümer der Unternehmung darauf bedacht sind, für ihre getätigten Investitionen maximale Ausschüttungen zu erhalten, zielen die Managementüberlegungen auf eine hohe Mitteleinbehaltung für Zwecke der Finanzierung und Sicherstellung der Liquidität der Gesellschaft.

Durch den betrieblichen Leistungs- und Umsatzprozess werden Finanzierungsmittel frei, die geeignet sind, geplante Investitionen zu finanzieren.

Als Vorteil kann bei dieser gewählten Methode der nicht vorhandene Liquiditätsabfluss genannt werden und die dem Unternehmen eingeräumte relative Flexibilität aufgrund fehlender Zinsbelastung durch Fremdkapital.

Ferner erhöht sich der Kreditspielraum für das betreffende Unternehmen, da gute Liquiditätskennzahlen auch zur Verbesserung der Bonität im stetig stärker aufkommenden Ratingprozess der Kreditinstitute führen.

Als problematisch kann bei dieser Finanzierungsmethode die zum Teil ungewisse Höhe des zur Verfügung stehenden Kapitals sein. Die Unsicherheit durch teils ungewisse Überlassungsfristen verstärkt dieses noch zusätzlich.

Der Beschaffungsaufwand von Eigenkapital durch den betrieblichen Umsatzprozess stellt durch die mannigfaltigen Einwirkungsmöglichkeiten eine komplexere, aber doch auch unabhängigere Art der Kapitalbeschaffung dar.

7.2.2 Rückstellungen und Abschreibungen

Rückstellungen sind für ungewisse, zukünftige Verpflichtungen gegenüber Dritten oder (begrenzt auf das deutsche handelsrechtliche Bilanzrecht) für zukünftige Aufwendungen zu bilden und dienen der periodengerechten Aufwandsverrechnung.

Somit entsteht der Aufwand in einer Periode, der erst in der näheren oder ferneren Zukunft zu Auszahlungen führen wird. Notwendige Voraussetzung dafür ist allerdings, dass diesem Aufwand adäquate Erträge gegenüberstehen.

Zum einen mindert sich durch Passivierung von Rückstellungen die Steuerbelastung (soweit die jeweilige Rückstellung vom restriktiveren Steuerrecht zugelassen ist), zum anderen wird die Gewinnausschüttung an die Anteilseigner verringert. Ein endgültiger Ausfall von Steuerbelastungen ergibt sich jedoch durch Rückstellungen nicht, da in einer späteren Periode mit einer erhöhten Steuerbelastung zu rechnen ist. Vielmehr muss der Effekt der

Steuerstundung als zinslose Finanzierungswirkung betrachtet werden. Der zur Verfügung stehende Cashflow erhöht sich demnach bei der Bildung von Rückstellungen.

Die Finanzierung über Rückstellungen muss als langfristiges Instrument der Finanzierung betrachtet werden, das umso stärker wird, je langfristiger die Rückstellungen geplant sind.

Durch die größtenteils gesetzlich geforderte Zuführung zu diesen passiven Bilanzpositionen werden langfristig verfügbare liquide Mittel gebunden, die einen Beitrag zur Investitionsfinanzierung leisten können.

Ähnlich gestaltet sich der Fall bei gesetzlich geforderten, planmäßigen Abschreibungen auf Gegenstände des Anlagevermögens, wobei die Anschaffungs- oder Herstellungskosten über die Jahre der Nutzungsdauer nach einem festgelegten Schlüssel, der sich zumeist an steuerrechtlichen Vorgaben orientiert, verteilt werden.

Durch diesen Vorgang der fiktiven Wertminderung werden dem Unternehmen liquide Mittel zur Verfügung gestellt, die der Reinvestition dienen sollen und sich zudem steuermindernd bemerkbar machen. Da aus Liquiditätssicht kein Abfluss erfolgt und der Cashflow auch hier gestärkt wird, können die so freigesetzten Mittel zur Reinvestition genutzt werden. Handelsrechtlich bestehen höhere Abschreibungspotentiale, was den ausschüttungsfähigen Gewinn der Unternehmung mindert und so die Finanzmittel stärkt.

Jedoch werden die eher relativ geringen Abschreibungsbeträge regelmäßig nicht ausreichen, um ein geeignetes Mittel zum Unternehmenskauf darzustellen.

7.2.3 Asset-backed Securities und Factoring

Die Schwierigkeit, gebundene aktive Bilanzpositionen in flüssige Mittel umzuwandeln, kann für größere Unternehmen unter Zuhilfenahme eines neuen Instrumentariums namens „Asset-backed Securities“ (ABS) erleichtert werden. Hierbei gibt eine rechtlich selbständige Zweckgesellschaft kapitalmarktfähige Schuldtitel aus, mit dessen Erlös sie gleichartige Forderungen von Unternehmen mit einem Bonitäts- und Veritätsabschlag erwirbt.[1)]

1) Vgl. DREYER/SCHMID/KRONAT, BB 2003, 91.

Dem veräußernden Unternehmen fließt Liquidität in Höhe des Kaufpreises zu, was seine „Flüssigen Mittel" stärkt.

Den Erwerbern der Schuldtitel steht das Vermögen der Zweckgesellschaft (die angekauften Forderungen) als Sicherheit zur Verfügung (asset-backed). Die Forderungsabtretung bedarf keiner Offenlegung bei den Schuldnern. Die Eintreibung der fälligen Forderungen obliegt weiterhin dem Unternehmen. Durch dieses Verfahren werden Forderungen, die per se nicht kapitalmarktfähig sind, in handelbare Wertpapiere umgewandelt.[1] Zur Förderung der Zeichnung von solchen Transaktionen werden diese auch einer Bonitätsbeurteilung (Rating) durch externe Agenturen unterzogen. Jedoch liegen die Kosten für die Begebung von ABS bei mehreren hunderttausend Euro und lohnen sich dementsprechend erst für gleichartige Forderungsbestände von über 20 Mio. €.[2] Aktuelle Entwicklungen deuten darauf hin, dass durch sogenannte „Multiseller-Strukturen" auch Forderungsverbriefungen ab 5 Mio. € kapitalmarktfähig sein können. Dabei werden verschiedene Portfolios mehrerer Forderungsinhaber in einer Zweckgesellschaft mit hohem Standardisierungsgrad gebündelt.[3]

7.2.4 Verkauf von nicht betriebsnotwendigem Vermögen

Durch die Freisetzung von nicht betriebsnotwendigem Vermögen ergibt sich eine weitere Möglichkeit der Finanzierung. Das Vermögen, das nicht zum laufenden Geschäftsbetrieb erforderlich ist oder nicht dem eigentlichen Geschäftszweck dient und somit nicht dem Umsatzprozess, wird mittels eines Aktivtauschs in liquide Mittel transformiert, die der Unternehmensleitung die direkte Möglichkeit der Disponierbarkeit bieten.

Häufig ergeben sich solche Effekte durch die Konzentration auf sogenannte Kernkompetenzen, was gegebenenfalls zu einem Verkauf von nicht passenden Bereichen führt (Spartenverkauf). Andere Falltypen zeichnen sich dadurch aus, dass Immobilien zum Betriebsvermögen gehören, die bilanziell richtigerweise mit dem Buchwert erfasst sind. In diesen Vermögenspositionen verstecken sich häufig enorme stille Reserven, die sodann durch Veräußerung realisiert werden können.

Die hieraus resultierende Freisetzung von Kapital geht jedoch einher mit der Steuerpflichtigkeit der nun aufgedeckten stillen Reserven des Vermögensgegenstands. Ein weiteres Kennzeichen ist die Nichtwiederholbarkeit

1) Zur Grundstruktur von ABS-Transaktionen WIESE, BB 1998, 1714 ff.
2) Vgl. WINKELJOHANN, WPg 2003, 392.
3) Vgl. Autorenbeitrag von DITTRICH und KÖLBL-VOGT in der Sonderbeilage zu FIN, Heft September 2003.

solcher Maßnahmen sowie gegebenenfalls deren Irrevisibilität. Fremdkapitalzinsen ergeben sich bei dieser Art der Kapitalbeschaffung und Freisetzung nicht, was der Unternehmensleitung auch in dieser Hinsicht freies Handeln unabhängig von Geldgebern gewährt.

7.2.5 Sale & Lease Back

Die negativen Aspekte des Verkaufs von Betriebsvermögen können durch eine Variante teilweise kompensiert werden, die es dem Unternehmen erlaubt, trotz Veräußerung und somit Liquiditätszufluss den Gegenstand durch eine direkte Rückmietung weiter zu nutzen.

Das eigentliche Besitzverhältnis ändert sich somit nicht, lediglich das Eigentum über den betreffenden Gegenstand wechselt. Wie bei der Veräußerung von nicht betriebsnotwendigem Vermögen ergibt sich hier das Merkmal der Einmaligkeit des Finanzierungseffekts. Gewisse Gefahren ergeben sich bei diesem Instrument durch die nach außen nicht direkt in Erscheinung tretende Veränderung der Eigentümerstruktur im Sinne einer Risikofrüherkennung.

Eine Aktiv-Bilanzierung für die veräußerten und doch weiter genutzten Gegenstände ergibt sich grundsätzlich nicht mehr. Etwaige anfallende Aufwendungen sind meist weiter für den Gegenstand zu entrichten.

In Abhängigkeit des Umfangs des Anlagevermögens eines Unternehmens kann das Instrumentarium „Sale & Lease Back" geeignet sein, die Finanzierung einer Unternehmenstransaktion flankierend zu begleiten.

34 Welche klassischen Möglichkeiten der Innenfinanzierung stehen zur Verfügung?

- **Einbehaltung von Gewinnen** und somit Nutzung des einheitlichen Körperschaftsteuersatzes in Höhe von 25 %
- **Rückstellungen und Abschreibungen** durch die Nutzung steuerlicher Vorteile
- **Asset-backed Securities und Factoring** als Möglichkeiten des Forderungsverkaufs
- **Verkauf von nicht betriebsnotwendigem Vermögen**, sofern vorhanden
- **Sale & Lease Back** zur Schaffung von Liquidität

7.3 Außenfinanzierung

Die Zuführung von Fremdkapital stellt im Wesentlichen andere Anforderungen an das Unternehmen, da nun nicht mehr aus der Mitte der Unternehmung heraus ein „Zufluss" erfolgt, sondern jetzt verschärften Bestimmungen von außen, z.B. denen der offenen Kapitalmärkte oder kreditgebenden Banken, Rechnung getragen werden muss.

Grundsätzlich ergibt sich durch die Inanspruchnahme von Außenfinanzierungsinstrumenten eine Abgabe von betrieblichen Entscheidungskompetenzen durch Involvierung von Dritten in Fragen zu Unternehmensentscheidungen.

7.3.1 Eigenkapitalerhöhung

Bei Eigenkapitalzuführung seitens der Eigentümer, Miteigentümer oder Anteilseigner spricht man von einer Einlagen- oder Beteiligungsfinanzierung.

Die spezielle Ausgestaltung wird maßgeblich von der Rechtsform des Unternehmens bestimmt. Im Gegenzug zur Einlageleistung werden den Leistenden Eigentum oder Gesellschaftsrechte am betreffenden Unternehmen eingeräumt.

Eine breite Streuung der Anteile an Kapitalgesellschaften und somit Beschaffung von Eigenkapital ergibt sich durch die Möglichkeit einer Emission von Anteilsrechten an Kapitalmärkten, was regelmäßig einen hohen Aufwand erfordert und die Unternehmensleitung vor hohe organisatorische Aufgaben stellt, insbesondere im Bereich Publizität und Rechnungswesen.

Noch vor wenigen Jahren schien dieser Weg der Kapitalbeschaffung auch für kleinere und mittlere Unternehmen in greifbarer Nähe. Nach den Übertreibungen und dem stetigen Abfall der Aktienkurse seit Frühjahr 2000 hat sich die Stimmung für einen Börsengang jedoch deutlich verschlechtert. Börsengänge kamen in jüngster Zeit nahezu vollständig zum Erliegen. Folgerichtig lehnen viele Unternehmen, die an sich geneigt sind, den Kapitalmarkt in Anspruch zu nehmen, derzeit einen Börsengang wegen schlechter Marktbedingungen ab.

Das Finanzierungsinstrument Kapitalmarkt kann jedoch bei verbessertem Marktumfeld zur echten Alternative werden, da durch den Zwang zur privaten Altersvorsorge das Interesse an den organisierten Kapitalmärkten zwangsläufig wieder zunehmen wird.

Nicht emissionsfähige Unternehmen, die keinen Zugang zur Börse haben, steht dieser organisierte Weg zur Eigenkapitalbeschaffung per se nicht offen. Hierzu müsste zunächst ein Rechtsformwechsel erfolgen.

Neue Gesellschafter einer nicht börsennotierten Kapitalgesellschaft finden durch Erbringung von Einlagen Eingang in die Gesellschaft, wobei sie dann Einfluss auf die Gesellschaft in Relation zur Höhe ihrer Einlage haben. Dies kann geschehen durch sogenannte Unternehmensbeteiligungsgesellschaften oder Venture-Capital-Gesellschaften, die meist darüber hinaus eine beratende Funktion einnehmen.

Eine Bereitschaft zur Investition wird sich jedoch nur dann ergeben, wenn das Unternehmen genügend Wachstumspotential aufweist und vermuten lässt, dass das eingesetzte Kapital angemessen, in Relation zu vergleichbar risikoadäquaten Anlageformen, verzinst wird.

Diese Beschaffung liquider Mittel weist den Vorteil auf, keine Zins- und Tilgungsverpflichtung einzugehen, da die Kapitalgeber als Gegenwert Gesellschaftsanteile erhalten.

Ferner ergibt sich eine Erhöhung des Spielraums für Fremdkapitalaufnahme durch eine höchstwahrscheinlich gesteigerte Eigenkapitalquote.

7.3.2 Akquisitionsdarlehen

Die Fremdkapitalfinanzierung durch Kreditinstitute ist die wohl am häufigsten verwandte Form der Liquiditätszuführung bei Unternehmen in Deutschland. Bei Darlehensfinanzierung besteht anders als bei der Eigenfinanzierung die Verpflichtung zu laufenden und langfristigen Zins- und Tilgungsleistungen.

In Zukunft werden sich die Unternehmen, bedingt durch die schärferen Eigenkapitalhinterlegungsregeln für Kreditinstitute („Basel II“), größeren Anforderungen gegenübergestellt sehen, was die Bonitätsbeurteilung und damit letztendlich die Fremdkapitalkosten betrifft. Langfristig ist wohl mit deutlich erhöhten Anforderungen an den Finanzierungsbereich für kleine und mittelständische Unternehmen zu rechnen. Bisher haben sich die zunächst geäußerten Befürchtungen des Mittelstands in diesem Bereich nicht bewahrheitet. Vielmehr scheint sich der Trend hin zu einer leistungsorientierten Kreditvergabepraxis wesentlich langsamer und sanfter zu vollziehen als erwartet. Die Krise der deutschen Finanzbranche scheint ihren Teil dazu beizutragen, sich doch wieder stärker auf den Mittelstand zu konzentrieren und ihm mehr Aufmerksamkeit zu schenken.

Bei Akquisitionsdarlehen handelt es sich um einen Kredit mit fester Laufzeit, die nach einem im Vorfeld definierten Tilgungsplan zurückgeführt werden. Ein Merkmal dieses Fremdkapitals ist die Befristung des ausgegebenen Kapitals.

Ferner besteht die Möglichkeit der Einräumung von Betriebsmittelkrediten, welche gewährleisten sollen, dass dem Unternehmen zur Finanzierung von Veränderungen des Netto-Umlaufvermögens ausreichend Liquidität zur Verfügung steht. Diese Kreditlinie kann üblicherweise revolvierend in Anspruch genommen werden.

7.3.3 Mezzanine-Capital

Mezzanine-Capital soll grundsätzlich die Finanzierungslücke zwischen Fremd- und Eigenkapital in der Kapitalstruktur insbesondere bei MBO (Management-Buy-out) und MBI (Management-Buy-in) schließen. Der Begriff „Mezzanine“ stammt aus der Welt der Architektur und beschreibt das Zwischengeschoss zwischen zwei Hauptstockwerken.

Mit diesem Sinnbild soll verdeutlicht werden, dass es sich bei dieser Art der Finanzierung um eine hybride Finanzierungsform handelt, die eine Stellung zwischen Eigen- und Fremdkapital einnimmt.[1)] Ein Kapitalgeber stellt in einem solchen Fall Kapital mit eigenkapitalähnlichem Charakter mit erhöhter Verzinsung und eventueller Erfolgsbeteiligung zur Verfügung.

Dies kann mittels eines Nachrangdarlehens mit einer Laufzeit in der Regel von sechs bis zehn Jahren erfolgen, wobei der Rückzahlungsanspruch im Insolvenzfall gegenüber den anderen Gläubigern als nachrangig zu betrachten ist. Der Ausweis in der Bilanz erfolgt regelmäßig als Fremdkapital. Die Nachrangigkeit bewirkt jedoch bei der Bilanzanalyse eine Zuordnung zum Eigenkapital mit dementsprechender Verbesserung der Eigenkapitalquote.

Als zweite Erscheinungsform des Mezzanine-Kapitals lässt sich die stille Beteiligung ausmachen. Dies ist in den §§ 230 ff. HGB explizit geregelt. Sie besteht aus einer fixen Normalverzinsung und einer gewinnabhängigen Vergütung. Beim Bilanzausweis und der Qualifikation als Eigen- oder

1) Vgl. NELLES/KLUSEMANN, Finanzbetrieb 2003, 1.

Fremdkapital muss aber zwischen der typisch oder der atypischen stillen Beteiligung differenziert werden.

Bei Verlustbeteiligung gilt die stille Beteiligung als Eigenkapital, bei Ausschluss der Verlustpartizipation ist sie als Fremdkapital auszuweisen. Auch hier besteht die Möglichkeit zum Einbau eines Rangrücktritts, was sodann die Qualifizierung als Eigenkapital und die Bilanzrelationen verbessernden Wirkungen mit sich bringt.

Neben den reinen Erscheinungsformen wie Nachrangdarlehen oder als Beteiligung, existieren noch Mischformen wie Wandelschuldverschreibungen oder die Ausgabe von Genussscheinen. Diese Schuldtitel berechtigen den Erwerber nicht zur Partizipation am Liquidationserlös, sondern gewähren nur eine Beteiligung an der Unternehmensentwicklung. Sie können als handelbare Titel Zugang zum Kapitalmarkt verschaffen.

Vielfach wird bei solchen Konstrukten noch eine einmalige Sonderverzinsung („Equity-Kicker") vereinbart, die in Form von Sonderzahlungen oder der Einräumung von Bezugsrechten, z.B. bei Börsengängen und Unternehmensverkäufen greift. Darüber hinaus gibt es weitere Mischformen des Mezzanine-Kapitals, wobei die Kernelemente Nachrangigkeit gegenüber sonstigen Gläubigern, Vorrangigkeit gegenüber dem haftenden Eigenkapital, höheres Entgelt für die Kapitalbereitstellung im Vergleich zu anderen Fremdkapital-Gebern und zeitliche Befristung fast überall wiederzufinden sind.[1)]

Mezzanine-Lösungen bieten sich vor allem für Unternehmen an, die ein hohes Wachstumspotential aufweisen und bereits eine hohe Schuldenquote haben, da nur sie für strategische Investoren interessant sind. Projekte, die anfangs hohe Investitionen erfordern, und erst Jahre später Erträge bringen, sind mit Mezzanine gut zu finanzieren.

Der Kapitaldienst von Mezzanine wird an die zukünftigen Cashflows des Unternehmens angepasst; so werden Phasen mit angespannter Liquiditätssituation bis zur Entspannung der Finanzlage überbrückt. Entscheidende Parameter für die jeweils individuelle Lösung sind die Entwicklung des Ratings, die Cashflows und die Investitionslaufzeit.

1) Vgl. zu den Formen von Mezzanine-Kapital: VOLK, BB 2003, 1226.

7.3.4 Private Equity

Eng mit Mezzanine-Kapital verbunden ist eine Finanzierung durch „Private Equity“-Geber. Unter Private Equity versteht man außerbörsliches Eigenkapital.[1] Hierbei stellen Privatpersonen, sogenannte „Business Angels“ oder institutionelle Investoren kleinen, nicht börsennotierten Unternehmen zeitlich befristet Eigenkapital zur Verfügung, wobei die Renditeerwartung der Investoren hoch ist[2] und nicht vorrangig durch Gewinnbeteiligung abgegolten wird, sondern größtenteils durch Partizipation am Unternehmenswachstum. Bei Ausstieg des Investors nach maximal zehn bis zwölf Jahren erhält er einen Anteil an der in diesem Zeitraum erfolgten Unternehmenswertsteigerung.

Zumeist firmieren Private Equity-Kapitalgeber als Personengesellschaften, die als Fonds offen sind für Investoren und die durch Private Equity-Managementgesellschaften verwaltet werden.

Verbunden mit der Direktbeteiligung bei „Private Equity“ ist zumeist eine „Verwässerung“ der Anteile der Altgesellschafter, was einen Verlust an Eigentümerrechten bedeutet.[3] Die Renditeerwartung, die an die Unternehmen gestellt wird, macht es teilweise sogar unumgänglich, sich mit dem Thema Unternehmenszukauf zu befassen.

7.3.5 Öffentliche Fördermittel

Eine Sonderform bei den Darlehen sind die sogenannten öffentlichen Fördermittel. Gerade bei Investitions- und Innovationsfinanzierung ist es immer sinnvoll, zu überprüfen, ob nicht zinsgünstige Kreditmittel der öffentlichen Hand möglich sind (z. B. KfW-Mittel).[4]

Bei jeder Investitionsmaßnahme ist es zweckmäßig, vorher überprüfen zu lassen, ob und welche Fördermittel mit welchen Modalitäten in Frage kommen. Diese öffentlichen Fördermittel sind bei der jeweiligen Hausbank zu beantragen, und die Konditionen sind grundsätzlich überall gleich. Sonderkredite zeichnen sich meist durch einen etwas niedrigeren Zins aus.

1) Vgl. JESCH/KREUTER, Finanzbetrieb 2002, 407. Mit den Hauptsegmenten „Venture Capital“ als Investition in junge, wachstumsstarke Unternehmen und „Buy-out-Capital“ als Investition in bereits etablierte Unternehmen.

2) Vgl. JESCH/KREUTER, Finanzbetrieb 2002, 407 f., die eine Investorenrendite von ca. 15 bis 20 % für etablierte Unternehmen anmerken.

3) Vgl. GLEIẞNER/FÜSER, Leitfaden Rating – Basel II: Rating-Strategien für den Mittelstand, München 2002, 335.

4) Siehe www.kfw.de.

Allerdings haben sie den Nachteil, dass die Laufzeiten meist sehr kurz sind, d.h. die Tilgung muss in relativ kurzen Abständen geleistet werden. Dies könnte zu Liquiditätsschwierigkeiten führen. Das Optimum kann durch die Koppelung eines Sonderkredits mit einem normalen Bankdarlehen erreicht werden, sodass der jährliche Kapitaldienst geringer ausfällt.

35 Welche Möglichkeiten existieren im Rahmen der Außenfinanzierung?

- **Eigenkapitalerhöhung** durch Aufnahme neuer Gesellschafter unter Umständen am öffentlichen Kapitalmarkt
- **Akquisitionsdarlehen** als häufigste Art der Außenfinanzierung
- **Mezzanine-Kapital** als hybride Finanzierungsform zwischen Eigen- und Fremdkapital
- **Private Equity** als außerbörsliches Eigenkapital
- **Öffentliche Fördermittel** als ergänzendes Modul vorstehender Finanzierungsformen

7.4 Leveraged-Buy-out (LBO)

Wie bereits einleitend dargestellt, drohen zahlreiche Transaktionen bereits durch Finanzierungsprobleme zu scheitern. Eine Transaktion muss dann jedoch nicht zwingend an der Finanzierung scheitern, wenn aus dem Vermögen der Objektgesellschaft ein Großteil der notwendigen Finanzierung getragen bzw. abgesichert werden kann. Eine derartige Transaktion, bei der im Wesentlichen der Kaufpreis aus dem Vermögen der Objektgesellschaft unter Einsatz eines hohen Anteils an Fremdkapital finanziert wird, nennt man gemeinhin „Leveraged-Buy-out" (LBO).

Beim LBO wird der Kaufpreis im Wesentlichen über Fremdkapital finanziert, dies ist dann attraktiv, wenn die Gesamtkapitalrendite des Unternehmens (Jahresüberschuss) zuzüglich Fremdkapitalzinsen bezogen auf das Gesamtkapital den Zinsaufwand für das beim Erwerb eingesetzte Fremdkapital übersteigt.[1] Beim LBO wird versucht, die stillen Reserven der Objektgesellschaft sowie deren Cashflowfür die Finanzierung des Kaufpreises zu nutzen.

Diese Nutzung ist in der Praxis nicht unproblematisch, da ihr sowohl rechtliche Hindernisse (Verstoß gegen Kapitalerhaltungsvorschriften) als auch steuerliche Hürden entgegenstehen können. Die für den Unterneh-

1) Siehe HOLZAPFEL/PÖLLATH, Unternehmenskauf in Recht und Praxis, Rdnr. 328.

menskäufer günstige Erwerbsvariante kann gleichzeitig zu steuerlichen Nachteilen des Unternehmensverkäufers führen (z. B. beim Asset Deal).

Der LBO beschreibt somit eine besondere Finanzierungsvariante für den Unternehmenskauf. Diese kommt häufig dann zum Einsatz, wenn – z. B. im Rahmen der Unternehmensnachfolge – der Unternehmer sich zur Ruhe setzen will und sein Unternehmen dem Management verkaufen möchte (sogenannter „Management-Buy-out", MBO).[1] Gleiches gilt für den Fall, dass Externe als tätige Unternehmer ein Unternehmen erwerben (sogenannter „Management-Buy-in", MBI).

7.4.1 LBO – Systematik

In aller Regel werden LBO-Transaktionen auf Käuferseite unter Beteiligung von institutionellen Investoren (Banken, Kapitalbeteiligungsgesellschaften, Venture Capital Fonds etc.) durchgeführt. Aufgrund der hier zu erreichenden hohen Eigenkapitalrendite ist diese Art des Unternehmenskaufs gerade auch für Kapitalbeteiligungsgesellschaften von großem Interesse. Im Jahr 2003 wurden ausweislich der Jahresstatistik des Bundesverbands deutscher Kapitalbeteiligungsgesellschaften rund 1,7 Mrd. € in sogenannte Buy-out-Transaktionen investiert. Fast drei Viertel dieses Betrags (1,2 Mrd. €) entfielen hierbei auf sogenannte „Leveraged-Buy-outs".[2]

Das Vermögen der Objektgesellschaft kann auf verschiedene Weise zur Finanzierung genutzt werden:

- durch Nutzung der Gewinnausschüttungen des Unternehmens zur Darlehenstilgung
- durch Gewährung von Darlehen aus dem Vermögen der Objektgesellschaft an die Käufer zur Zahlung des Kaufpreises
- durch Erhöhung des Abschreibungsvolumens beim Käufer und damit Erhöhung des verfügbaren Cashflows zur Schuldentilgung
- durch Stellung von Sicherheiten für die dem Käufer von Dritten gewährten Kredite

Für einen LBO eignen sich daher insbesondere solche Gesellschaften, die in ihrem Anlagevermögen über hohe stille Reserven verfügen, und auch diese Reserven liquiditätsmäßig – beispielsweise durch Verkauf nicht betriebsnotwendigen Vermögens – darstellen können.

1) Wir verweisen auf unsere Ausführungen zu dem Thema MBO, MBI in Kapitel 11.
2) Jahresstatistik 2003 des Bundesverbands deutscher Kapitalbeteiligungsgesellschaften, veröffentlicht unter www.bvk-ev.de.

7.4.2 LBO – Die Erwerbermodelle

Im Rahmen des LBO bieten sich grundsätzlich zwei Varianten für den Erwerb der Objektgesellschaft an. Einerseits können die Käufer unmittelbar die Anteile oder die Assets der Objektgesellschaft erwerben, andererseits kann zu diesem Zweck auch eine spezielle Erwerbergesellschaft (Newco) von den Käufern gegründet werden, die sodann das Unternehmen im Weg des Share oder Asset Deals erwirbt. Gerade bei einer Mehrheit von Käufern empfiehlt sich das letztere Modell, da es bessere Möglichkeiten bietet, die Meinungsbildung im Gesellschafterkreis zu bündeln und die Einflussmöglichkeiten einzelner Gesellschafter auf die Objektgesellschaft zu begrenzen.

36 Was versteht man unter einem Leveraged-Buy-out (LBO)?

- Besondere Finanzierungsform des Unternehmenskaufs
- unter Einsatz von überwiegend Fremdkapital
- sowie unter Nutzung des Vermögens der Objektgesellschaft zur Finanzierung
- häufig im Zusammenhang mit MBI/MBO

7.5 Tendenzen in der Praxis der Transaktionsfinanzierung

Vor dem Hintergrund einer unveränderten Zurückhaltung der Marktteilnehmer stehen zahlreiche Unternehmensveräußerer vor einem Dilemma. Verkäufer und Käufer einer Objektgesellschaft sind sich bezüglich der entscheidenden Aspekte der Transaktion einig, jedoch scheitert die Finanzierung der Transaktion an der Risikoeinschätzung eines Kreditinstituts bzw. einer Kapitalbeteiligungsgesellschaft. Insbesondere bei kleineren und mittleren Transaktionen haben sich daher in der Praxis die nachfolgenden Lösungsmöglichkeiten herausgebildet.

7.5.1 Einbeziehung der Veräußerer

Da die Veräußerer in der Regel über eine sehr gute Bonität verfügen und auf die sofortige Auszahlung des gesamten Kaufpreises nicht angewiesen sind, stellt sich vor dem Hintergrund der beschriebenen Finanzierungsprobleme die Frage, ob nicht der Veräußerer ein Teil der Finanzierung der Transaktion bzw. ein Teil des Finanzierungsrisikos übernehmen kann. Diese Überlegung kann insbesondere ihre Berechtigung darin finden, dass der Veräußerer zumindest einer der Profiteure der Transaktion ist.

Die grundlegende Zurückhaltung des Veräußerers ist nachvollziehbar, da sich der Veräußerer durch die Übernahme eines Teils der Finanzierung zunächst schlechter stellt. Sofern sich der zu übernehmende Teil der Finanzierung in Bezug auf die Gesamtfinanzierung in einem vernünftigen Verhältnis befindet und die Transaktion ohne diesen Finanzierungsbaustein ohnehin gescheitert wäre, sind derartige Finanzierungshilfen nachvollziehbar und umsetzbar.

Nachfolgende Möglichkeiten bestehen für den Veräußerer, den Erwerber finanziell zu unterstützen:

- Bereitstellung von Überbrückungsdarlehen
- Gewährung von banküblichen Sicherheiten wie Bürgschaften, Grundschulden etc.
- Kaufpreisstundungen
- Verbilligte Überlassung von betrieblichen Immobilien

7.5.2 Variable Kaufpreismodelle

In besonders diffizil gelagerten Finanzierungsfällen reicht die Einbeziehung des Veräußerers in die Finanzierung der Transaktion nicht aus. Die ablehnende Grundhaltung der Kreditinstitute wird in der Regel mit einem zu hohen Kaufpreis begründet, obwohl sich die Parteien über die Höhe des Kaufpreises bereits verständigt haben. Sofern beide Parteien auch für diesen neuen Hintergrund ein weitergehendes Interesse an der Transaktion haben, muss erneut in das Thema Kaufpreisverhandlung eingestiegen werden.

Hierbei haben sich in der Praxis Gestaltungen entwickelt, die der Ungewissheit der Unternehmensbewertung Rechnung tragen. Diese variablen Kaufpreismodelle treten in zahlreichen Varianten auf. Sie können einerseits als unwesentlicher variabler Baustein neben einem festen Kaufpreis gestaltet werden; andererseits kann der gesamte Kaufpreis als Variable gestaltet werden. Bezüglich der Chancen und Risiken von variablen Kaufpreismodellen sei auf Kapitel 9 verwiesen.

Vor dem Hintergrund, dass variable Kaufpreismodelle die Höhe des Kaufpreises an die tatsächlich eingetretende Performance der Unternehmung knüpfen und eben nicht an eine Zukunftsprognose, können die Gestaltungen einen positiven Beitrag zur erfolgreichen Finanzierung eines Unternehmenskaufs beitragen.

37 Wie können Finanzierungsprobleme in der Praxis auch gelöst werden?

- Einbeziehung der Veräußerer in die Finanzierung durch Darlehensgewährung und/oder Sicherheitengewährung
- auch: Kaufpreisstundung bzw. verbilligte Überlassung von Immobilien
- variable Kaufpreismodelle

7.6 Fazit

Die Finanzierungsüberlegungen im Zusammenhang mit Unternehmenstransaktionen basieren im Allgemeinen auf den nachfolgenden Falltypen.

Der potentielle Erwerber verfügt über ausreichendes Eigenkapital bzw. liquide Mittel, sodass eine Finanzierung der Transaktion grundsätzlich nicht notwendig ist. Trotzdem kann eine unterstützende Fremdfinanzierung in Betracht kommen, um die Eigenkapitalrentabilität des Erwerbers durch Ausnutzung eines optimalen Verschuldungsgrads zu erhöhen.

Sofern der potentielle Erwerber nicht über ausreichendes Eigenkapital verfügt, ist das Zustandekommen einer Fremdfinanzierung unabdingbare Voraussetzung für die Transaktion.

Vor dem Hintergrund der nachhaltigen Zurückhaltung der Kapitalmärkte sind Überlegungen bezüglich des optimalen Verschuldungsgrads zurzeit eher wissenschaftlicher Natur.

Bei einer bestehenden Finanzierungsnotwendigkeit bestehen zahlreiche Möglichkeiten im Rahmen der Innenfinanzierung, der Außenfinanzierung sowie bestimmter Sonderformen zur Finanzierung einer Transaktion. Hierbei gilt es einen, den individuellen Finanzierungsbedürfnissen der Objektgesellschaft angepassten, „Finanzierungsmix“ zu entwickeln. In der Regel erfolgt die initiale Finanzierung durch eine Außenfinanzierung, während die Kapitaldienste oftmals im Rahmen von Innenfinanzierungen erbracht werden.

Hierbei sind insbesondere die steuerlichen Möglichkeiten der Schaffung von Abschreibungspotentialen bzw. der Berücksichtigung von Finanzierungskosten in die Finanzierungsüberlegungen zu integrieren.

8 Rechtliche Grundlagen des Unternehmenskaufs

Was Sie in diesem Kapitel erfahren

38 Welche Form ist beim Kaufvertrag und der Übertragung zu beachten?

39 Wessen Zustimmung wird zur Wirksamkeit von Vertrag und Übertragung benötigt?

40 Wann muss der Verkauf angezeigt/bekannt gemacht werden?

41 Welche anderen „Sonderformen" der Unternehmensübertragung gibt es und wann macht es Sinn, sie zu nutzen?

42 Für welche Verbindlichkeiten des Verkäufers haftet der Käufer zwingend mit Übernahme des Unternehmens?

43 Wie haftet der Verkäufer ohne besondere vertragliche Regelung (kraft Gesetzes) für den Zustand des verkauften Unternehmens?

Inhalt

8 Rechtliche Grundlagen des Unternehmenskaufs

Neben den betriebswirtschaftlichen und steuerlichen Fragen des Unternehmenskaufs stellen sich den Vertragsparteien auch vielfältige rechtliche Fragen. Hierbei geht es einerseits um die Abwicklung des Erwerbs, andererseits um die Haftung der Vertragsparteien aus/im Zusammenhang mit der Transaktion. In rechtlicher Hinsicht sind regelmäßig fünf Fragen für die Vertragsparteien von Bedeutung:

1. Auf welche Art kann ich mein Unternehmen verkaufen?
2. Wie schließe ich einen verbindlichen Kaufvertrag?
3. Wie wird das Unternehmen wirksam übertragen?
4. Welche Haftungsrisiken des Verkäufers muss der Käufer im Rahmen der Übernahme zwingend tragen?
5. Welche Ansprüche stehen dem Käufer bei Fehlern des Unternehmens zu?

Diese Fragen werden nachfolgend für die unterschiedlichen Transaktionsarten (Share Deal bzw. Asset Deal) sowie die unterschiedlichen Gesellschaftsformen erläutert.

8.1 Arten des Unternehmenskaufs

Ein Unternehmen kann – wie bereits in Kapitel 1 kurz erläutert – grundsätzlich auf zwei Arten übertragen werden:

Entweder werden die Anteile am Rechtsträger des Unternehmens (z.B. GmbH-Anteile, Aktien) verkauft (Share Deal) oder aber der Rechtsträger selbst verkauft sämtliche Vermögensgegenstände und Verträge Einzelnen (Asset Deal). Ein Asset Deal liegt beispielsweise beim Erwerb eines einzelkaufmännischen Unternehmens vor.

Welche Transaktionsform letztendlich gewählt wird, hängt einerseits von steuerlichen Fragen (z.B. zur Kaufpreisabschreibung nach Buchwertaufstockung) und von den mit der jeweiligen Transaktionsart entstehenden haftungsrechtlichen Risiken ab.[1] Wesentlich einfacher erfolgt die Übertragung im Weg des Share Deals, da sich hier an den Rechtsbeziehungen des Unternehmens selbst nichts ändert. Hingegen sind beim Asset Deal alle Vermögensgegenstände Einzelnen zu übertragen, für die Übertragung von Verträgen bedarf es der Zustimmung der jeweiligen Vertragspartner! Will

1) Hierzu nachfolgend Kapitel 8.7.

man ohne Zustimmung der Vertragspartner Unternehmensteile übertragen, bieten sich hierfür bestimmte Sonderformen der Übertragung nach dem „Umwandlungsgesetz“ an. Hier können einzelne Teile herausgelöst und sodann im Share Deal verkauft werden.[1)]

8.2 Wirksamer Abschluss des Kaufvertrags

Zur Wirksamkeit des Kaufvertrags ist zunächst sicherzustellen, dass diejenigen, die den Vertrag unterzeichnen, die jeweilige Partei auch wirksam verpflichten können. Dies ist bei Organen juristischer Personen durch entsprechende Handelsregisterauszüge und bei Bevollmächtigten durch Vorlage entsprechender Vollmachten nachzuweisen.

Darüberhinaus sind eventuell bestehende besondere Formerfordernisse für den Kaufvertrag zu beachten. Je nach Kaufgegenstand bedarf der Kauf und Übertragungsvertrag zur Wirksamkeit der notariellen Beurkundung. Eine derartige Beurkundungspflicht besteht bei Übertragung von GmbH-Anteilen, beim Mitverkauf von Grundstücken bzw. GmbH-Anteilen, beim Asset Deal, beim Verkauf des gesamten Vermögens „in Bausch und Bogen“ (§ 311b Abs. 3 BGB) oder beim Verkauf des gesamten Vermögens einer Aktiengesellschaft (§ 179a AktG). In diesen Fällen ist die gesamte Vereinbarung zu beurkunden. Werden hier Nebenvereinbarungen außerhalb der notariellen Urkunde abgeschlossen, so kann dies dazu führen, dass die gesamte Vereinbarung formwidrig und damit unwirksam ist, es sei denn, es bestehen gesetzliche Heilungsmöglichkeiten.

Soweit eine Beurkundungspflicht besteht, erhöht dies die Kosten der Transaktion zum Teil deutlich. Um hier die Kosten zu senken, lassen die Parteien den Kaufvertrag gelegentlich im Ausland beurkunden. Dies ist nicht ohne Risiko.

Nachfolgend werden zunächst die formalen Anforderungen an den Abschluss des Kaufvertrags und anschließend an die eigentliche Übertragung dargestellt.

8.2.1 Anteilskaufvertrag GmbH

Ein Vertrag über den Verkauf von GmbH-Geschäftsanteilen bedarf gemäß § 15 Abs. 4 GmbHG der notariellen Form. Wird der Kaufvertrag nicht beurkundet, ist er unwirksam. Die Unwirksamkeit/Formwidrigkeit wird jedoch dadurch geheilt, dass die Anteile nachfolgend (form-)wirksam abge-

1) Hierzu Kapitel 2.3 sowie Kapitel 8.6.

treten werden. Trotz dieser Heilungsmöglichkeit ist den Parteien nicht anzuraten, hier aus Gründen der Kostenersparnis nur das dingliche Geschäft beurkunden zu lassen. In einer Vielzahl von Transaktionen liegt zwischen dem Abschluss des Kaufvertrags und der Übertragung der Geschäftsanteile ein längerer Zeitraum. Sollte sich in diesem Zeitraum eine Partei vom Vertrag lösen wollen, so kann die jeweils andere Partei nicht auf Durchführung des Kaufvertrags klagen, da wegen Vertragsunwirksamkeit keine vertragliche Verpflichtung besteht.

8.2.2 Anteilskaufvertrag AG

Der Abschluss eines Aktienkaufvertrags ist formlos möglich.

8.2.3 Anteilskaufvertrag Personengesellschaften

Bei der Veräußerung von Anteilen an einer GbR, einer OHG oder einer KG ist eine notarielle Beurkundung grundsätzlich nicht erforderlich.

Soll jedoch die Kommanditbeteiligung an einer GmbH & Co. KG verkauft und übertragen werden, so kann hierfür die notarielle Form erforderlich sein. Dies ist immer dann der Fall, wenn zugleich mit der Übertragung der Kommanditbeteiligung auch eine entsprechende Beteiligung an der persönlich haftenden GmbH (Komplementärin) mit übertragen wird. Wie bereits ausgeführt, bedarf der Verkauf von GmbH-Geschäftsanteilen gemäß § 15 Abs. 4 GmbHG der notariellen Form, dies erstreckt sich sodann auch auf den Kauf- und Übertragungsvertrag für die Kommanditbeteiligung.[1)]

Soweit nach den vorgenannten Grundsätzen die Übertragung der Beteiligung an der Personengesellschaft ohne notarielle Beurkundung erfolgen kann, ändert sich hieran auch dann nichts, wenn alleiniger Vermögensgegenstand der Gesellschaft Grundbesitz oder Erbbaurechte sind. Die Übertragung von Grundbesitz oder Erbbaurechten ist zwar grundsätzlich beurkundungspflichtig (§ 311b Abs. 1 BGB, § 11 ErbbauRV), die Formvorschriften sollen nach der Rechtsprechung des Bundesgerichtshofs jedoch nur ausnahmsweise dann Anwendung finden, wenn bei dem formfreien Verkauf der Personengesellschaft ein Umgehungsgeschäft vorliegt, beispielsweise die Personengesellschaft kurz vorher gerade nur zu diesem Zweck gegründet wurde.

1) BHG, NJW RR 1992, 91 ff.

8.2.4 Asset Deal – Kaufvertrag

Der Verkauf eines Unternehmens im Weg des Asset Deals durch Übertragung einzelner Wirtschaftsgüter bzw. die Übertragung einzelner Vermögensgegenstände ist grundsätzlich formfrei, jedoch sind die spezialgesetzlichen Formvorschriften zu beachten.

So bedarf ein Unternehmenskaufvertrag im Weg eines Asset Deals, der die **Veräußerung eines Grundstücks oder eines Erbbaurechts** vorsieht, der Beurkundung gemäß § 311b Abs. 1 BGB, § 11 ErbbauRV; auch das dingliche Geschäft, die Auflassung, bedarf der notariellen Form.

Die Beurkundungspflicht besteht auch dann, wenn im Weg des Asset Deals eine der verkaufenden Gesellschaft gehörende **GmbH-Beteiligung** mitverkauft wird. Hier greift sodann wieder § 15 Abs. 4 GmbHG ein. Vorsicht ist auch geboten, wenn zum Vermögen der Gesellschaft Anteile an ausländischen Gesellschaften gehören. Sollen im Weg des Asset Deals auch derartige Anteile übertragen werden, ist bisher rechtlich nicht geklärt, ob auch hier die Beachtung der notariellen Form erforderlich ist, wenn es sich bei der ausländischen Gesellschaft um eine mit der GmbH vergleichbaren Gesellschaft handelt.[1)]

Wie bereits dargelegt, ist die Übertragung von beweglichen Sachen und Forderungen formfrei möglich. Ausnahmsweise bedarf jedoch ein derartiger Kaufvertrag der notariellen Beurkundung, wenn sich der Verkäufer damit verpflichtet, sein **nahezu gesamtes Vermögen oder ein Bruchteil davon „in Bausch und Bogen“ zu übertragen** (§ 311b Abs. 3 BGB). Hintergrund dieser Verpflichtung ist, dass der Verkäufer vor übereilten Entscheidungen geschützt werden soll. Der Anwendungsbereich dieser Vorschrift ist im Einzelnen jedoch umstritten. Es wird vertreten, dass die Vorschrift auf den Verkauf von Unternehmen im Weg des Asset Deals keine Anwendung findet[2)], zudem soll die Vorschrift keine Anwendung finden, wenn die verkauften Gegenstände konkret im Einzelnen oder durch Sammelbezeichnungen benannt werden. Problematisch ist bei Verletzung dieser Formvorschrift, dass durch die Übertragung der Vermögensgegenstände die Nichtigkeit des Vertrags nicht geheilt wird (anders als beim Grundstückskauf oder beim Verkauf von GmbH-Geschäftsanteilen). Aus diesem Grund wird teilweise unter Vorsichtsgesichtspunkten empfohlen, auch Asset-Deal-Kaufverträge regelmäßig beurkunden zu lassen, um dieses Risiko auszuschließen.[3)] Ob dies im konkreten Fall – gerade auch unter

1) Vgl. zum Ganzen HOLZAPFEL/PÖLLATH, Unternehmenskauf in Recht und Praxis, 10. Auflage, Rdnr. 910 a.

2) PALANDT-HEINRICHS, § 311b BGB, Rdnr. 66 mit weiteren Nachweisen.

Kostengesichtspunkten – erfolgen sollte, ist mit dem jeweiligen rechtlichen Berater zu erörtern. **Verkauft eine Aktiengesellschaft** nahezu das gesamte Vermögen, ist wegen der Vorschrift des § 179a AktG die Beurkundung jedoch auf jeden Fall vorzunehmen (siehe hierzu nachfolgend Kapitel 8.4.2).

8.3 Übertragung des Unternehmens – Formale Aspekte

Bei der Frage, wie das Unternehmen übertragen wird, geht es zunächst um die Frage, wie die verkauften Vermögensgegenstände/Gesellschaftsanteile überhaupt wirksam „übergeben" werden können, sodass ein Eigentumsübergang eintritt („körperliche" Übergabe der verkauften Gegenstände, Abtretung von Rechten/Übergabe von Aktienurkunden etc.).

Hierzu sind die verkauften und zu übertragenden Gegenstände zunächst genauestens zu bezeichnen: es ist beispielsweise der Nennwert des jeweils erworbenen Geschäftsanteils einer GmbH anzugeben, bei Aktien sollten Aktiennummer, Stückzahl und gegebenenfalls Nennwert angegeben werden, ebenso wie die Gattung (Stamm- oder Vorzugsaktien). Beim Asset Deal sind die einzelnen Vermögensgegenstände genau zu bezeichnen, beispielsweise durch Verweis auf Inventarlisten.

Ergänzend ist eine eventuell bestehende notarielle Form bei der Übertragung zu beachten. Besteht eine derartige Beurkundungspflicht für die Übertragung, so ist die Übertragung bei Nichtbeachtung der Form unwirksam. Hier bestehen keine Heilungsmöglichkeiten, mit Ausnahme der wirksamen „Nachholung" der formgemäßen Übertragung.

Die Regelung dieser aus Sicht der Parteien „technischen Fragen" werden regelmäßig den beteiligten Rechtsanwälten oder dem Notar überlassen, die sodann auch dafür haften, dass die notwendigen Übertragungsvoraussetzungen beachtet werden. Nachfolgend werden die einzelnen Voraussetzungen kurz dargestellt.

8.3.1 Share Deal – GmbH

GmbH-Geschäftsanteile werden im Weg der Abtretung übertragen. Die Abtretungsvereinbarung bedarf gemäß § 15 Abs. 3 GmbHG der notariellen Beurkundung. Wird diese Form nicht beachtet, ist die Abtretung unwirksam.

3) MÜLLER-THUNS in RÖDDER/HÖTZEL/MÜLLER-THUNS, Unternehmenskauf/Unternehmensverkauf, München 2003, § 5 Rdnr. 9.

8.3.2 Share Deal – AG

Die Übertragung der Aktien ist ohne notarielle Beurkundung möglich. Wie die Aktien übertragen werden, ist sodann einerseits davon abhängig, ob die Aktien „verbrieft" sind, d.h. Aktienurkunden ausgegeben wurden (Einzelurkunden oder Globalurkunden), andererseits von der Frage, ob es sich um Inhaber- oder Namensaktien handelt.

Bei **nicht verbrieften Aktien** erfolgt die Übertragung im Weg der Abtretung gemäß §§ 398, 413 BGB. Bei **verbrieften Inhaberaktien** hingegen ist zur Übertragung die Einigung und Übergabe der Aktienurkunden notwendig. Anstelle der Übergabe sieht das Gesetz auch noch verschiedene Surrogate vor (siehe §§ 929 ff. BGB). **Verbriefte Namensaktien** können auf zweierlei Weise übertragen werden: Zunächst kann die Übertragung wie bei nicht verbrieften Aktien durch Abtretung erfolgen (siehe oben), zur Abtretung hinzukommen muss nach Auffassung der Rechtsprechung jedoch noch die Übergabe der Aktienurkunde.[1] Alternativ ist auch – wie beim Wechsel – die Übertragung durch Einigung, Übergabe der Aktienurkunden und Indossament möglich.

Soweit auch aktienrechtliche Nebenpapiere ausgegeben wurden (z.B. Gewinnanteilsscheine, Coupons), sollte ausdrücklich auch geregelt werden, dass diese mitübertragen werden. Geschieht dies nicht, ist jedoch zumindest für den Gewinnanteilsschein davon auszugehen, dass mit der Übertragung der Aktienurkunde auch dieser mitübertragen wird.

8.3.3 Share Deal – Personengesellschaften

Bei der Übertragung von Anteilen an einer GbR, einer OHG oder einer KG ist eine notarielle Beurkundung nicht erforderlich. Soweit Kommanditanteile übertragen werden, ist jedoch darauf zu achten, dass die Übertragung erst mit Anmeldung zum Handelsregister wirksam wird. Nur durch die Eintragung der Nachfolge im Handelsregister greift die beschränkte Kommanditistenhaftung ein, ansonsten haftet der Erwerber wie ein persönlich haftender Gesellschafter unbeschränkt. Die Übertragung ist daher aufschiebend bedingt bis zur Eintragung des Übergangs kraft Sonderrechtsnachfolge vorzunehmen. Die Anmeldung zum Handelsregister erfolgt durch alle Gesellschafter – auch die ausscheidenden –, deren Unterschriften sind notariell zu beglaubigen.

1) Dies ist umstritten, sollte aber sicherheitshalber beachtet werden, hierzu MENTZ in PICOT/MENTZ/SEIDEL, Die Aktiengesellschaft bei Unternehmenskauf und Restrukturierung, S. 136, Rdnr. 62.

8.3.4 Asset Deal

Im Rahmen eines Asset Deals ist die notarielle Form bei der Übertragung von Grundstücken (Auflassung § 873 Abs. 2 BGB) sowie beim Verkauf von GmbH-Geschäftsanteilen (§ 15 Abs. 3 GmbHG) und gegebenenfalls bei Übertragung von Anteilen an ausländischen Gesellschaften zu beachten.

8.3.5 Beurkundung von Vollmachten, sonstige Formalien

Bedarf der Kaufvertrag nach den vorgenannten Ausführungen der notariellen Form, so gilt dies gemäß § 167 Abs. 2 BGB nicht für eine Vollmacht zum Abschluss dieses Unternehmenskaufvertrags. Die Vollmacht bedarf nicht der Form des Hauptvertrags und muss daher weder beurkundet noch notariell beglaubigt werden. Entsprechendes gilt gemäß § 182 Abs. 2 BGB für die Genehmigung/Zustimmung.

Aus Praktikabilitätsgesichtspunkten empfiehlt es sich jedoch, die Unterschrift des Vollmachtgebers notariell beglaubigen zu lassen. Dies gilt insbesondere dann, wenn auch Anmeldungen zum Handelsregister vorzunehmen sind, hier ist die notarielle Beglaubigung der Unterschrift zwingend geboten (§ 12 HGB).

8.3.6 Auslandsbeurkundung

Die Beurkundung eines Share Deals kann die Transaktionskosten deutlich erhöhen. Da im Ausland die Notargebühren zum Teil erheblich niedriger sind, wird zum Teil auf eine Beurkundung im Ausland zurückgegriffen. Soweit der Kaufvertrag nach deutschem Recht zwingend zu beurkunden ist, ist eine Beurkundung im Ausland nur dann zulässig, wenn sie als „gleichwertig" zur deutschen Beurkundung anzusehen ist.[1] Hier liegt jedoch sodann die Tücke im Detail, da beispielsweise selbst in der Schweiz nicht in allen Kantonen diese Gleichwertigkeit gegeben sein soll. Bejaht wird sie beispielsweise für eine Beurkundung eines in Basel ansässigen Notars. Ein weiteres Problem ist dann gegeben, wenn gleichzeitig neben dem eigentlichen Anteilskaufvertrag weitere gesellschaftsrechtliche Vorgänge (beispielsweise Neufassung des Gesellschaftsvertrags, Erhöhung des Stammkapitals, Verschmelzung etc.) beurkundet werden sollen. Hier ist die Rechtsprechung noch zurückhaltender hinsichtlich der Anerkennung ausländischer Beurkundungen. Insoweit sollte die Frage, ob im Ausland beurkundet werden sollte, und wenn ja, in welchem Unfang, mit dem jeweiligen

1) BGHZ 80, 76.

rechtlichen Berater erörtert werden. Im Zweifel ist eine Inlandsbeurkundung vorzunehmen.

38 Welche Form muss beim Kaufvertrag eingehalten werden?

- Notarielle Beurkundung ist erforderlich:
  - beim Share Deal, wenn GmbH-Anteile verkauft werden;
  - beim Share Deal, wenn KG-Anteile und gleichzeitig Anteile an der Komplementär-GmbH verkauft werden;
  - beim Asset Deal, wenn ein Grundstück oder eine GmbH-Beteiligung mitverkauft wird;
  - beim Asset Deal, wenn eine AG ihr gesamtes Vermögen verkauft.
- In allen anderen Fällen ist zumindest Schriftform zu empfehlen.
- Bei der Übertragung von KG-Anteilen sollten diese aufschiebend bedingt auf den Zeitpunkt der Eintragung des Eintritts des Käufers ins Handelsregister erfolgen.
- Bei hohen Kaufpreisen für GmbH-Anteile kann eine kostengünstigere Auslandsbeurkundung erwogen werden. Hier ist jedoch genau zu prüfen, was im Ausland überhaupt wirksam beurkundet werden kann.

8.4 Übertragung des Unternehmens – Zustimmungserfordernisse

Nicht selten bedarf die Übertragung des Unternehmens zur Wirksamkeit noch der Zustimmung verschiedener Personen. Dies wird von den Parteien gelegentlich vergessen, was zur Folge haben kann, dass der Verkäufer beispielsweise weiterhin Gesellschafter der GmbH ist und als solcher auch weiterhin im Rahmen der Solidarhaftung der Gesellschafter gegenüber der Gesellschaft haftet. Nachfolgend sind hier die einschlägigen Zustimmungserfordernisse kurz dargestellt.

8.4.1 Zustimmung der Gesellschaft/Gesellschafter beim Share Deal

Soweit Gesellschaftsanteile verkauft und übertragen werden, kann die Zustimmung der Gesellschafter/der Gesellschaft notwendig sein. Bei der GmbH ist die Übertragung der Anteile häufig an die Zustimmung der Gesellschafter/Gesellschaft gebunden. Die Satzung ist daher im Hinblick auf eine derartige Bindung (Vinkulierung) zu überprüfen. Gleiches gilt beim Verkauf von Aktien, sofern es sich um sogenannte „vinkulierte Namensaktien" im Sinne des § 68 Abs. 2 AktG handelt. Auch beim Erwerb von Kommanditanteilen bzw. anderen Anteilen an Personengesellschaften ist die Zustimmung der Gesellschafter erforderlich. Ohne die entsprechenden Zustimmungen können die Gesellschaftsanteile nicht übertragen werden.

8.4.2 Zustimmung der Gesellschafter beim Asset Deal

Möchte eine Aktiengesellschaft ihr Unternehmen oder nahezu das gesamte Unternehmen im Weg des Asset Deals an einen Dritten verkaufen, so bedarf ein derartiger Vertrag der vorherigen Zustimmung der Hauptversammlung gemäß § 179a AktG. Die Vorschrift dient dem Schutz der Aktionäre vor möglicherweise unangemessenen Verträgen des Mehrheitsaktionärs. Die Frage, ob nahezu das gesamte Gesellschaftsvermögen übertragen wird, bestimmt sich danach, ob die Gesellschaft mit den verbleibenden Vermögenswerten noch in der Lage ist, ihren in der Satzung festgeschriebenen Unternehmensgegenstand fortzuführen. Die Anwendung der Vorschrift ist ausgeschlossen, soweit die Übertragung nach den gesetzlichen Bestimmungen des Umwandlungsgesetzes erfolgt (Verschmelzung, Spaltung, Vermögensübertragung). Der Beschluss der Hauptversammlung bedarf einer Mehrheit, die mindestens drei Viertel des bei der Beschlussfassung vertretenen Grundkapitals umfasst (§ 179 Abs. 2 AktG), sowie gemäß § 133 Abs. 1 AktG der Mehrheit der abgegebenen Stimmen.

Dieses in § 179a AktG für die Aktiengesellschaft geregelte Zustimmungserfordernis wird von der Rechtsprechung auch auf die GmbH und Personengesellschaften angewendet.[1)] Die Rechtsprechung sieht in diesem Paragraphen einen allgemeinen Rechtsgedanken geregelt, der auf alle Gesellschaften Anwendung finden müsse.

Des Weiteren kann auch ohne Vorliegen der Voraussetzung des § 179a AktG eine Zustimmung der Hauptversammlung erforderlich sein, soweit es sich bei dem Unternehmenskauf – in welcher Transaktionsart auch immer – um eine „strukturverändernde Maßnahme" von herausragender Bedeutung handelt, die einer Satzungsänderung gleichkommt. Werden also beispielsweise wesentliche Vermögensbestandteile in eine Tochtergesellschaft ausgegliedert, um diese später zu veräußern, so ist die Ausgliederung unter Umständen zustimmungspflichtig. Dies hat der Bundesgerichtshof in der berühmten „Holzmüller-Entscheidung" klargestellt und in zwei aktuellen Entscheidungen[2)] („Gelatine") bestätigt, wobei jedoch der Ausnahme-

1) BGH, DB 1995, 621 ff.
2) BGH, ZIP 2004, 993; 1001 ff.

charakter herausgestellt wurde. Hier besteht insoweit eine Pflicht des Vorstands zur Vorlage der Entscheidung an die Hauptversammlung. Wird diese Pflicht nicht erfüllt, besteht die Gefahr, dass ein Aktionär auf Unterlassung dieser Kompetenzüberschreitung bzw. auf die Beseitigung ihrer Folgen klagt. Auch der Geschäftsführer einer GmbH kann derartige strukturverändernde Maßnahmen nicht ohne Zustimmung der Gesellschafterversammlung vornehmen, ohne seine Kompetenzen zu überschreiten. Auch hierauf ist bei Unternehmenskäufen, an denen eine GmbH beteiligt ist, zu achten. Im Zweifelsfall, d.h., wenn es sich nicht im Verhältnis zum Gesamtunternehmen um den Verkauf einer unbedeutenden Einheit handelt, sollte von der Geschäftsführung vorsorglich die Zustimmung der Gesellschafterversammlung oder zumindest des Beirats/Aufsichtsrats eingeholt werden.

8.4.3 Zustimmung des Ehegatten gemäß § 1365 BGB

Bei der Veräußerung von Gesellschaftsanteilen durch natürliche Personen oder bei Verkauf eines Einzelunternehmens besteht eine Pflicht zur Zustimmung des Ehegatten gemäß § 1365 BGB, wenn die Ehegatten im gesetzlichen Güterstand der Zugewinngemeinschaft gemäß § 1363 BGB leben und die Geschäftsanteile/das Einzelunternehmen das gesamte Vermögen des Ehegatten darstellen. Auch hier ist – wie bereits unter § 179a AktG geschildert, ausreichend, dass die Gesellschaftsanteile nahezu das ganze Vermögen ausmachen. Eine klare Grenze, ab welchem Prozentsatz dazu das ganze Vermögen übertragen wird und damit der Kaufvertrag zustimmungsbedürftig ist, besteht bisher noch nicht. In einzelnen Entscheidungen wurde – je nach Größe des Vermögens – bei Verbleib von weniger als 10 bzw. 15 % des Vermögens eine Zustimmungsbedürftigkeit bejaht. Da hier insoweit ein Risiko besteht, sollte grundsätzlich die Zustimmung des Ehegatten zur Anteilsveräußerung herbeigeführt werden, wenn die Eheleute im Güterstand der Zugewinngemeinschaft leben.

8.4.4 Zustimmung des Kartellamts

Auch wenn der Veräußerer selbst ein verhältnismäßig kleines Unternehmen führt, kann der Unternehmenskauf kartellrechtlichen Zustimmungs- bzw. Genehmigungsvorbehalten unterliegen, wenn es sich bei der erwerbenden Gesellschaft um einen international tätigen Konzern handelt und damit die kartellrechtlich relevanten Schwellenwerte überschritten werden. Relevant werden können die Bestimmungen des europäischen Kartellrechts (Fusionskontrollverordnung (FKVO)), soweit es sich um einen Zusammenschluss mit gemeinschaftsweiter Bedeutung handelt. Ist dies nicht der Fall, so greift nur das deutsche Kartellrecht nach dem GWB ein. Insoweit ist das deutsche Kartellrecht subsidiär zum europäischen Kartellrecht, was bedeutet, dass bei Eingreifen des europäischen Kartellrechts die deutschen Bestimmungen verdrängt werden.

Erfahrungsgemäß ist beim Verkauf kleinerer und mittlerer Unternehmen das europäische Kartellrecht nur selten einschlägig, da die für die Anwendbarkeit dieser Vorschriften festgelegten Schwellenwerte recht hoch liegen.

Gemäß der europäischen Fusionskontrollverordnung ist ein Zusammenschluss mit gemeinschaftsweiter Bedeutung gemäß Artikel 1 Abs. 2 FKVO dann gegeben, wenn im letzten Geschäftsjahr vor der Anmeldung

- alle am Zusammenschluss beteiligten Unternehmen zusammen einen weltweiten Umsatz von über 5 Mrd. € und
- mindestens zwei beteiligte Unternehmen einen gemeinschaftsweiten Umsatz von jeweils mehr als 250 Mio. €

erzielt haben.

Erreicht der Zusammenschluss diese Schwellenwerte nicht, greift die Fusionskontrollverordnung dennoch ein, wenn

- der weltweite Gesamtumsatz aller beteiligten Unternehmen zusammen mehr als 2,5 Mrd. € beträgt,
- der Gesamtumsatz aller beteiligten Unternehmen in mindestens drei Mitgliedstaaten jeweils 100 Mio. € übersteigt,
- in jedem von mindestens drei dieser Mitgliedstaaten der Gesamtumsatz von mindestens zwei beteiligten Unternehmen jeweils mehr als 25 Mio. € beträgt und
- der gemeinschaftsweite Gesamtumsatz von mindestens zwei beteiligten Unternehmen jeweils 100 Mio. € übersteigt.

Erzielen die am Zusammenschluss beteiligten Unternehmen jeweils mehr als zwei Drittel ihres gemeinschaftsweiten Umsatzes in ein und demselben Mitgliedstaat, so ist eine Anwendung des FKVO ausgeschlossen (Art. 1 Abs. 2 zweiter Halbsatz und Abs. 3 zweiter Halbsatz FKVO).

Greift das europäische Kartellrecht nicht ein, ist die Erheblichkeit nach deutschem Kartellrecht zu prüfen. Das deutsche Kartellrecht greift dann ein, wenn die beteiligten Unternehmen im letzten Geschäftsjahr vor der Anmeldung

- insgesamt weltweite Umsatzerlöse von mehr als 500 Mio. € erzielt haben und
- mindestens ein beteiligtes Unternehmen im Inland Umsatzerlöse von mehr als 25 Mio. € erwirtschaftet hat (§ 35 Abs. 1 GWB).

Der Zusammenschluss ist nicht genehmigungsbedürftigunter den nachfolgenden Voraussetzungen:

- Zusammenschlüsse auf einem Bagatellmarkt (einem Markt, auf dem seit mindestens fünf Jahren Waren/gewerbliche Leistungen angeboten werden und im letzten Kalenderjahr weniger als 15 Mio. € umgesetzt wurden)
- Zusammenschlüsse mit einem nicht abhängigen Kleinunternehmen (ein Unternehmen, das einschließlich aller verbundenen Unternehmen im letzten Geschäftsjahr vor der Anmeldung weltweit Umsatzerlöse von weniger als 10 Mio. € erwirtschaftet hat)

Die vorgenannten Tatbestände sind gemäß § 35 Abs. 2 GWB von der Fusionskontrolle freigestellt. Auf die Einzelheiten der Ermittlung der relevanten Umsätze soll aus Platzgründen hier nicht weiter eingegangen werden. Zu beachten ist hierbei jedoch, dass etwaige Innenumsätze zwischen den beteiligten Unternehmen herauszurechnen sind. Es sind zudem nur Umsätze zu berücksichtigen, die die Unternehmen in ihrem normalen geschäftlichen Tätigkeitsbereich erwirtschaften.

Sind die vorgenannten Schwellen erreicht, ist die Transaktion bei der zuständigen Kartellbehörde anzumelden. Nach der Anmeldung prüft die zuständige Kartellbehörde, ob sie in die weitere Prüfung des Verfahrens eintritt und die Transaktion gegebenenfalls verbietet.

Wichtig hierbei ist, dass bis zur Freigabe des Zusammenschlusses durch die Kartellbehörde ein Vollzugsverbot für die Transaktion besteht (Art. 7 Abs. 1 FKVO, § 41 Abs. 1 GVollzugsakteWB). Bis zur Genehmigung sind etwaige Vollzugsakte (Übertragungen des Vermögens) schwebend unwirksam.

Aus diesem Grund wird auch in den Unternehmenskaufverträgen ein entsprechender Kartellvorbehalt als Zustimmungsvoraussetzung bzw. Wirksamkeitsvoraussetzung aufgenommen.

Soweit sich die Unternehmenskaufparteien auf die sogenannte „Bagatellmarktklausel“ berufen möchten, empfiehlt sich eine informelle Abstimmung mit dem Bundeskartellamt dahingehend, ob auch dieses die Bagatellmarktklausel als einschlägig ansieht. Auf weitere Ausführungen zu den kartellrechtlichen Fragestellungen soll im Rahmen dieses Buchs aus Platzgründen verzichtet werden.[1)]

39 Wessen Zustimmung wird zur Wirksamkeit des Verkaufs benötigt?

- Beim Share Deal möglicherweise je nach Satzungsregelung die Zustimmung der Gesellschafter bzw. der Gesellschaft – Satzung prüfen!
- Bei Verkauf des Gesamtbetriebs oder wesentlicher Betriebsteile/Tochtergesellschaften durch Asset Deal die Zustimmung der Gesellschafterversammlung – im Zweifel Zustimmung vorsorglich einholen!
- Beim Share Deal die Zustimmung des Ehegatten, wenn die verkaufte Beteiligung nahezu das ganze Vermögen darstellt und die Ehegatten im gesetzlichen Güterstand der Zugewinngemeinschaft leben.
- Je nach Marktanteilen die Zustimmung des Kartellamts (national/europäisch).

8.5 Mitteilungs- und Anzeigepflichten bei Erwerb von Gesellschaftsanteilen

Beim Erwerb von Gesellschaftsanteilen kann die Ausübung der Gesellschafterrechte durch den Erwerber und das wirksame Ausscheiden des Verkäufers noch von der wirksamen Anmeldung/Anzeige des Erwerbs bei der Zielgesellschaft abhängig sein.

Zunächst bedarf die Ausübung der Gesellschafterstellung bei der **GmbH** gemäß § 16 Abs. 1 GmbHG auch der Anmeldung des Erwerbs unter Nachweis des Übergangs bei der Gesellschaft. Geschieht dies nicht, so gilt gegenüber der Gesellschaft der Erwerb als nicht erfolgt. Der Verkäufer gilt dann weiter als Gesellschafter: er allein ist stimm- und gewinnberechtigt gegenüber der Gesellschaft und haftet weiterhin für ausstehende Stammeinlagen. Für die Anmeldung ist eine Erklärung/Handlung vom Erwerber oder Veräußerer erforderlich, ein bloßes Schweigen und der Umstand, dass die Gesellschaft den Erwerber als Gesellschafter behandelt, sind nicht ausreichend, ebenso wenig die Kenntnis der Geschäftsführung vom Über-

1) Insoweit sei verwiesen auf die ausführliche Darstellung in RÖDDER/HÖTZEL/MÜLLER-THUNS, Unternehmenskauf/Unternehmensverkauf, München 2003 (§§ 18, 19).

gang.[1] Einzelheiten zur Frage der Anmeldung sind nach wie vor streitig. Es empfiehlt sich daher bereits in der notariellen Übertragungsurkunde, den Notar mit der Anmeldung des Erwerbs bei der Gesellschaft zu beauftragen.

Auch bei der **Aktiengesellschaft** bestehen Mitteilungspflichten und Registrierungspflichten, deren Einhaltung Voraussetzung für die Ausübung von Gesellschafterrechten ist. Bei Namensaktien ist die Eintragung als Aktionär im Aktienregister der Gesellschaft gemäß § 67 AktG zu beachten. Die Wirksamkeit der Übertragung ist von der Eintragung zwar nicht abhängig, jedoch können Aktionärsrechte nur von dem jeweils eingetragenen Aktionär ausgeübt werden (§ 67 Abs. 2 AktG).

Für **jede** Aktienübertragung hingegen ist § 20 AktG zu beachten. Hiernach besteht eine Mitteilungsverpflichtung für Unternehmen, die Aktien erwerben und hierdurch eine Beteiligung von mehr als 25 % an der Gesellschaft oder eine Mehrheitsbeteiligung erlangen. Die Mitteilungspflicht besteht gegenüber der betroffenen Aktiengesellschaft. Diese hat ihrerseits den Erwerb unter Angabe des Erwerbers bekannt zu machen, Die Nichtbeachtung von § 20 AktG hat den Verlust der aus der Mitgliedschaft entstehenden Mitgliedschaftsrechte (Gewinnbezugsrechte, Stimmrechte etc.) bis zur Erfüllung der Mitteilungspflichten zur Folge. Abgemildert wird diese strenge Folge für Dividenden und Abwicklungsansprüche, sofern hier die Unterlassung nicht vorsätzlich erfolgt ist. In diesem Fall ruhen die Rechte nur bis zur Nachholung (§ 20 Abs. 7 AktG).

Verliert der Verkäufer durch den Verkauf von Aktien eine zuvor gehaltene mindestens 25%ige Beteiligung bzw. eine Mehrheitsbeteiligung an der Gesellschaft, so hat er dies der Gesellschaft ebenfalls mitzuteilen (§ 20 Abs. 5 AktG).

Die vorgenannten für die Aktiengesellschaften dargestellten Regelungen finden keine Anwendung auf börsennotierte Gesellschaften. Bei diesen gelten Sonderregelungen des WpHG (§§ 21 ff.), auf die hier nicht näher eingegangen werden soll.

Wie bereits dargelegt, gilt die Haftungsbegrenzung auf den Kommanditanteil beim Erwerb einer **Kommanditbeteiligung** erst dann, wenn der Erwerber als Kommanditist kraft Sonderrechtsnachfolge ins Handelsregister eingetragen ist. Dies ist unbedingt zu beachten.

1) BGH, NZG 2001, 469.

40 Wann muss der Verkauf angezeigt/bekannt gemacht werden?

- Beim Verkauf von GmbH-Anteilen Anzeige bei der Gesellschaft unter Nachweis des Übergangs erforderlich (§ 16 Abs. 1 GmbHG).
- Beim Verkauf von Namensaktien Anzeige bei der Gesellschaft zur Eintragung ins Aktienregister notwendig.
- Beim Verkauf einer Mehrheitsbeteiligung an einer nicht börsennotierten AG oder einer Beteiligung, durch die der Erwerber seine Beteiligung auf mindestens 25 % des Grundkapitals erhöht, ist dieser Erwerb der AG anzuzeigen und von dieser in den Gesellschaftsblättern bekannt zu machen (§ 20 AktG).
- Beim Erwerb einer Beteiligung an einer Kommanditgesellschaft ist der Anteilsübergang und damit der Eintritt des Käufers als Kommanditist zum Handelsregister anzumelden.

8.6 Sonderformen der Übertragung

Neben den zuvor geschilderten „klassischen" Übertragungsarten des Share Deals einerseits und des Asset Deals andererseits gibt es noch Sonderformen für die Übertragung eines Unternehmens. Hierbei handelt es sich um Übertragungen nach dem Umwandlungsgesetz (UmwG)durch Unternehmensverschmelzung einerseits oder Spaltung andererseits.

Die Motive für die Nutzung derartiger Sonderformen sind vielfältig:

Im Gegensatz zum klassischen Asset Deal können durch eine Übertragung nach dem Umwandlungsgesetz Verträge mit Dritten ohne deren Zustimmung auf einen neuen Rechtsträger übertragen werden – was ein wesentlicher Vorteil zum klassischen Asset Deal ist.

Andererseits lassen sich durch die Verschmelzung – wenn auch nunmehr nur noch eingeschränkt – Verlustvorträge der Zielgesellschaft für den Erwerber nutzen. Schließlich kann der Käufer die Verschmelzung auch nutzen, um den Kaufpreis nicht in bar, sondern in Form von Anteilen am aufnehmenden Unternehmen zu erbringen.

8.6.1 Die Verschmelzung

Wie bereits kurz dargelegt, kann es für den Käufer vorteilhaft sein, nicht Anteile an einem rechtlich selbständigen Unternehmen zu erwerben, sondern dieses Unternehmen auf sein eigenes Unternehmen zu verschmelzen. Bei dieser Verschmelzung verliert die Zielgesellschaft ihre wirtschaftliche und rechtliche Selbständigkeit und wird ein unselbständiger Teil des Unternehmens, auf das es verschmolzen werden soll. Nachteilig bei dieser Art der Vorgehensweise ist zum einen die Verfahrensdauer bis zum Wirksamwerden der Verschmelzung, andererseits aber auch die damit verbundene Publizität. Alle – auch die kleinsten Gesellschafter – sind umfassend vor der Beschlussfassung über die Vertragsdetails zu informieren, zudem sind die Verträge und Beschlüsse beim Handelsregister einzureichen. Zum Teil erfolgt die Verschmelzung auch erst in einem zweiten Schritt, nachdem das Unternehmen „klassisch" durch einen Share Deal vom Verkäufer erworben wurde.

8.6.1.1 Überblick

Die Regelungen zur Verschmelzung finden sich im Umwandlungsgesetz (UmwG). An der Verschmelzung beteiligt sein können eine Vielzahl von Gesellschaftsformen, wie z.B. die GmbH, AG, OHG oder KG (§ 3 I UmwG). Es können grundsätzlich auch Unternehmen unterschiedlicher Rechtsform miteinander verschmolzen werden (§ 3 IV UmwG). Der Übergang des Unternehmens erfolgt im Weg der **Gesamtrechtsnachfolge**, wobei die übertragenden Rechtsträger ohne Liquidation aufgelöst und im Handelsregister gelöscht werden. Den Anteilsinhabern der übertragenden Rechtsträger werden im Gegenzug Anteile an dem aufnehmenden bzw. dem neugegründeten Rechtsträger gewährt.

Nachfolgend soll nur die sogenannte „Verschmelzung durch Aufnahme" (§§ 4 ff. UmwG) behandelt werden, bei der ein Unternehmen auf ein anderes bestehendes Unternehmen verschmolzen wird und unu actu das gesamte Vermögen auf dieses Unternehmen übertragen wird. Aus Platzgründen wird auf eine Darstellung der Verschmelzung zur Neugründung (§§ 36 ff. UmwG) verzichtet.

8.6.1.2 Ablauf/zeitliche Planung

Die Verschmelzung eines Unternehmens auf ein anderes Unternehmen läuft nach der gesetzlichen Leitidee in folgenden Schritten ab:

- Abschluss eines Verschmelzungsvertrags zwischen den beteiligten Unternehmen
- Erstellung eines Verschmelzungsberichts durch die Geschäftsführer der beteiligten Unternehmen
- gerichtliche Bestellung eines Verschmelzungsprüfers
- Prüfung des Verschmelzungsvertrags durch den Verschmelzungsprüfer
- Erstellung eines schriftlichen Prüfungsberichts durch den Verschmelzungsprüfer
- Zustimmungsbeschluss der Gesellschafter der beteiligten Unternehmen zum Verschmelzungsvertrag
- Anmeldung der Verschmelzung zum Handelsregister der beteiligten Unternehmen
- Eintragung der Verschmelzung in das Handelsregister
- gegebenenfalls Sicherheitsleistung für Gläubiger der beteiligten Unternehmen (§ 22 UmwG)

Bei der Planung der Verschmelzung sind unter Zeit- und Kostengesichtspunkten insbesondere folgende gesetzliche Regelungen zu beachten:

Sind sich alle Anteilseigner der beteiligten Unternehmen darin einig, dass weder ein Verschmelzungsbericht aufgestellt, noch eine Verschmelzungsprüfung durchgeführt werden soll oder ist die übertragende Gesellschaft eine 100%ige Tochter der übernehmenden Gesellschaft, können sie auf Verschmelzungsbericht und -prüfung durch eine notariell zu beurkundende Erklärung verzichten (§§ 8, 9 Abs. 3 UmwG). Dieser Verzicht erspart den Beteiligten nicht nur Zeit, sondern auch durchaus erhebliche Kosten für die Prüfung durch einen Wirtschaftsprüfer.

Weitere Prüfungskosten lassen sich hinsichtlich der vom übertragenden Unternehmen aufzustellenden Schlussbilanz einsparen. Der Verschmelzungsstichtag muss mit dem Stichtag der Schlussbilanz der übertragenden Gesellschaft, die der Verschmelzung zugrunde gelegt wird, übereinstimmen. Die Schlussbilanz darf nicht älter als acht Monate, zurückgerechnet vom Tag der Anmeldung, sein (§ 17 Abs. 2 Satz 4 UmwG). Soweit das Wirtschaftjahr mit dem Kalenderjahr übereinstimmt, empfiehlt sich eine Verschmelzung innerhalb der ersten acht Monate des Jahres. Sodann kann für die Schlussbilanz auf den ohnehin aufzustellenden Jahresabschluss zurückgegriffen werden.

In zeitlicher Hinsicht sind etwaige Ladungsfristen für die Gesellschafterversammlungen der beteiligten Unternehmen zu beachten, wobei die Gesellschafter auf deren Einhaltung verzichten können (Vollversammlung). Dem Betriebsrat ist nach § 5 Abs. 3 UmwG allerdings der Verschmelzungsvertrag oder sein Entwurf spätestens einen Monat vor dem Tag der Gesellschafterversammlung vorzulegen. Mit Zustimmung des Betriebsrats kann die Monatsfrist abgekürzt werden.

8.6.2 Abspaltung und Ausgliederung

Für Unternehmen, die in einer Gesellschaft mehrere Betriebsstätten oder Geschäftszweige betreiben und nur eine dieser Betriebsstätten oder Geschäftszweige verkaufen möchten, bietet sich auch die Übertragung im Weg der Abspaltung oder Ausgliederung nach dem Umwandlungsgesetz an. Hier wird im Gegensatz zur Verschmelzung nicht das gesamte Unternehmen, sondern nur ein Teil dessen durch einen Rechtsakt auf eine andere Gesellschaft übertragen.

„Abspaltung" bedeutet die Übertragung eines oder mehrerer Vermögensteile einer Gesellschaft auf einen oder mehrere übernehmende Rechtsträger, wobei die übertragende Gesellschaft bestehen bleibt. Die Gegenleistung besteht in der Gewährung von Anteilen an dem übernehmenden Rechtsträger an die Anteilsinhaber der übertragenden Gesellschaft („horizontale Vermögensverschiebung"). Bei der **„Ausgliederung"** erfolgt hingegen die Gewährung von Anteilen an die übertragende Gesellschaft, nicht an deren Anteilsinhaber („vertikale Vermögensverschiebung").

8.6.2.1 Ablauf der Spaltung

Die Spaltung stellt ein ähnlich aufwendiges und in der Regel langwieriges Verfahren wie die Verschmelzung dar. Die Vorschriften zum Ablauf der Spaltung/Ausgliederung entsprechen bis auf wenige Besonderheiten denen zur Verschmelzung. Nachfolgend werden nur einige Besonderheiten dargestellt. Die Besonderheit ergibt sich aus dem Umstand, dass nur ein Teil einer Gesellschaft auf eine andere übertragen wird. Es muss somit – wie beim Asset Deal – im Spaltungsvertrag oder im Spaltungsplan genau angegeben werden wie die Vermögensbestandteile und Verbindlichkeiten zwischen alter und neuer Gesellschaft aufgeteilt werden sollen. Nur so ist für alle Beteiligten (Gesellschafter, Vertragspartner des „gespaltenen" Unternehmens, Arbeitnehmer und Gläubiger) nachvollziehbar, wer nach Wirksamwerden der Spaltung der jeweilige Vertragspartner ist.

8.6.2.2 Rechtsfolge der Spaltung

Rechtsfolge der Spaltung ist der Übergang des Vermögens entsprechend der im Spaltungs- und Übernahmevertrag oder Spaltungsplan (bei Neugründung) vorgesehenen Aufteilung jeweils als Gesamtheit. Anders als beim Asset Deal bedarf es hier für die Übertragung von Verträgen nicht der Zustimmung des jeweiligen Vertragspartners, was ein erheblicher Vorteil sein kann. Jedoch sind vertragliche Abtretungsverbote für Forderungen bei der Ausgliederung weiterhin zu beachten und verhindern den Übergang dieser Rechte. Dies gilt jedoch nicht bei der Aufspaltung, da der alte Rechtsträger erlischt.

8.6.2.3 Gesamtschuldnerische Haftung der beteiligten Rechtsträger für Altverbindlichkeiten

Zum Schutz der Gläubiger des „gespaltenen“ Unternehmens haften für die Verbindlichkeiten des Unternehmens, die vor Wirksamwerden der Spaltung begründet worden sind, die an der Spaltung beteiligten Rechtsträger als Gesamtschuldner (§ 133 Abs. 1 UmwG) für eine Dauer von fünf Jahren. Auch wenn im Spaltungsvertrag/-plan eine ausdrückliche Zuweisung der Verbindlichkeit auf beispielsweise den alten Rechtsträger vorgenommen wurde, muss auch der neue übernehmende Rechtsträger für eine Dauer von fünf Jahren für diese Verbindlichkeit mithaften. Dies stellt einen deutlichen Nachteil zum Asset Deal dar, bei dem – bis auf wenige Ausnahmen – eine derartige Mithaftung vermieden werden kann.

41 Welche Sonderformen der Übertragung gibt es und wann macht es Sinn, diese zu nutzen?

- Die Sonderformen der Übertragung sind im Umwandlungsgesetz (UmwG) geregelt.
- Die beiden Varianten sind Verschmelzung und Spaltung.
- Durch Verschmelzung kann der Geschäftsbetrieb der Zielgesellschaft insgesamt auf die Erwerbergesellschaft übertragen werden.
- Bei der Spaltung kann ein Teil der Zielgesellschaft abgetrennt und rechtlich verselbständigt werden bzw. ein Teilbetrieb auf die Erwerbergesellschaft übertragen werden.
- Die Verschmelzung kann (in eingeschränktem Maß) zur Nutzung steuerlicher Verlustvorträge eingesetzt werden.
- Die Spaltung eignet sich besonders, wenn nur ein Teilbetrieb verkauft werden soll.
- Vorteil gegenüber dem Asset Deal ist die Möglichkeit, Verträge ohne die Zustimmung des Vertragspartners übertragen zu können.

8.7 Zwingende Haftung des Käufers für Verbindlichkeiten des Verkäufers/der Objektgesellschaft

Mit Übernahme des Unternehmens übernimmt der Käufer nicht nur diejenigen Vermögenswerte, die ihm vertraglich zugewiesen werden. Für bestimmte Verbindlichkeiten des Verkäufers/der Objektgesellschaft haftet der Käufer kraft Gesetzes mit. Dieses Haftungsrisiko lässt sich nur durch entsprechende Freistellungs- und Garantieregelungen im Kaufvertrag sowie eine sorgfältige Due Diligence verringern. Gänzlich ausschließen lässt es sich hingegen nicht.

8.7.1 Asset Deal

Beim Asset Deal übernimmt der Käufer grundsätzlich nur die im Kaufvertrag bezeichneten Aktiva und Passiva der Zielgesellschaft. Dieser Grundsatz wird jedoch in mehrfacher Hinsicht durchbrochen.

8.7.1.1 Haftung des Erwerbers bei Firmenfortführung

Übernimmt der Käufer vom Verkäufer ein Handelsgeschäft und führt dessen Firma fort, so haftet er gemäß § 25 Abs. 1 HGB neben dem Verkäufer für alle im Unternehmen des Verkäufers begründeten Verbindlichkeiten des früheren Inhabers im Weg des gesetzlichen Schuldbeitritts als Gesamtschuldner. Für die Übernahme ausreichend ist eine nach außen in Erscheinung tretende tatsächliche Übernahme der für die Fortführung des Geschäftsbetriebs notwendigen Teile. Auf die Wirksamkeit des Übertragungsvertrags und die Übertragung kommt es nicht an. Ein „Handelsgeschäft" ist das von einem Kaufmann (§ 1 HGB) bzw. von Handelsgesellschaften oder Kapitalgesellschaften betriebene Unternehmen.

Gemäß § 25 Abs. 2 HGB kann die Haftung gegenüber Dritten ausgeschlossen werden, wenn sie in das Handelsregister eingetragen oder bekannt gemacht oder von dem Erwerber oder dem Veräußerer dem Dritten mitgeteilt worden ist. Es empfiehlt sich daher, die Großgläubiger unmittelbar über den Haftungsausschluss zu informieren und bei Firmenfortführung den Haftungsausschluss im Handelsregister eintragen zu lassen.

8.7.1.2 Haftung für Betriebssteuern gemäß § 75 AO

Der Unternehmenskäufer haftet nach § 75 AO auch für die im übernommenen Betrieb vor Übernahme begründeten sogenannten **„Betriebssteuern"**. Hierunter fallen die Gewerbesteuer, die Umsatzsteuer – auch, soweit sie durch den Kauf selbst entstanden sind – sowie Verbrauchsteuern, wie

z. B. Tabaksteuern, darüber hinaus jedoch auch Steuerabzugsbeträge, wie Lohn- und Kapitalertragsteuer.

Die Haftung ist jedoch in zweierlei Hinsicht beschränkt:

In **zeitlicher Hinsicht** wird nur für Steuern gehaftet, die seit Beginn des letzten Jahres vor dem Übertragungsakt, d. h. vor Abschluss des Kaufvertrags, entstanden sind und die bis zum Ablauf von einem Jahr nach Anmeldung des Betriebsübergangs durch den Erwerber festgesetzt oder angemeldet werden. Die Haftung ist weiter **betragsmäßig** beschränkt auf den Bestand des übernommenen Vermögens. In dieses kann das Finanzamt vollstrecken.

Beim Erwerb eines Unternehmens – ohne Rechtsträger – ist also aufzuklären, welche Rückstände an Betriebssteuern bestehen könnten. Der Käufer sollte sich zusichern lassen, dass keine rückständigen Schulden für Betriebssteuern oder Steuerabzugsbeträge bestehen. Im Idealfall werden entsprechende Unbedenklichkeitserklärungen der zuständigen Finanzämter eingeholt. Durch eine zügige Anmeldung des Betriebsübergangs kann zudem auch der Lauf der Verjährungsfrist zügig eingeleitet werden.

8.7.1.3 Betriebsübergang – § 613a BGB

Eine weitere Haftung tritt beim Betriebsübergang gemäß § 613a BGB im Hinblick auf die übernommenen Arbeitsverhältnisse ein. Hierauf wird ausführlich in Kapitel 10 sowie nochmals in Kapitel 12 eingegangen.

8.7.1.4 Haftung für Altlasten/Bodenverunreinigungen nach dem Bundes-Bodenschutzgesetz

Schließlich besteht für den Käufer noch ein umweltrechtliches Haftungsrisiko hinsichtlich des übernommenen Betriebsgrundstücks, sei dieses nur gemietet oder aber mit erworben. Nach § 4 Abs. 3 Satz 1 BBodSchG trifft die Sanierungspflicht bei Verunreinigungen nicht nur den tatsächlichen Verursacher, sondern auch den Grundstückseigentümer sowie den Inhaber der tatsächlichen Gewalt (= Mieter, Pächter). Nach § 24 Abs. 2 BBodSchG hat zwischen mehreren Sanierungspflichtigen im Innenverhältnis ein Ausgleich stattzufinden. Die Quote der jeweiligen Haftung richtet sich hierbei nach dem jeweiligen Grad der Verursachung, wobei die Haftung des bloßen Grundstückseigentümers nach einer Entscheidung des Bundesverfassungsgerichts im Rahmen der Verhältnismäßigkeit zu begrenzen ist.[1)]

1) BVerfG, NJW 2000, 2573.

Ist das erworbene Betriebsgrundstück durch den Verkäufer verunreinigt worden, so haftet nach Erwerb für deren Beseitigung auch der Käufer. In welcher Höhe diese Außenhaftung besteht und auf welchen Betrag sie gegebenenfalls begrenzt ist (z.B. Verkehrswert des Grundstücks nach Durchführung der Sanierung[1)]), lässt sich vorab nicht feststellen. Insoweit kann die Haftung auch über den tatsächlich gezahlten Kaufpreis hinausgehen, was bei der Vereinbarung einer Haftungsbegrenzung des Verkäufers zu beachten ist.

Eine ähnliche Haftung wegen Verletzung sonstiger öffentlich-rechtlicher Vorschriften kann sich für den Käufer unter dem Gesichtspunkt der sogenannten „Zustandsstörerhaftung" ergeben. Dies bedeutet, dass alleine die Eigentümerstellung oder der Besitz einer Sache, die Haftung auslösen kann.

8.7.2 Share Deal

Auch beim Erwerb von Gesellschaftsanteilen besteht für den Käufer das Risiko der Mithaftung für im Zusammenhang mit dem Gesellschaftsanteil begründete Verbindlichkeiten des Veräußerers.

8.7.2.1 GmbH – Haftung gemäß § 16 Abs. 3 GmbHG

Bei Erwerb eines Geschäftsanteils an einer GmbH ist § 16 Abs. 3 GmbHG zu berücksichtigen. Nach dieser Norm haftet der Erwerber neben dem Veräußerer für die zur Zeit des Eintritts rückständigen Leistungen. Soweit auf die geschuldete Einlage nicht oder nicht ordnungsgemäß geleistet wurde oder diese bis zur Anmeldung zur Eintragung bereits wieder aufgezehrt war, kann der Erwerber hierfür in Anspruch genommen werden.

Diese Haftung besteht selbst dann fort, wenn der Erwerber den Kaufvertrag später wegen arglistiger Täuschung anficht und die Abtretung nichtig ist.

8.7.2.2 AG – Haftung gemäß § 54 AktG

Soweit bei der Aktiengesellschaft Namensaktien ausgegeben wurden, kann noch ein Teil der zu leistenden Bareinlage – ähnlich wie bei der GmbH – ausstehen. Der Erwerber der Aktien tritt in diese Einlageverpflichtung ein, die Einlageverpflichtung des Verkäufers endet, soweit nicht § 65 AktG eingreift.

1) Siehe BVerfG, a.a.O.

8.7.2.3 KG – Kommanditistenhaftung

Auch bei Erwerb eines Kommanditanteils haftet der Erwerber für die im Zeitpunkt des Eintritts nicht oder nicht vollständig erbrachte Einlage neben dem Veräußerer als Gesamtschuldner. Soweit die Einlage nicht geleistet/zurückgezahlt wurde, lebt in Höhe des Differenzbetrags zudem wieder die persönliche Haftung der Kommanditisten gegenüber den Gesellschaftsgläubigern auf.

8.7.2.4 Haftung des eintretenden GbR-Gesellschafters für Altverbindlichkeiten der Gesellschaft

Bisher war die Frage, ob der in eine Gesellschaft bürgerlichen Rechts neueintretende Gesellschafter auch für die Altverbindlichkeiten der Gesellschaft in entsprechender Anwendung des § 130 HGB haftet, höchstrichterlich ungeklärt. Lange Zeit wurde dies verneint. Nunmehr hat die Rechtsprechung die GbR sehr weitgehend einer OHG gleichgestellt[1)] und entschieden, dass der eintretende Gesellschafter auch für vor seinem Eintritt begründete Altverbindlichkeiten grundsätzlich auch persönlich und wie ein Gesamtschuldner haftet.[2)]

Insoweit ist beispielsweise beim „Praxiskauf“ durch Erwerb eines Praxisanteils und Eintritt in eine bestehende Praxis besonderes Augenmerk auf die bestehenden Altverbindlichkeiten und Haftungsrisiken zu legen.

1) BGH, NJW 2001, 1056.
2) BGH, NJW 2003, 1803.

42 Für welche Verbindlichkeiten des Verkäufers haftet der Käufer zwingend mit Übernahme des Unternehmens?

- Beim Asset Deal:
  - wegen Firmenfortführung gemäß § 25 HGB für alle Verbindlichkeiten der Zielgesellschaft – Haftungsausschluss anmelden und bekannt machen
  - gemäß § 75 AO für Betriebssteuern – möglichst Unbedenklichkeitsbestätigung des Finanzamts einholen
  - gemäß § 613a BGB automatischer Übergang sämtlicher Arbeitsverhältnisse (Betriebsübergang) und damit Haftung für arbeitsvertragliche Verbindlichkeiten
  - für Bodenverunreinigungen und Altlasten gemäß § 4 Abs. 3 Satz 1 BBodSchG
  - gegebenenfalls für die Verletzung sonstiger öffentlichrechtlicher Verpflichtungen unter dem Gesichtspunkt des Zustandsstörers
- Beim Share Deal für rückständige Einlagen auf GmbH-Geschäftsanteile, Aktien oder Kommanditeinlagen.

8.8 Die Haftung des Verkäufers für Fehler des Unternehmens

Nachdem die Frage, wie das Unternehmen übertragen werden kann und welche Haftung der Käufer zwingend übernehmen muss, beantwortet ist, steht für die Kaufvertragsparteien noch die Frage im Raum, in welchem Umfang der Verkäufer haftet, wenn dem verkauften Unternehmen wertbildende Faktoren fehlen.

Durch den Unternehmenskauf erwirbt der Käufer eine Vielzahl einzelner Vermögensgegenstände: Maschinen, Vorräte, Patente etc. entweder unmittelbar oder durch Erwerb der Anteile an der Objektgesellschaft. Die Summe der Werte dieser Einzelgegenstände (Substanzwert) ergibt nicht zwingend den Wert oder den Kaufpreis für das Unternehmen als Ganzes. Hier werden vom Wert der Einzelgüter unabhängige Erwartungen mitbezahlt. Der Kaufpreis bemisst sich heute regelmäßig nach dem Ertragswert des Unternehmens. Für den Käufer sind daher nicht nur die erworbenen Einzelgegenstände, sondern gerade auch die sonstigen, den Unternehmenswert (insbesondere unter Ertragsaspekten) bestimmenden Faktoren (Umsätze, Erträge, Kundenbeziehungen, Reputation) von großer Bedeutung.

Der Käufer möchte den Verkäufer bei negativen Abweichungen von dem von ihm erwarteten Zustand des erworbenen Unternehmens in Anspruch nehmen. Dies möchte er **unabhängig von der Transaktionsart** tun: beim Kauf einer Beteiligung, beim Kauf eines Unternehmens durch Share Deal und beim Asset Deal.

Ein zentraler Punkt des Kaufvertrags ist daher insbesondere die Festlegung des vertragsgemäßen Zustands der Zielgesellschaft und die Regelung, welche Ansprüche dem Käufer bei Abweichungen von diesem Zustand zustehen.

Aus Sicht der Vertragsparteien sind somit drei Fragen zu beantworten:

1. Wofür soll der Verkäufer haften? (Haftungsgegenstand)
2. Wie haftet der Verkäufer? (Rechtsfolgen der Haftung)
3. Wie lange haftet der Verkäufer? (Verjährung)

Üblicherweise werden diese Fragen umfassend und möglichst abschließend im Kaufvertrag geregelt. Wie dies geschieht, wird im nächsten Kapitel erläutert. Das gesetzliche Haftungssystem soll hier jedoch nachfolgend erläutert werden, da teilweise – gerade bei kleineren Transaktionen – pauschal auf die Haftung „nach den gesetzlichen Bestimmungen" verwiesen wird. In diesen Fällen sollten die Vertragsparteien und deren Berater zumindest im Grundsatz wissen, was sich hinter dem Verweis auf eine Haftung „nach den gesetzlichen Bestimmungen" verbirgt.

Die gesetzlichen Regelungen zum Kaufrecht sind im Jahr 2002 umfassend geändert worden im Rahmen des sogenannten „Schuldrechtsmodernisierungsgesetzes". Dieses neue System baut jedoch auf den früheren Regelungen und den hierzu ergangenen gerichtlichen Entscheidungen auf. Ohne das „alte" System sind die Neuregelungen unverständlich, daher werden in einem ersten Schritt das „alte" und sodann das aktuelle Haftungssystem erläutert.

8.8.1 Die gesetzliche Haftung nach altem Recht – Überblick

Die bis zum 31.12.2001 geltenden Regelungen führten bei allen drei Fragen zur Verkäuferhaftung zu unbefriedigenden und teilweise aus Sicht der Vertragsparteien zufälligen Ergebnissen. Insoweit wurde in der Vertragspraxis dieses Haftungssystem gemieden, um den Vertragsparteien größere Rechtssicherheit zu geben.

Der Verkäufer haftete in verschiedenen Stufen. Einerseits sollte der Unternehmensverkäufer – wie jeder Verkäufer – für **„Mängel" der Kaufsache** (= des Unternehmens) einstehen. Soweit kein Mangel vorlag, konnte er jedoch noch – außerhalb der eigentlichen Gewährleistungshaftung – wegen **Verschuldens bei Vertragsverhandlungen** für unrichtige Informationen zum Unternehmen haften.

Die Mängelhaftung setzte anders als die Haftung wegen Verschuldens bei Vertragsverhandlungen kein Verschulden des Verkäufers voraus. Jedoch mussten hier bestimmte Eigenschaften des Unternehmens vom Verkäufer ausdrücklich „zugesichert" werden, um eine Mängelhaftung auslösen zu können. Bestimmte wertbildende Faktoren waren mangels Dauerhaftigkeit von der Mängelhaftung überhaupt nicht umfasst (z.B. einzelne Bilanzkennzahlen).

Diese vom Verschulden des Käufers unabhängigen Ansprüche verjährten jedoch bereits sechs Monate nach Übergabe des Unternehmens. Da sich das Fehlen wertbildender Faktoren häufig erst später als sechs Monate nach Übergabe herausstellte, waren die Mängelhaftungsansprüche für den Käufer oft schon verjährt, was dem Käufer ohne entsprechende vertragliche Regelungen dann eine Inanspruchnahme des Verkäufers unmöglich machte.

Die Rechtsprechung hatte dieses Haftungsproblem schon früh erkannt. Sie versuchte es dadurch zu lösen, dass es nur in sehr engen Grenzen beim Unternehmenskauf das Vorliegen eines Mangels und damit das Eingreifen der Mängelhaftung bejahte. Soweit die Mängelhaftung nicht eingriff, war der Raum für die Haftung wegen Verschuldens bei Vertragsverhandlungen eröffnet mit der aus Käufersicht sehr komfortablen 30-jährigen Verjährung. Nach diesen Grundsätzen erlegt die Rechtsprechung dem Unternehmensverkäufer bereits bei Aufnahme von Vertragsverhandlungen und vor Vertragsabschluss eine Verpflichtung auf, den Käufer richtig und zutreffend zu informieren und diesen von sich aus über für den Verkäufer erkennbare, vertragswesentliche Umstände zu informieren.[1] Macht der Verkäufer im Lauf der Vertragsverhandlungen falsche oder irreführende Angaben, z.B. über den Kundenstamm des Unternehmens oder verheimlicht er beispielsweise bestehende Probleme mit dem größten Kunden des Unternehmens, so konnte dies Schadensersatzansprüche des Käufers auslösen.

Die Rechtsprechung begründete diese Haftung im vorvertraglichen Verhandlungsstadium bei Unternehmenskäufen mit der Komplexität des

1) BGH, GmbHR 2001, 516; NJW 1977, 1536–1538.

Kaufgegenstands. Dem Käufer falle es in der Regel äußerst schwer, das Unternehmen vor Erwerb hinreichend gründlich zu untersuchen, weshalb der Käufer in besonderer Weise von den Informationen des Verkäufers abhängig sei und diesen (den Verkäufer) eine gesteigerte Sorgfalts- und Aufklärungspflicht gegenüber dem Käufer treffe.[1)]

Dieses Haftungssystem wurde für den juristischen Laien (und auch für manchen gestandenen Juristen) vollends unverständlich, da die Rechtsprechung schließlich bei der Anwendung der kaufrechtlichen Mängelhaftung auch noch danach unterschied, ob ein Unternehmen als Ganzes oder „nur" eine Beteiligung verkauft wurde. Welche konkrete Anteilsquote jedoch erworben werden musste, um die umfassenderen Sachkaufregeln zur Anwendung zu bringen, war gerichtlich nicht abschließend geklärt. Es wurden hier – unter Zugrundelegung der Minderheitsrechte von Gesellschaftern bzw. der Sperrminoritäten – Quoten von mehr als 90 % oder mehr als 75 % diskutiert.[2)] Beim Kauf einer geringeren Beteiligung fanden nur die Vorschriften zum „Rechtskauf" Anwendung.

Diese Unterscheidung war nicht nur rein akademischer Natur, da beim Rechtskauf verschuldensunabhängig nur für den Bestand des Rechts und dessen Lastenfreiheit gehaftet wird, beim Sachkauf hingegen wesentlich umfassender auch für das Fehlen wertbildender Faktoren.

Aus Sicht der Vertragsparteien führte diese Systematik häufig zu eher zufälligen Ergebnissen, da es je nach Transaktionsart (Share Deal oder Asset Deal) und Kaufgegenstand (Gesamtunternehmen oder Beteiligung) bei Fehlen des gleichen wertbildenden Umstands zu unterschiedlichen Haftungsfolgen kommen konnte. Zudem bedurfte es zur Erfassung bestimmter wertbildender Faktoren einer ausdrücklichen Zusicherung des Verkäufers, bei dessen Fehlen haften zu wollen. Bestimmte Faktoren konnten nur dann eine Haftung auslösen, wenn der Käufer hierüber aufzuklären hatte und dies schuldhaft unterließ bzw. schuldhaft falsche Angaben machte.

8.8.2 Das neue Haftungssystem

Durch das zum 01.01.2002 in Kraft getretene „Schuldrechtsmodernisierungsgesetz" wurde das deutsche Kaufrecht einer umfassenden Neuordnung unterzogen. Diese Neuordnung geschah vor dem Hintergrund der bis zum 31.12.2001 umzusetzenden Verbrauchsgüterkaufrichtlinie der Europäischen Union. Auf Kaufverträge, die bis zum 31.12.2001 abgeschlossen

1) BGH, GmbHR 2001, 516, 518.
2) BGH, NJW 1976, 236.

worden sind, findet jedoch weiterhin – mit Ausnahme des Verjährungsrechts – das alte Recht Anwendung.

Der Gesetzgeber wollte im Rahmen der Modernisierung des Schuldrechts auch für den Unternehmenskauf ein praktikableres Haftungssystem zur Verfügung stellen. Im Hinblick auf die bisherigen Regelungen zum Unternehmenskauf sollten die obenerwähnten „Unzulänglichkeiten" beseitigt werden und auch bei Unternehmenskäufen wieder häufiger auf die gesetzlichen Regelungen zurückgegriffen werden. Es sei hier vorweggenommen, dass dieser fromme Wunsch des Gesetzgebers leider nur teilweise in Erfüllung gegangen ist. Die oben ausführlich diskutierten Unklarheiten sind immer noch nicht beseitigt, was sich insbesondere an der Vielzahl der hierzu erschienenen Fachaufsätze erkennen lässt. Die Neuregelungen haben zwar einige Vereinfachungen gebracht, im Einzelnen ist jedoch noch vieles unklar.

Nach neuem Recht unterliegen beim Sachkauf sämtliche Ansprüche wegen Mängeln des Kaufgegenstands **hinsichtlich der Rechtsfolgen** grundsätzlich einem **einheitlichen Haftungssystem**. Zudem sind über § 453 BGB die Regelungen zum Sachkauf auch durch „entsprechende Anwendung" auf den Rechtskauf ausgedehnt worden. Es kommt somit nicht mehr darauf an, ob der Kauf im Weg des Asset Deals oder im Weg des Share Deals abgewickelt wird und ob ein Gesamtunternehmen oder nur eine Beteiligung erworben wird.[1)]

Damit ist erstmals für den Käufer im Grundsatz ein einheitliches Haftungssystem der Mängelhaftung beim Unternehmenskauf geschaffen worden! Einzelheiten sind hier nach wie vor streitig, insbesondere in welchen Fällen dieser Grundsatz möglicherweise nicht gilt. Dies kann hier jedoch nicht vertieft werden und wird sich erst durch entsprechende Gerichtsentscheidungen eindeutig klären lassen.

Die Frage, **wofür gehaftet wird**, lässt sich nunmehr wie folgt beantworten:

Nach wie vor können Mängel in zweierlei Hinsicht auftreten:

- als **Sachmangel** gemäß § 434 BGB, z.B. einer defekten Maschine
- als **Rechtsmangel** gemäß § 435 BGB, z.B. einer Belastung der verkauften Anteile mit einem Pfandrecht

1) Dies ist wohl umstritten: dagegen WEITNAUER, NJW 2002, 2511 f.; dafür WOLF/KAISER, DB 2002, 411 f.

Bei Sachmängeln ist der zentrale Anknüpfungspunkt für die Haftung die vereinbarte oder übliche **Beschaffenheit** des Kaufgegenstands. Die Haftung kann hier noch erweitert werden bei Vereinbarung einer sogenannten **„Beschaffenheitsgarantie"**.

Unklarheiten bestehen aber weiterhin bei der Frage, **wofür** der Verkäufer im Rahmen der Mängelhaftung einstehen muss,

- beim Erwerb nur einer Beteiligung,
- bei Mängeln an einzelnen Vermögensgegenständen des Unternehmens.

Neben der Mängelhaftung steht nach wie vor die **Haftung wegen Verschuldens bei Vertragsverhandlungen**, die nunmehr durch §§ 311 Abs. 2; 241 Abs. 2; 280, 282 BGB gesetzlich geregelt wurde. Das Konkurrenzverhältnis dieser Ansprüche ist nach wie vor nicht ganz geklärt. Der Gesetzgeber hat sich bei der Reform des Kaufrechts auch mit der Haftung beim Unternehmenskauf beschäftigt. Er ging hierbei davon aus, dass durch die Reform in Zukunft eine Vielzahl der Haftungsfälle über die Sach- und Rechtsmängelhaftung und nur noch in geringem Umfang über das Rechtsinstitut der culpa in contrahendo (c.i.c.) abgewickelt werden würde.[1)] Ob diese Erwartung bestätigt wird, wird davon abhängen, inwieweit sich die Rechtsprechung von ihrer bisherigen Praxis löst, die Sachmängelhaftung zugunsten der Haftung wegen Verschuldens bei Vertragsverhandlungen zurückzudrängen.

Die Abgrenzung zwischen Sachmangel und culpa in contrahendo erfolgt nach wie vor durch die Bestimmung derjenigen wertbildenden Faktoren, deren Fehlen/Beeinträchtigung als Sachmangel angesehen werden kann. Wie im vorigen Abschnitt dargestellt, gab es nach altem Recht wertbestimmende Faktoren, die nicht Gegenstand der Sachmängelhaftung sein konnten (z.B. ein bestimmter Jahresertrag, einzelne – Bilanzkennzahlen) und nur über die culpa in contrahendo erfasst wurden.

Die Frage, **wie für das Fehlen wertbildender Faktoren gehaftet wird**, hat einige Änderungen erfahren:

Der **primäre Rechtsbehelf** des Käufers bei **allen Mängeln** – und das ist ein Novum – ist nunmehr der **Anspruch auf Nacherfüllung** (§ 439 BGB). Grundsätzlich kann der Käufer zunächst nur Nacherfüllung, d.h. die Beseitigung des Mangels, verlangen. Erfolgt diese nicht oder nicht erfolgreich, stehen ihm als **Sekundäransprüche** folgende Rechte zu:

1) BegrRE, BT-Drucks. 14/16040, 242.

- Rücktritt vom Vertrag (§§ 437, 440, 323 BGB)
- Minderung (§ 441 BGB)
- Schadensersatz (§§ 437 Nr. 3, 280 ff. BGB)
- Aufwendungsersatz (§§ 437 Nr. 3, 284 BGB)

Im Fall eines Anspruchs aus culpa in contrahendo kann der Käufer Schadensersatz oder Aufwendungsersatz geltend machen.

Auch die letzte für die Parteien wesentliche Frage, **wie lange der Verkäufer haften muss**, hat durch das Schuldrechtsmodernisierungsgesetz Änderungen erfahren. Die Verjährung von Mängelhaftungsansprüchen wurde auf zwei Jahre verlängert, Ansprüche aus culpa in contrahendo verjähren hingegen jetzt in drei Jahren ab Kenntnis vom Schuldner und Haftungsgrund, spätestens in zehn Jahren nach ihrer Entstehung.

Für die Vertragsparteien haben sich damit einige Vereinfachungen ergeben, jedoch sind die schwierigen Abgrenzungsfragen noch nicht ganz geklärt. So kann die Abgrenzung der Mängelhaftung zur c.i.c.-Haftung erhebliche Bedeutung gewinnen, gibt doch nur die Mängelhaftung dem Käufer Ansprüche gegen den Verkäufer (Minderung, Rücktritt, Aufwendungsersatz), die vom Verschulden des Verkäufers unabhängig sind! Im Übrigen ist jedoch nach wie vor die Verjährungsregelung bei Ansprüchen wegen Verschuldens bei Vertragsverhandlungen günstiger als bei der Mängelhaftung. Die Verjährungsfrage ist jedoch weniger ausschlaggebend als früher, da nunmehr die kaufrechtliche Verjährung erst zwei Jahre nach Übergabe eintritt, die Verjährung von c.i.c.-Ansprüchen hingegen drei Jahre nach Entstehung des Anspruchs und Möglichkeit der Kenntnisnahme von den anspruchsbegründenden Umständen und der Person des Schuldners.

Dieser einführende Überblick zur Verkäuferhaftung mag vielen Lesern genügen. Einen tiefergehenden Überblick über die neuen Haftungsregelungen bieten die nachfolgenden Abschnitte.

8.8.3 Wofür wird gehaftet? – Haftungsgegenstand

Die Frage, wofür der Verkäufer haftet, lässt sich nach der Einführung der Neuregelungen etwas leichter beantworten.

Zunächst ist festzuhalten, dass – im Grundsatz – die Haftung unabhängig von der Transaktionsart ist. Die Mängelhaftung unterliegt **hinsichtlich der Rechtsfolgen** grundsätzlich einem **einheitlichen Haftungssystem**. Hierbei wird durch § 453 BGB die **entsprechende** Anwendung der Regeln des Sachkaufs auf den Rechtskauf sowie den Kauf von „sonstigen Gegenständen“ angeordnet. Unter „sonstigen Gegenständen“ versteht der Gesetzgeber auch den Kauf von Unternehmen oder Unternehmensteilen durch Asset Deal.[1] Es kommt grundsätzlich nicht mehr darauf an, ob der Kauf im Weg des Asset Deals oder im Weg des Share Deals abgewickelt wird und ob ein Gesamtunternehmen oder nur eine Beteiligung erworben wird.[2] Ob diese Gleichstellung auch beim Verkauf von kleineren Beteiligungen uneingeschränkt gilt, ist jedoch noch nicht geklärt.

Nach wie vor können Mängel, d.h. das Fehlen wertbildender Faktoren, in zweierlei Hinsicht auftreten:

- als **Sachmangel** gemäß § 434 BGB, z.B. einer defekten Maschine
- als **Rechtsmangel** gemäß § 435 BGB, z.B. einer Belastung der verkauften Anteile mit einem Pfandrecht

Wie bereits kurz dargelegt, sind auch nach dem neuen Recht sowohl Rechts- als auch Sachmängel Gegenstand der kaufrechtlichen Mängelhaftung, wobei die Unterscheidung zwischen diesen Mängelarten wegen der Vereinheitlichung der Rechtsfolgen an Bedeutung verloren hat. Das, was nach altem Recht einen **Rechtsmangel** darstellen konnte (z.B. fehlende Betriebsgenehmigungen für das Unternehmen, Pfandrechte Dritter an den verkauften Anteilen), stellt auch weiterhin einen Rechtsmangel dar.

Etwas anders sieht es nach neuem Recht bei der Bestimmung des **Sachmangels** aus. Ein solcher liegt dann vor, wenn dem Kaufgegenstand die vereinbarte Beschaffenheit fehlt, er sich nicht zur vertragsgemäßen Verwendung oder (ansonsten) zur gewöhnlichen Verwendung eignet (§ 434 Abs. 1 BGB). Auch die Lieferung einer anderen Sache oder einer geringeren Menge stellt einen Sachmangel dar. Die „zugesicherte Eigenschaft“ nach altem Recht ist entfallen, sie findet nur noch Anwendung bei der weitergehenden Haftung im Rahmen einer „Beschaffenheitsgarantie“. Auch auf die Erheblichkeit der Abweichung kommt es nach neuem Recht für das Vorliegen eines Sachmangels nicht mehr an.

Der Begriff „Beschaffenheit“ wurde bewusst gesetzlich nicht definiert und die Ausfüllung der Rechtsprechung überlassen. Da durch die Reform keine Haftungslücke entstehen sollte, ist davon auszugehen, dass all dies, was bisher einen Sachmangel dargestellt hat, auch unter den Beschaffenheitsbe-

1) BegrRE, BT-Drucks. 14/1640, 242.
2) Dies ist wohl umstritten: dagegen WEITNAUER, NJW 2002, 2511 f.; dafür WOLF/KAISER, DB 2002, 411 f.

griff fallen kann, ohne dass es hier einer ausdrücklichen „Zusicherung“ im Sinne eines „Dafür-Einstehen-Wollens“ bedürfen würde.

Praxistipp

Um verschuldensunabhängige Mängelhaftungsansprüche (Nacherfüllung, Minderung) sicherzustellen, sollte der Käufer bei Anwendung des gesetzlichen Mängelhaftungsrechts unbedingt darauf achten, die Beschaffenheit des zu erwerbenden Unternehmens/der Beteiligung möglichst umfassend im Vertrag niederzulegen!

Soweit einem wertbildenden Faktor das Merkmal der Dauerhaftigkeit fehlte, konnte nach altem Recht eine Sachmängelhaftung nicht eingreifen. So wurde beispielsweise die Richtigkeit einzelner Bilanzpositionen, z.B. des Jahresgewinns oder der Umsatzerlöse nicht als Gegenstand der Sachmängelhaftung anerkannt. Hier half die Rechtsprechung dem Käufer mit dem Haftungsinstitut des „Verschuldens bei Vertragsverhandlungen“.

Hat der Verkäufer schuldhaft, d.h. vorsätzlich oder fahrlässig, diese Verpflichtung verletzt, ist er dem Verkäufer zum Schadensersatz verpflichtet.

Haftungsansprüche des Käufers wurden beispielsweise in den nachfolgenden Fällen von der Rechtsprechung bejaht:

- Übergabe unrichtiger Jahresabschlüsse
- Verschweigen der Insolvenzreife des Zielunternehmens

Anders, als bei den Gewährleistungsansprüchen nach altem Recht, setzt die Haftung nach den Grundsätzen der culpa in contrahendo ein **Verschulden** des Verkäufers voraus. Hierbei ist ihm das Verschulden der für ihn im Rahmen der Vertragsanbahnung handelnden Personen wie eigenes Verschulden zuzurechnen (§ 278 BGB a.F.). Legt der von ihm beauftragte Steuerberater fahrlässig beispielsweise unrichtige Bilanzen oder Planrechnungen vor, so ist dieses Verhalten dem Verkäufer zuzurechnen wie eigene Fahrlässigkeit.

Soweit die Sachmängelhaftung Anwendung findet, waren c.i.c.-Ansprüche des Käufers ausgeschlossen. Dies galt nicht, wenn dem Verkäufer vorsätzliches Verhalten vorgeworfen werden kann.

Auch nach **neuem Recht** kann eine Haftung nach den Grundsätzen der culpa in contrahendo eingreifen. Soweit der Verkäufer nicht der Mängelhaftung unterliegt, kann ihn – wie bisher – noch die Haftung wegen Verletzung vorvertraglicher Aufklärungspflichten gemäß §§ 311, 241 Abs. 2, 280, 282 BGB treffen.

In welchem Umfang diese Haftung noch eingreifen kann, wird die Rechtsprechung zeigen. Zu denken ist hier beispielsweise an die unrichtige Aufklärung über einzelne Bilanzpositionen, soweit diese nicht als „Beschaffenheit" der Kaufsache angesehen werden. Es bleiben auch nach neuem Recht noch einige ungeklärte Fragen:

Können die bisher von der Sachmängelhaftung nicht erfassten wertbildenden Faktoren nunmehr als „Beschaffenheit" nach neuem Recht von den Parteien der Sachmängelhaftung unterworfen werden?

Der Gesetzgeber wollte ersichtlich im Bereich des Unternehmenskaufs die Anwendung der c.i.c.-Regeln zurückdrängen, was eine Ausdehnung des Beschaffenheitsbegriffs auch auf die bisher nicht erfassten wertbildenden Faktoren voraussetzt. Andererseits ist durch den Begriff „Beschaffenheit" eine gewisse Dauerhaftigkeit des Merkmals indiziert, die bisher den in Rede stehenden Faktoren (z.B. einzelne Bilanzkennzahlen) gerade abgesprochen wurde.

Bei der Vereinbarung der Beschaffenheit des zu verkaufenden Unternehmens besteht die Gefahr, dass nach wie vor bestimmte wertbildende Faktoren nicht von den Mängelhaftungsvorschriften erfasst sind und sodann nur bei Vorliegen eines Verschuldens des Verkäufers eine (c.i.c.-)Haftung eingreifen kann.

Diese Abgrenzungsfrage verschärft sich, soweit nur eine Beteiligung verkauft wird und damit ein Rechtskauf eingreift:

Können auch beim Rechtskauf umfassende Beschaffenheitsvereinbarungen getroffen werden?

Hier finden die vorbeschriebenen Regeln zum Sachkauf gemäß § 453 BGB zwar „entsprechende" Anwendung, es stellt sich die Frage, inwieweit bei dem Kauf nur einer Beteiligung von den Parteien auch Beschaffenheiten im Hinblick auf das Unternehmen als Ganzes festlegen können, um so die Mängelhaftung zu erweitern.[1] Da der Anteil auch in seiner Werthaltigkeit von der Werthaltigkeit des Unternehmens abhängig ist, sollten auch diese

1) Ablehnend: ROMBACH, a.a.O.; unklar: GRONSTEDT/JÖRGENS, ZIP 2002, 52, 55; bejahend: WOLF/KAISER, BB 2002, 411, 416.

Merkmale im Rahmen der Beschaffenheitsvereinbarung der Parteien aufgeführt werden.

> **Praxistipp**
>
> Der Käufer sollte daher bei einer Beschaffenheitsvereinbarung eine Auffangregelung dergestalt vorsehen, dass der Verkäufer sich stets verpflichtet, ihn so zu stellen, wie er stehen würde, wenn die vereinbarte Beschaffenheit vorliegt, auch dann, wenn nach Auffassung eines Gerichts keine Beschaffenheit im Sinne des § 434 BGB vorliegt!

8.8.4 Wie wird gehaftet? – Rechtsfolgen der gesetzlichen Haftung

Ist einmal geklärt, dass der Verkäufer für das Fehlen eines wertbildenden Umstands haftet, stellt sich die Frage, welche Ansprüche der Käufer in diesem Fall nach den gesetzlichen Regelungen geltend machen kann. Hier hat sich durch die Reform des Kaufrechts der Kreis möglicher Ansprüche vergrößert. Zunächst werden wiederum kurz die früheren Regelungen, sodann die aktuell geltenden Regelungen erläutert.

8.8.4.1 Nacherfüllung – § 439 BGB

Die größte Änderung nach neuem Recht stellt die Einführung eines generellen Nacherfüllungsanspruchs in § 439 BGB dar. Bisher konnte der Käufer nur in einem Sonderfall, der beim Unternehmenskauf nicht einschlägig war, vom Verkäufer die Beseitigung des Sachmangels verlangen, da die Mangelfreiheit nicht als Leistungspflicht angesehen wurde. Nunmehr kann der Käufer nach seiner Wahl verlangen, dass der Mangel beseitigt wird oder aber eine mangelfreie Sache geliefert wird. Der Verkäufer kann dieses Verlangen zurückweisen, wenn die vom Käufer verlangte Form der Nacherfüllung mit unverhältnismäßigen Kosten verbunden ist (§ 439 Abs. 3 BGB). Der Käufer muss – sofern keine erheblichen Nachteile damit verbunden sind – sodann die andere Form der Nacherfüllung akzeptieren. Anders als früher kann sich der Käufer somit bei Vorliegen eines Mangels nicht mehr so leicht vom Kaufvertrag lösen.

Ist beispielsweise im Rahmen des Erwerbs eines Chemiebetriebs eine von drei Produktionsanlagen fehlerhaft, so kann der Käufer grundsätzlich verlangen, dass die Anlage repariert wird oder aber eine entsprechende mangelfreie Anlage aufgestellt wird. Sollte hier die Reparatur wesentlich günstiger sein, kann der Verkäufer die Neulieferung verweigern und auf der Reparatur bestehen. Nur unter sehr engen Voraussetzungen wird er von seiner Nacherfüllungspflicht überhaupt befreit und nur zum Schadensersatz verpflichtet.

Die Regelung bietet dem Verkäufer den Vorteil, zunächst selbst den Versuch unternehmen zu können, den Mangel zu beseitigen. Er verhindert hiermit Streit darüber, in welcher Höhe die Kosten der Mängelbeseitigung anzusetzen sind, ob beispielsweise die vom Käufer angesetzten Reparaturkosten tatsächlich angemessen waren.

8.8.4.2 „Sekundäransprüche"

Die Geltendmachung von Ansprüchen auf Rücktritt, Minderung, Schadensersatz oder Aufwendungsersatz (**„Sekundäransprüche"**) ist nur unter bestimmten Voraussetzungen zulässig und grundsätzlich erst **nach erfolgloser Fristsetzung zur Nacherfüllung** möglich (§ 323 Abs. 1 BGB (Rücktritt, Minderung) bzw. § 281 Abs. 1 Satz 1 BGB (Schadensersatz). **Ausnahmsweise** darf er **ohne Fristsetzung** auf diese Rechtsbehelfe zurückgreifen,

- wenn der **Verkäufer die Nacherfüllung ernsthaft und endgültig verweigert** hat bzw. sonstige Umstände die sofortige Geltendmachung rechtfertigen (§ 281 Abs. 3 BGB bzw. § 323 Abs. 2 BGB),
- wenn der **Verkäufer beide Arten der Nacherfüllung berechtigt verweigert** oder aber die **Nacherfüllung fehlgeschlagen** (wird vermutet bei zwei erfolglosen Versuchen) oder **für den Käufer unzumutbar** ist (§ 440 BGB).

Die Geltendmachung von **Schadensersatzansprüchen** setzt darüber hinaus noch ein **Verschulden des Verkäufers** voraus (§ 280 Abs. 1 Satz 2 in Verbindung mit §§ 276, 281 BGB), der Verkäufer muss den Mangel schuldhaft verursacht haben, sonstige Nebenpflichten schuldhaft verletzt oder eine entsprechende Beschaffenheitsgarantie abgegeben haben. Nur der Anspruch auf Nacherfüllung und auf Minderung des Kaufpreises ist nach wie vor verschuldensunabhängig.

Im Einzelnen stehen dem Käufer die nachfolgenden Sekundäransprüche zu:

Rücktritt

Gemäß § 437 Nr. 2 BGB in Verbindung mit §§ 323, 440 BGB kann der Verkäufer vom Vertrag zurücktreten. Dieser ist sodann rückabzuwickeln und das erworbene Unternehmen zurückzuübertragen. Gemäß § 346 Abs. 2 BGB ist die Rückübertragung jedoch ausgeschlossen und stattdessen nur Wertersatz zu leisten, wenn der erworbene Gegenstand umgestaltet wurde (§ 346 Abs. 2 Nr. 2 BGB). Hat sich das Unternehmen mithin deutlich verändert, z.B. weil der Käufer es mit einem anderen Unternehmen verschmolzen hat, d.h. aus diesen zwei Unternehmen ein einzelnes gemacht hat, kann der Käufer nur Wertersatz verlangen.

Minderung

Alternativ zum Rücktritt kann der Käufer auch unter den gleichen Voraussetzungen Herabsetzung des Kaufpreises im Weg der Minderung verlangen.

Schadensersatz

Der Schadensersatzanspruch des Käufers lässt diesem die Möglichkeit, am Vertrag festzuhalten und Ersatz seines gesamten infolge des Mangels erlittenen Schadens, einschließlich entgangenen Gewinns geltend zu machen (§ 280 BGB). Alternativ kann er auch **„Schadensersatz statt Leistung“** verlangen und sich damit vom Vertrag lösen (§§ 281, 283, 311a Abs. 2 Satz 1 BGB). Die Schadensberechnung erfolgt in diesem Fall „als ob“ der Vertrag nicht durchgeführt worden wäre und kommt in seiner Wirkung damit einem Rücktritt gleich.

Aufwendungsersatz

Alternativ zum Schadensersatz statt Leistung kann der Käufer gemäß § 437 Nr. 3 BGB auch Aufwendungsersatz geltend machen. Hier werden ihm diejenigen Aufwendungen ersetzt, die er im Vertrauen auf den Vertragsabschluss gemacht hat (z.B. Kosten der Due Diligence, Beraterkosten etc.).

8.8.4.3 Die Haftung wegen Verschuldens bei Vertragsverhandlungen

Bei Vorliegen eines **Verschuldens bei Vertragsverhandlungen** konnte der Käufer nach altem Recht **Schadensersatz** verlangen. Dieser ging regelmäßig bei Unternehmenskäufen entweder auf

- Rückgängigmachung des Kaufvertrags und damit Rückgabe des Unternehmens gegen Rückzahlung des Kaufpreises oder
- Herabsetzung des Kaufpreises im Weg der Vertragsanpassung.

Inwieweit darüber hinausgehende Aufwendungen zu ersetzen waren, war auch hier einzelfallabhängig und umstritten. Der Ersatz entgangenen Gewinns war nur in Ausnahmefällen möglich.

Nach **neuem Recht** hat sich an dieser Haftung grundsätzlich nichts geändert, wobei die Haftung wegen Verschuldens bei Vertragsverhandlungen nunmehr gesetzlich geregelt ist in § 311 Abs. 2 BGB. Der Käufer kann in gleicher Weise wie bei der Mängelhaftung alternativ Schadensersatz geltend machen (statt Durchführung des Kaufvertrags oder zusätzlich zur Durchführung) oder vom Vertrag zurücktreten. Der Käufer ist im Weg des Schadensersatzes so zu stellen, wie er ohne die Pflichtverletzung stehen würde. Hierzu gilt das zum alten Recht Gesagte: Ihm ist primär sein Vertrauensschaden zu ersetzen, z.B. nutzlose Vertragskosten, es kann jedoch auch Herabsetzung des Kaufpreises oder die Rückabwicklung verlangt werden.

8.8.5 Wie lange wird gehaftet? – Verjährung der Haftungsansprüche

Nach **altem Recht** verjährten Ansprüche wegen Sachmängeln nach § 477 Abs. 1 BGB a.F. grundsätzlich sechs Monate nach Übergabe der Kaufsache, sofern der Mangel nicht arglistig verschwiegen worden war. Die übrigen Ansprüche (Rechtsmängel und culpa in contrahendo) unterlagen einer 30-jährigen Verjährung. Aus Sicht der Vertragsparteien glich die Haftungsdauer somit häufig einem Roulettespiel: Ansprüche wegen der falschen Angabe des Reinertrags der letzten drei Jahre verjährten sechs Monate nach Übergabe des Unternehmens, Ansprüche wegen falscher Angabe des Ertrags im letzten Wirtschaftsjahr hingegen erst nach 30 Jahren.

Die Verjährungsregeln wurden durch das Schuldrechtsmodernisierungsgesetz sowohl für Alt- als auch für Neuansprüche vereinheitlicht, wobei entsprechende Übergangsvorschriften eingeführt wurden.

Bei **Neuverträgen gilt ab dem 01.01.2002** für kaufrechtliche Nacherfüllungs-, Schadensersatz- sowie Aufwendungsersatzansprüche grundsätzlich eine **zweijährige Verjährungsfrist**, die ab Übergabe/Ablieferung der Kaufsache zu laufen beginnt. Soweit die Kaufsache mit sogenannten „dinglichen Rechten" Dritter, die den Käufer zur Herausgabe der Sache verpflichten, belastet sind, gilt sogar eine 30-jährige Verjährungsfrist (§ 438 Abs. 1 und 2 BGB). Rücktrittsrechte und Minderungsrechte können bis zu zwei Jahre seit dem Schluss des Jahres, in dem der Anspruch entstanden ist, geltend gemacht werden (§§ 438 Abs. 4 und 5; 218 BGB). Nach neuem Recht haben sich die kaufrechtlichen Verjährungsfristen damit deutlich verlängert.

Ansprüche wegen Verschuldens bei Vertragsverhandlungen unterliegen sowohl nach altem als auch nach neuem Recht der Regelverjährung des § 195 BGB. Diese wurde jedoch von 30 auf **drei Jahre** ab Kenntnis, bzw. absolut **auf zehn Jahre** verkürzt. Gemäß § 199 BGB beginnt die Verjährung mit dem Schluss des Jahres, in dem der Anspruch entsteht und der Anspruchsberechtigte Kenntnis von den anspruchsbegründenden Tatsachen und der Person des Schuldners erlangt bzw. ohne grobe Fahrlässigkeit hätte erlangen müssen. Sie tritt unabhängig von der Kenntnis nach spätestens zehn Jahren nach Entstehung des Anspruchs ein (§ 199 Abs. 3 Satz 1 Nr. 1 BGB). Durch diese Neuregelung sind die nach altem Recht bestehenden erheblichen Unterschiede der Verjährungsfristen deutlich verringert worden.

Bei der Verjährung von Ansprüchen aus Altverträgen gilt der Grundsatz, dass für Altansprüche seit dem 01.01.2002 zu prüfen ist, welche Verjährungsfrist (nach altem oder neuem Recht) die kürzere ist. Diese findet sodann Anwendung.

Eine wichtige Neuerung ergibt sich aufgrund des § 202 BGB. Hiernach sind vertragliche Vereinbarungen über die Dauer der Verjährung umfassend möglich, solange die Grenzen des § 202 BGB beachtet werden. Es darf hiernach die Verjährung verkürzt werden (mit Ausnahme einer Haftung für Vorsatz, Absatz 1) oder verlängert werden (maximal auf 30 Jahre, Absatz 2).

8.8.6 Ausschluss und Begrenzung der Haftung des Verkäufers

Für die Kaufvertragsparteien ist weiterhin die Frage von Bedeutung, unter welchen Umständen die Haftung des Verkäufers für die „Ordnungsmäßigkeit" des Kaufobjekts ausgeschlossen ist, der Käufer mithin entsprechende Ansprüche „verliert". Im Kapitel zur Due Diligence wurde bereits darauf hingewiesen, dass die vom Käufer im Rahmen einer Due Diligence aufgedeckten Mängel des Unternehmens eine Mängelhaftung des Verkäufers ausschließen können. Dieser Ausschluss beruht auf dem Grundsatz, dass die Ansprüche des Käufers ausgeschlossen sind, wenn ihm der Mangel vor Vertragschluss bekannt war oder ihm grob fahrlässig unbekannt geblieben ist.

8.8.6.1 Haftungsausschluss wegen Kenntnis des Mangels

Die Kenntnis des Mangels bei Vertragschluss schließt Mängelansprüche des Käufers aus (§ 442 BGB). Bei grob fahrlässiger Unkenntnis von Sach- und Rechtsmängeln ist die Haftung grundsätzlich ebenfalls ausgeschlossen. Dies gilt nicht im Fall einer Beschaffenheitsgarantie bzw. bei Arglist des Verkäufers. Spätere Kenntnis vom Mangel (nach Vertragsschluss vor Übergabe des Unternehmens) ist nach neuem Recht unschädlich, da § 464 BGB a.F. ersatzlos weggefallen ist. Insoweit begünstigt die Neuregelung den Käufer, da der Verkäufer nunmehr uneingeschränkt für zwischen Vertragsabschluss und Übernahme bekannt werdende Mängel haftet.

Bereits nach altem Recht wurden diese Haftungsausschlussregeln entsprechend auch im Rahmen der Haftung aus culpa in contrahendo für anwendbar erachtet.[1] Diese Ausdehnung dürfte auch nach neuem Recht gelten.

Der Käufer sollte wissen, dass ihm auch das Wissen der von ihm in die Transaktion eingeschalteten Berater oder Mitarbeiter als sogenannte „Wissensvertreter“ zugerechnet wird. „Wissensvertreter“ ist hierbei jeder, der vom Geschäftsherrn derart in dessen Arbeitsorganisation einbezogen ist, dass er als dessen Repräsentant eigenverantwortlich bestimmte Aufgaben wahrnehmen und bestimmte Informationen entgegennehmen soll. Eine ausdrückliche Bevollmächtigung dieser Person im Sinne einer rechtsgeschäftlichen Vollmacht ist nicht erforderlich. Hierzu gehören beispielsweise die externen Berater oder Mitarbeiter des Käufers, die die Due Diligence durchführen. Rein interne Berater sind hingegen keine Wissensvertreter.

Praxistipp

Der Käufer verliert seine Ansprüche insoweit auch dann, wenn er selbst keine Kenntnis von dem jeweiligen Mangel hatte. Um sein Risiko zu beschränken, sollte er versuchen, eine Wissenszurechnung nur für bestimmte, ausdrücklich genannte Personen zu vereinbaren.

8.8.6.2 Unwirksame Haftungsbeschränkung – § 444 BGB

Üblicherweise wird in der Vertragspraxis – worauf nachfolgend noch eingegangen wird – wegen der Unzulänglichkeiten der gesetzlichen Regelungen zum Unternehmenskauf die Haftung des Verkäufers über sogenannte „selbständige Garantieversprechen“ geregelt. Diese rein vertragliche, von gesetzlichen Bestimmungen unabhängige Verkäuferhaftung, wird sodann regelmäßig durch vertragliche Regelungen beschränkt, z.B. durch Festlegung einer Haftungshöchstgrenze.

1) PUTZO in PALANDT, Bürgerliches Gesetzbuch. § 460 BGB, Rdnr. 5; § 464 BGB, Rdnr. 2.

Nur in Ausnahmefällen ist diese von den Parteien gewünschte Haftungsbegrenzung hinfällig. Hat der Verkäufer einen Mangel arglistig verschwiegen oder eine bestimmte Eigenschaft arglistig vorgetäuscht, so ist die Haftungsbegrenzung unbeachtlich (§§ 276, 444 zweite Alternative BGB). Arglist ist bereits dann gegeben, wenn der Verkäufer erkennbare, vertragswesentliche Umstände dem Käufer verschweigt, in Kenntnis, dass dieser bei ordnungsgemäßer Aufklärung den Vertrag mit anderem Inhalt oder überhaupt nicht abgeschlossen hätte.

In der Vertragspraxis hat sich für die Haftung des Verkäufers – wie dargelegt – ein eigenes System der Garantiehaftung durchgesetzt. Im Rahmen der Schuldrechtsmodernisierung wurde ein neuer § 444 BGB eingeführt. § 444 BGB schloss zunächst die Möglichkeit der Haftungsbegrenzung aus, wenn der Verkäufer eine sogenannte „**Beschaffenheitsgarantie**“ übernommen hatte.

Damit war die aufs heftigste diskutierte Frage aufgekommen, inwieweit die Abgabe eines Garantieversprechens beim Unternehmenskauf zum Ausschluss von Haftungsbegrenzungsvereinbarungen führen kann. Diese Vertragspraxis wurde durch die Einführung des § 444 BGB als gefährdet angesehen.[1)]

Die Meinungen gehen bei der Frage auseinander, ob eine selbständige Garantie, wie sie üblicherweise beim Unternehmenskauf abgegeben wird, als „Beschaffenheitsgarantie“ im Sinne des § 444 BGB zu verstehen ist. Hieran schließt sich die Frage an, ob und falls ja wie die Haftung aus einer derartigen Garantie begrenzt werden kann. Diese Fragen wurden in Aufsätzen und Seminaren leidenschaftlich diskutiert und führten zu diversen Stellungnahmen des Bundesministeriums der Justiz und zu einem Gesetzentwurf der CDU/CSU-Fraktion.[2)] Hieran zeigt sich, welche Relevanz diese Rechtsfrage für die Praxis hatte. Aufgrund der obenaufgezeigten Unzulänglichkeiten der gesetzlichen Haftungsregelungen bestehen insbesondere die Unternehmenskäufer auf Beibehaltung einer Garantiehaftung des Verkäufers. Ob der Käufer dann aber nicht ein unbegrenztes Haftungsrisiko eingehen musste, konnte nicht mehr ausgeschlossen werden.

Der Gesetzgeber sah sich veranlasst, hier zu handeln, um diese Unsicherheiten zu beseitigen. Am 28.01.2004 wurde der Entwurf eines „Gesetz zur Änderung der Vorschriften über Fernabsatzverträge bei Finanzdienstleistungen“ vom Bundesjustizministerium vorgelegt. Nachträglich wurde hier

1) Vgl. hierzu beispielsweise Gronstedt/Jörgens, ZIP 2002, 52, 55; Wolf/Kaiser, BB 2002, 411, 416.
2) Zum Gang der Diskussion statt vieler, Seibt, NZG 2004, 801 ff.

auf Vorschlag des Rechtsausschusses des deutschen Bundestages eine Änderung des § 444 BGB aufgenommen. Diese Änderung sieht vor, dass in Zukunft im Gesetzestext das Wort „wenn“ durch das Wort „soweit“ ersetzt wird. Dieses Gesetz wurde am 01.07.2004 vom Bundestag beschlossen[1] und ist im Oktober 2004 in Kraft getreten. Der Text des § 444 BGB lautet nunmehr:

„... Auf eine Vereinbarung, durch welche die Rechte des Käufers wegen eines Mangels ausgeschlossen oder beschränkt werden, kann sich der Unternehmer nicht berufen, **soweit** er ... eine Garantie für die Beschaffenheit der Kaufsache übernommen hat.“

In der Gesetzesbegründung hierzu heißt es, diese Änderung habe nur klarstellenden Charakter. Der Gesetzgeber habe nie die Absicht gehabt, den Parteien eines Unternehmenskaufvertrags die Möglichkeit zu nehmen, Garantien von vornherein zu beschränken. Die Klarstellung erfolge insoweit in Übereinstimmung mit der herrschenden Meinung im Schrifttum, die Haftungsbeschränkungen für Garantien weiterhin für möglich erachtete. § 444 BGB verbiete nur Beschränkungen der Garantien, die für den Vertragspartner intransparent oder überraschend sind. Mit dieser gesetzlichen „Klarstellung“ ist zwar vom Wortlaut des Gesetzestexts her keine eindeutige Klärung herbeigeführt, jedoch wird der Wille des Gesetzgebers in der Gesetzesbegründung deutlich erkennbar. In der Sachverständigenanhörung wurde übereinstimmend die Auffassung vertreten, die Beschränkung der Garantien innerhalb des Vertrags in einer anderen Vorschrift stelle keinen Fall einer intransparenten und damit unwirksamen Haftungsbeschränkung dar.[2]

In der Vertragspraxis kann nunmehr wieder auf das „alte“ Haftungssystem der Garantien zurückgegriffen werden. Die Frage, ob eine Begrenzung von Garantieansprüchen überhaupt noch möglich ist, muss nunmehr eindeutig mit einem „ja“ beantwortet werden.

Schwieriger ist die Frage aber, wann denn eine Haftungsbegrenzung „überraschend“ oder „intransparent“ ist. Die Sachverständigenanhörung ist insoweit zwar eindeutig, bevor dies jedoch nochmals gerichtlich bestätigt ist, empfiehlt sich zur jeglichen Vermeidung eines Risikos eine klare Formulierung zu Beginn des Garantiekatalogs, die auch auf die Rechtsfolgen hinweist. Ein Formulierungsvorschlag wird nachfolgend in Kapitel 9.2 erläutert.

1) Artikel 1 Nr. 6 des Gesetzes zur Änderung der Vorschriften über Fernabsatzverträge bei Finanzdienstleistungen, GE der BReg., BT-Drucks. 30.06.2004, 15/3483, 11.

2) Seibt, NZG 2004, 801 ff.

8.9 Fazit

Die Rechtsprechung hat unter dem alten Recht für Unternehmensverkäufe ein sehr komplexes Haftungssystem entwickelt, um die Unzulänglichkeiten des Kaufrechts, insbesondere im Hinblick auf die extrem kurze Verjährung von sechs Monaten, zumindest teilweise zu kompensieren.

Dieses Haftungssystem führte jedoch gerade nicht dazu, dass dem Käufer unabhängig von Transaktionsart und Kaufgegenstand die gleichen Rechte zustanden. Soweit auf die gesetzlichen Haftungsregelungen zurückgegriffen werden musste, kam es aus Käufersicht zu wirtschaftlich nicht nachvollziehbaren Verwerfungen bei Art und Umfang der Verkäuferhaftung. Die gesetzliche Neuregelung verbessert die Position des Unternehmenskäufers in mehrfacher Hinsicht durch:

- Erweiterung der Haftung auch beim Kauf von Beteiligungen
- Gewährung gleicher Ansprüche unabhängig von der Art des Mangels
- Verlängerung der Verjährungsfrist von sechs Monaten auf zwei Jahre
- Einschränkung des Gewährleistungsausschlusses bei Kenntnis vom Mangel nach Vertragsabschluss
- Einschränkung der Möglichkeiten einer Haftungsbegrenzung des Verkäufers (streitig)

43 Wie haftet der Verkäufer ohne besondere vertragliche Regelung (kraft Gesetzes) für den Zustand des verkauften Unternehmens?

- Grundsätzlich unabhängig von der Transaktionsart gleiche Haftung für Fehlen wertbildender Faktoren.
- Haftung für Sachmängel und Rechtsmängel des verkauften Unternehmens/der Beteiligung.
- Zur Sicherung etwaiger Sachmängelansprüche ist eine umfassende Festlegung der Beschaffenheit des verkauften Unternehmens/Beteiligung empfehlenswert.
- Unklar ist, ob alle wertbildenden Faktoren Gegenstand einer Beschaffenheitsvereinbarung sein können.
- Rechtsfolgen bei Vorliegen von Sach- oder Rechtsmängeln gleich.
- Zunächst nur Anspruch auf Nacherfüllung, d.h. Beseitigung des Mangels.
- Bei Scheitern/Nichteingreifen des Nacherfüllungsanspruchs alternativ Anspruch auf
  - Kaufpreisminderung
  - Rücktritt vom Vertrag und Schadensersatz
  - Schadensersatz (Verschulden erforderlich)
  - Aufwendungsersatz
- Mängelhaftungsansprüche verjähren innerhalb von zwei Jahren nach Übergabe des Unternehmens/der Beteiligung.
- Soweit keine Mängelhaftungsansprüche eingreifen, kann Schadensersatzanspruch wegen Nichtaufklärung/falscher Auskunft über vertragswesentliche Umstände eingreifen (culpa in contrahendo, Verschulden bei Vertragsverhandlungen).
- c.i.c.-Ansprüche setzen immer Verschulden voraus und verjähren in drei Jahren nach Kenntnis der Umstände, spätestens in zehn Jahren nach Entstehen des Anspruchs.
- Ansprüche sind ausgeschlossen bei Kenntnis des Käufers vom Mangel/der anspruchsbegründenden Umstände im Zeitpunkt des Vertragsabschlusses.
- Haftungsbegrenzung bei Abgabe von Garantien möglich, jedoch unwirksam, wenn diese überraschend oder intransparent (§ 444 BGB).

9 Zweite Verhandlungsphase – Der Kaufvertrag

Was Sie in diesem Kapitel erfahren

44 Welche Fragen sind typischerweise beim Unternehmenskauf vertraglich zu regeln?

45 Welche Besonderheiten bestehen bei grenzüberschreitenden Unternehmenskäufen?

46 Wie kann der Kaufpreis bestimmt werden?

47 Welche Risiken birgt ein variabler Kaufpreis („Earn out")?

48 Welche Zahlungsmodalitäten sind denkbar und wie können die Parteien wegen ihrer Ansprüche abgesichert werden?

49 Für welche wertbestimmenden Faktoren muss der Verkäufer haften?

50 Welche Haftungsansprüche hat der Käufer bei Unrichtigkeit der Garantien?

51 Wie können die Interessen des Verkäufers gesichert werden, wenn er noch Minderheitsgesellschafter in der Objektgesellschaft bleibt?

52 Was ist bei Vereinbarung eines Wettbewerbsverbots zu beachten?

53 Welche Vorteile bietet eine Schiedsvereinbarung?

Inhalt

9 Zweite Verhandlungsphase – Der Kaufvertrag

9.1 Einleitung

Mit der Unterzeichnung des Kaufvertrags beenden die Vertragsparteien ein oft wochenlanges Ringen um Konditionen und Klauseln und legen den verbindlichen „Fahrplan“ bis zur Übernahme des Unternehmens durch den Käufer fest. Die gegensätzlichen Verhandlungspositionen und Interessen finden in diesem Vertragswerk ihren Ausgleich und ihre rechtliche Ausprägung. In dieser Phase des Unternehmenskaufs stoßen die Interessengegensätze am deutlichsten aufeinander, da sich die Beilegung von Meinungsverschiedenheiten nicht mehr auf einen späteren Zeitpunkt verschieben lässt. Die Parteien sind jetzt gefordert, eine Einigung hinsichtlich der Vertragskonditionen zu erzielen oder aber die Verhandlungen abzubrechen.

Der Kaufvertrag nimmt im Unternehmenskauf daher eine zentrale Stellung ein. Hier sind alle Voraussetzungen für eine wirksame Übertragung des Unternehmens, für die Festlegung des Kaufpreises und die Haftung des Verkäufers unter Berücksichtigung der auf den Käufer zukommenden Haftungsrisiken zu fixieren und sicherzustellen. Nachfolgend werden die Grundstruktur des Kaufvertrags und die wesentlichen Klauseln erläutert.

9.1.1 Überblick über die Vertragstechnik

Wie bereits in den vorherigen Kapiteln veranschaulicht wurde, handelt es sich beim Unternehmens- und Beteiligungskauf um eine äußerst komplexe Transaktion. Erschwert wird die vertragliche Gestaltung noch dadurch, dass es sich bei dem Unternehmen um ein „lebendes Gebilde“ handelt, das ständigen Veränderungen unterworfen ist. Dies macht die Fixierung eines vertragsgemäßen Zustands äußerst schwierig, insbesondere dann, wenn der Zeitpunkt des Vertragsabschlusses und der Unternehmensübernahme auseinander fallen.

Dennoch haben sich für den Unternehmens- und Beteiligungskauf gewisse Vertragsstandards in der Praxis entwickelt. Es hat sich insbesondere die im angloamerikanischen Raum gebräuchliche Vertragspraxis durchgesetzt. Diese zeichnet sich dadurch aus, dass sämtliche, die Transaktion betreffenden Umstände umfassend im Vertrag geregelt werden. Anders als der deutsche Vertragsjurist, der häufig auf eine Vielzahl von Legaldefinitionen zurückgreifen kann, wird in der angloamerikanischen Vertragspraxis eine Vielzahl von Begriffen vorab genau definiert. Dies geht hin bis zur Definition des Begriffs „Tag“ und „Woche“.

Beeinflusst durch die angloamerikanische Vertragspraxis finden sich auch bei deutschen Unternehmenskauftransaktionen immer häufiger aus dem angloamerikanischen Raum bekannte Vertragsklauseln und Abwicklungstechniken. Folge dieses Einflusses ist beispielsweise die Durchführung von Due-Diligence-Prüfungen und die Abstimmung des Garantiekatalogs auf die Ergebnisse der Due Diligence. Darüber hinaus ist auch die Durchführung eines besonderen Übernahmetermins (Closing) eine Besonderheit der angloamerikanischen Vertragspraxis. In diesem Closing-Termin wird sodann die „Übergabe" des Unternehmens rechtlich vollzogen, dies bedeutet, dass in dem Termin die gegebenenfalls noch zu unterzeichnenden Verträge unterzeichnet werden, eventuelle verbriefte Anteilsrechte übergeben werden, Satzungsänderungen und Geschäftsführerbestellungen vorgenommen werden. Der Termin der Vertragsunterzeichnung, nach deutscher Vorstellung der Haupttermin, tritt hinter den Closing-Termin in seiner Bedeutung zurück. Die Vertragsunterzeichnung (Signing) setzt den Vertrag insoweit noch nicht in Kraft.

Der typische Unternehmens-/Beteiligungskaufvertrag regelt daher auch sämtliche, die Parteien treffenden Rechte und Pflichten umfassend im Rahmen des Vertrags. Insbesondere die den Käufer treffende Haftung für den Zustand der Objektgesellschaft wird nach Art und Umfang umfassend im Kaufvertrag geregelt. Etwaige zusätzliche gesetzliche Ansprüche werden regelmäßig abbedungen. Um den Zustand der Objektgesellschaft zu beschreiben, wird regelmäßig Bezug genommen auf eine Vielzahl von Anlagen, die dem Kaufvertrag beigefügt werden. In diesen Anlagen sind dann beispielsweise in Tabellenform die wichtigsten Verträge aufgeführt, teilweise sind auch – je nach Bedeutung des Vertrags – Kopien dieser Verträge beigefügt. Darüber hinaus fügen die Parteien auch etwaige noch abzuschließende Verträge, die mit Vertragsabschluss unterzeichnet werden sollen, bei. Hierbei handelt es sich beispielsweise um Geschäftsführerverträge mit dem Verkäufer, Beraterverträge mit dem Verkäufer, Mietverträge zwischen Verkäufer und Objektgesellschaft etc. Der Kaufvertrag kann durch Hinzufügung dieser Anlagen einen durchaus stattlichen Umfang erlangen.

9.1.2 Unterschiede zwischen Kauf eines Gesamtunternehmens und Kauf einer Beteiligung

Die Unterschiede zwischen dem Kauf eines Gesamtunternehmens, sei es durch Erwerb sämtlicher Anteile oder durch Erwerb der Wirtschaftsgüter und des Erwerbs einer Beteiligung, sind im Hinblick auf die Vertragsinhalte regelmäßig nur marginal. Abweichend vom Kauf eines Gesamtunternehmens besteht beim Kauf einer Beteiligung gegebenenfalls zusätzlicher Regelungsbedarf. Der Umfang des Regelungsbedarfs ist davon abhängig, wer neben dem Erwerber noch Gesellschafter der Objektgesellschaft ist, und welchen Anteil der Erwerber an der Gesellschaft erwirbt. Erwirbt er bei der GmbH oder AG mehr als 75 % der Anteile, so sind ihm grundsätzlich strukturändernde Maßnahmen ohne Zustimmung der Mitgesellschafter möglich (z.B. Kapitalerhöhung, Änderung des Unternehmensgegenstands, Sitzverlegung). Erwirbt er hingegen nur die einfache Anteilsmehrheit, können derartige strukturändernde Maßnahmen durch Mitgesellschafter blockiert werden. Hier können sich sodann entsprechende Stimmbindungsvereinbarungen empfehlen. Diese Vereinbarungen würden die Mitgesellschafter verpflichten, bei derartigen Maßnahmen im Sinne des Erwerbers zu votieren. Erwirbt der Käufer nur eine Minderheitsbeteiligung, so wird er regelmäßig einen besonderen Minderheitenschutz sicherstellen wollen. Dieser Minderheitenschutz entspricht demjenigen, den der verbleibende Verkäufer sicherstellen möchte. Insoweit wird auf die Ausführungen in Kapitel 10.7.4 verwiesen.

Wenn der Käufer zunächst nur eine Beteiligung erwirbt, wird er häufig auch daran interessiert sein, zu einem späteren Zeitpunkt sämtliche Anteile zu erwerben, oder aber den Verkauf der Anteile an Dritte unterbinden zu können. Zur Sicherung des Erwerbs sämtlicher Anteile bietet sich für ihn die Einräumung einer Kaufoption durch den Verkäufer an. Es wird insoweit auf die Ausführungen in Kapitel 5 verwiesen. Den Schutz der Gesellschaft vor Überfremdung kann er durch eine Vinkulierung der Anteile erreichen, dies bedeutet, dass die Übertragung der Anteile an die Zustimmung der Gesellschaft/Gesellschafter gebunden wird. Schließlich kann er sich im Hinblick auf eine Veräußerung der Anteile an Dritte vom Verkäufer ein Vorerwerbsrecht einräumen lassen, sodass er anstelle des Dritten die verbleibenden Anteile erwirbt.

9.1.3 Besonderheiten beim grenzüberschreitenden Unternehmenskauf

Auch bei Unternehmenskäufen im Mittelstand gibt es zunehmend Konstellationen, die über die nationalen Grenzen hinausgehen:

- Ein ausländischer Käufer möchte ein Unternehmen mit Sitz in Deutschland erwerben;
- ein Unternehmer möchte von einem ausländischen Gesellschafter dessen Beteiligung an einer Gesellschaft mit Sitz in Deutschland erwerben;
- ausländische Beteiligungen bzw. beim Asset Deal im Ausland gelegene Wirtschaftsgüter sollen miterworben werden.

Diese Fälle sind in den vergangenen Jahren häufiger anzutreffen, da beispielsweise ausländische Unternehmen sich auf diesem Weg einen Zugang zum deutschen Markt verschaffen wollen oder sich vom deutschen Markt auch wieder zurückziehen.

Vom grenzübeschreitenden Unternehmenskauf spricht man im Vergleich zum rein nationalen Unternehmenskauf in zweierlei Hinsicht:

- wegen der aus unterschiedlichen Ländern stammenden Vertragsparteien
- wegen der in verschiedenen Ländern/im Ausland belegenen Kaufobjekte

An diese Unterschiede schließen sich für die Vertragsparteien zwei Fragen an:

1. Welchem Recht unterliegt der Kaufvertrag bei Vertragsparteien unterschiedlicher Nationaliät? („**Vertragsstatut**")
2. Nach welchem Recht richtet sich die Übertragung der in verschiedenen Ländern gelegenen Wirtschaftsgüter (das „**Erfüllungsgeschäft**")?

Die Frage, welchem Recht der Kaufvertrag – und damit die Verpflichtung zur Übertragung des Unternehmens („**Vertragsstatut**") – unterliegt, steht im Ermessen der Vertragsparteien. Im Regelfall wird hierzu eine ausdrückliche Rechtswahl getroffen. Geschieht dies nicht, so richtet sich das anwendbare Recht nach dem Recht des Staates, in dem die Partei, die die vertragstypische Leistung erbringt, ihre Hauptverwaltung bzw. (bei natürlichen Personen) ihren gewöhnlichen Aufenthaltsort hat (Art. 28 EGBGB). Beim Unternehmenskauf besteht die vertragstypische Leistung in der Übertragung des Unternehmens, folglich ist das Recht des Landes auf den Kaufvertrag anwendbar, in dem der Verkäufer seinen Aufenthaltsort bzw. seine Hauptverwaltung hat. Wird aber beispielsweise nur, bzw. im Wesentlichen, ein Grundstück übertragen, findet das Recht des Landes Anwendung, in dem das Grundstück belegen ist (Art. 28 EGBGB).

Die Frage, nach welchem Recht sich die Übertragung des Unternehmens richtet, ist allgemein dahingehend zu beantworten, dass es auf das Recht des Landes ankommt, in welchem der Vermögensgegenstand belegen ist:

- Beim **Share Deal** richtet sich die Anteilsübertragung nach den auf die Gesellschaft anwendbaren gesellschaftsrechtlichen Vorschriften („**Gesellschaftsstatut**").
- Beim **Asset Deal** ist zu unterscheiden nach den jeweiligen Wirtschaftsgütern, die Übertragung von:

- Bewegliche Sachen und Grundstücke richten sich grundsätzlich nach dem Recht des Landes, in dem sich die Gegenstände/Grundstücke befinden (Art. 43 EGBGB);
- Forderungen richten sich nach dem Recht, dem auch der der Forderung zugrundeliegende Vertrag unterliegt (Art. 33 EGBGB);
- Schutzrechte richten sich nach dem Recht, das auf das Schutzrecht Anwendung findet (Art. 33 Abs. 2 EGBGB).

Dieses für die Übertragung maßgebliche Recht kann durch Vereinbarung von den Parteien nicht geändert werden. So gilt für die deutsche GmbH immer das deutsche GmbH-Recht und die wirksame Übertragung der GmbH-Beteiligung muss immer diesen Vorschriften entsprechen, egal nach welchem Recht sich der Kaufvertrag richtet und welche Nationalität der Gesellschafter hat.

Beispiel

Die ABC B.V. mit Hauptverwaltung in Amsterdam ist alleinige Gesellschafterin der Müller GmbH mit Sitz in Köln. Herr Schmitz hat mit der ABC B.V. einen notariellen Kaufvertrag abgeschlossen, ohne dass ausdrücklich eine Rechtswahl getroffen wurde. Die Parteien möchten wissen, welchem Recht der Kaufvertrag unterliegt und nach welchem Recht sich die eigentliche Übertragung richtet.

Die charakteristische Leistung beim Unternehmenskauf erbringt der Verkäufer. Dieser hat seine Hauptverwaltung in Amsterdam, somit findet auf den Kaufvertrag das Recht der Niederlande Anwendung.

Die Übertragung der Gesellschaftsanteile unterliegt dem auf die Objektgesellschaft anwendbaren Gesellschaftsstatut. Dies ist für die Müller GmbH das deutsche GmbH-Gesetz. Die Übertragung der Anteile bedarf daher der notariellen Beurkundung gemäß § 15 Abs. 3 GmbHG.

Daneben stellen sich bei Vertragsparteien unterschiedlicher Herkunft noch weitere Fragen, beispielsweise hinsichtlich deren Rechtsfähigkeit bzw. gesetzlichen Vertretung. Diese Fragen unterliegen grundsätzlich dem Recht des Staates, in dem die jeweilige Partei ihre Hauptniederlassung oder ihren Wohnort hat.

Bereits an diesen kurzen Ausführungen ist erkennbar, dass derartige Transaktionen deutlich höheren Aufwand erfordern können, um alles zur Wirksamkeit und Erfüllung des Kaufvertrags Erforderliche zu tun. Hinzukommen hier dann noch die sprachlichen Anforderungen, da derartige Verträge häufig in englischer Sprache verhandelt werden. So weit als möglich sollte als Vertragssprache jedoch bei Anwendung des deutschen Rechts auch die deutsche Sprache gewählt werden. Dies vermeidet Ungenauigkeiten im Vertragstext, die gerade bei einer Auseinandersetzung vor deutschen Gerichten zu Schwierigkeiten führen können.

9.1.4 Überblick über vertraglich zu regelnde Punkte beim Unternehmenskauf

Unabhängig von der Transaktionsart und der Rechtsform der Objektgesellschaft sind stets die nachfolgend aufgeführten Punkte im Kaufvertrag zu regeln bzw. zu prüfen:

- Kaufgegenstand
  - Anteile/Einzelwirtschaftsgüter
  - Beschreibung der Anteile/Einzelwirtschaftsgüter
  - Regelung bezüglich Nebenrechten, z.B. Gewinnanspruch
  - Übertragung des Kaufgegenstands
  - Übergangsstichtag
- Kaufpreis/Zahlung
  - fest, variabel, Anpassungsformel
  - Zahlungsmodalitäten
  - Kaufpreiseinbehalte/Absicherung des Kaufpreises
- Garantien
  - Gegenstand der Garantien
  - Rechtsfolgen der Nichterfüllung
  - Ausschluss von sonstigen Haftungsansprüchen
  - Verjährung der Garantieansprüche
  - Bezeichnung der Wissensträger beider Parteien
- Freistellungsverpflichtungen
- Zustimmungsvorbehalte
  - Gesellschaft bei vinkulierten Anteilen
  - Hauptversammlung bei Verkauf des Gesamtunternehmens (§ 179a AktG)
  - Ehegatten gemäß § 1365 BGB
  - Kartellamt
- Übergangsregelungen
- Nebenverträge zum Kaufvertrag, z.B.
  - Geschäftsführer-/Vorstandsvertrag mit Verkäufer
  - Beratervertrag mit Verkäufer
  - Mietvertrag mit Verkäufer

  - Lizenzverträge mit Verkäufer, z.B. hinsichtlich bestehender Patente
  - Neufassung der Satzung
  - Geschäftsordnungen für Geschäftsführung/Vorstand
- Wettbewerbsverbot
- Sonstige Regelungen
  - Aufhebung von Vorvereinbarungen
  - Empfänger von Mitteilungen
  - Kostentragung/Steuern
  - Abtretbarkeit von Rechten aus dem Vertrag
  - Rechtswahl
  - Gerichtsstand/Schiedsklausel

Im Anhang ist eine ausführliche stichwortartige Darstellung des Inhalts eines GmbH-Anteilskaufvertrags beigefügt. Diese Übersicht mag als Checkliste für die regelungsbedürftigen Punkte einer Transaktion dienen, ersetzt jedoch nicht die Beratung im konkreten Einzelfall, da jede Transaktion Besonderheiten aufweist, die eine individuelle Regelung notwendig machen. Nachfolgend wird vertieft auf die wesentlichen Vertragsdetails eingegangen.

44 Welche Fragen sind typischerweise beim Unternehmenskauf zu regeln?

- Kaufgegenstand und Übertragung
- Kaufpreis/Zahlung
- Garantien und Haftungsfolgen
- Freistellungsverpflichtungen
- Zustimmungsvorbehalte
- Übergangsregelungen
- Nebenverträge zum Kaufvertrag
- Wettbewerbsverbot
- vertragstechnische Fragen (z.B. Kostentragung, Schiedsklausel)

Siehe auch die Checkliste im Anhang!

45 Welche Besonderheiten bestehen bei grenzüberschreitenden Unternehmenskäufen?

- Ausdrückliche Rechtswahl treffen bezüglich des auf den Kaufvertrag anzuwendenden Rechts.
- Für die eigentliche Übertragung des Unternehmens können unterschiedliche Rechtsordnungen einschlägig sein, je nachdem, wo sich die Wirtschaftsgüter befinden.

9.2 Kaufpreis

Sowohl beim Unternehmens- als auch beim Beteiligungskauf wird grundsätzlich ein Gesamt- bzw. Einheitskaufpreis ausgehandelt. Dieser Kaufpreis stellt meistens nicht nur die Summe der zum Unternehmen gehörenden Einzelwirtschaftsgüter dar (Substanzwert). Viel häufiger – und das macht dessen Bestimmung so schwierig – soll auch die im Unternehmen verkörperte Ertragskraft und das „unternehmerische Potential“ mitvergütet werden. Zur Frage, wie ein Unternehmenswert (der nicht zwingend den Kaufpreis darstellt) ermittelt werden kann, sei auf Kapitel 5 verwiesen. Im Rahmen des Kaufvertrags ist „nur“ das Ergebnis der Kaufpreisverhandlungen zu fixieren. Hier werden nachfolgend typische Bestandteile der Kaufpreisklausel dargestellt.

9.2.1 Fester Kaufpreis

Die „einfachste“ Kaufpreisgestaltung ist die Vereinbarung eines betraglich fixierten oder anhand einer Kaufpreisformel zum Übergangsstichtag endgültigen bestimmten Festkaufpreises. Bezugspunkt für die Bestimmung des Festkaufpreises kann hier das zum Stichtag im Unternehmen vorhandene Eigenkapital im Sinne des § 266 HGB sein, es kann auch angeknüpft werden an den Durchschnitt vergangener Jahresüberschüsse multipliziert mit einem bestimmten Faktor. Teilweise werden auch branchenspezifische Kaufpreisformeln verwendet, die beispielsweise an den Durchschnittsumsatz des Hauptprodukts anknüpfen. Soweit der fixe Preis bereits feststeht, wird häufig nur noch dieser Betrag angegeben. Wird dieser Betrag erst im Rahmen einer noch aufzustellenden Übergabebilanz oder Stichtagsbilanz ermittelt, wird hierzu auch die Formel angegeben.

9.2.2 Variabler Kaufpreis („Earn out“)

Nicht immer können sich die Vertragsparteien auf einen Festkaufpreis einigen. Der Verkäufer nimmt naturgemäß eine sehr positive Ertragsprognose vor, die vom Käufer häufig als unrealistisch angesehen wird. Als Mittelweg bietet sich dann die Vereinbarung eines variablen Kaufpreises an oder einer Mischform. Diese sieht vor, dass ein Teil des Kaufpreises als fester Kaufpreis ausgestaltet ist, ein weiterer Teil als variabler Kaufpreis („Earn out“). Beim Earn out wird der endgültig zu zahlende Kaufpreis durch die wirtschaftliche Entwicklung des Unternehmens während einer im Vertrag festgelegten Bemessungsperiode nach dem „Closing“ bestimmt.

Diese Earn-out-Klauseln bereiten in der praktischen Umsetzung allen Beteiligten erhebliches Kopfzerbrechen, da es nahezu unmöglich ist, im Rahmen eines Kaufvertrags diese Klauseln so zu fassen, dass gerade auch die Interessen des Verkäufers 100%ig sichergestellt werden können. Dies liegt an einem klassischen Dilemma: Der Verkäufer kann nach Übergabe des Unternehmens keinen Einfluss mehr auf die Geschäftsführung und die Art und Weise der dem Earn out zugrundeliegenden Jahresabschlusserstellung nehmen. Der Käufer hingegen will nach Übernahme des Unternehmens dieses auch unabhängig vom Verkäufer führen und nicht durch Mitbestimmungsrechte, die dem Verkäufer während der Earn-out-Periode eingeräumt werden, in seiner unternehmerischen Freiheit eingeschränkt sein.

Dennoch sind Earn-out-Klauseln häufig anzutreffen, da sie oft das letzte Mittel sind, den Abschluss „zu retten“. Deren Gebrauch setzt auf Verkäuferseite ein gehöriges Maß Vertrauen in die Käuferseite voraus, sollte er nicht selbst übergangsweise während der Earn-out-Periode noch die Geschäftsführung innehaben.

Die Parteien haben bei der inhaltlichen Gestaltung der Earn-out-Klausel den zuvor geschilderten Interessenkonflikt zu berücksichtigen. Die Bemessungsperiode für den Earn out sollte sich auf einen ausreichend langen Zeitraum (z.B. drei Jahre) erstrecken, da eine zu kurze Bemessungsperiode nicht immer ein zutreffendes Bild des Unternehmens vermittelt. Dabei sollte nach Möglichkeit eine Bemessungsgrundlage gewählt werden, die das strategische unternehmerische Verhalten des Käufers am wenigsten beeinflusst. Der Verkäufer muss in dieser Periode abgesichert sein, beispielsweise muss klargestellt sein, dass die Objektgesellschaft als rechtlich selbständiges Unternehmen oder aber als gesonderte betriebliche Einheit mit eigenem Rechnungswesen im Konzern des Käufers fortzuführen ist. Ebenso sollte sichergestellt sein, dass der Käufer das Unternehmen nur unter bestimmten Bedingungen, d.h. Bedingungen, die gewährleisten, dass der Verkäufer nicht um seinen variablen Kaufpreis gebracht wird, veräußert oder verschmilzt.

Der Käufer kann je nach Ausgestaltung der Earn-out-Klauseln daran gehindert werden, betriebswirtschaftlich sinnvolle Entscheidungen (Investitionen oder Akquisitionen) zu treffen. Wird das Unternehmen beispielsweise während der Earn-out-Periode durch den Verkäufer fortgeführt, so hat der Käufer alle Vorkehrungen zu treffen, um nachteilige Maßnahmen seitens des Verkäufers – vor allem im Hinblick auf die Zeit nach der Earn-out-Periode – zu unterbinden. So kann sich der Käufer beispielsweise ein Zustimmungs- oder Weisungsrecht vorbehalten, es könnte ein bestimmtes Forschungs- und Entwicklungsbudget vereinbart werden und es können Grundsätze über Abschreibungen und Investitionen vorgeschrieben sein.

Im Rahmen des nachfolgenden Beispiels soll eine Spielvariante einer variablen Kaufpreisgestaltung verdeutlicht werden:

Beispiel

Die Ausgangssituation: *Der Veräußerer und der Erwerber können sich nicht auf einen Unternehmenswert einigen. Bezüglich der restlichen Aspekte besteht Einvernehmen.*

Der Vorschlag: *Der Veräußerer schlägt eine variable Kaufpreisregelung in der nachfolgenden Ausgestaltung vor: Kaufpreis = Faktor 5 des EBIT der Jahre 2004, 2005, 2006 sowie 2007.*

Die Arithmetik:

Fall:	**Steigende Performance**				
Periode	**2004**	**2005**	**2006**	**2007**	Σ
EBIT	1.000.000 €	1.250.000 €	1.500.000 €	1.750.000 €	
Faktor	5	5	5	5	
Kaufpreis	5.000.000 €	6.250.000 €	7.500.000 €	8.750.000 €	
Davon $^1/_4$	1.250.000 €	1.562.500 €	1.875.000 €	2.187.500 €	**6.875.000 €**

Fall:	**Sinkende Performance**				
Periode	**2004**	**2005**	**2006**	**2007**	Σ
EBIT	1.000.000 €	750.000 €	500.000 €	250.000 €	
Faktor	5	5	5	5	
Kauf-preis	5.000.000 €	3.750.000 €	2.500.000 €	1.250.000 €	
Davon $^1/_4$	1.250.000 €	937.500 €	625.000 €	312.500 €	**3.125.000 €**

Wie dem vorstehenden Beispiel zu entnehmen ist, bilden variable Kaufpreisgestaltungen ein verändertes Chancen-Risikoprofil für die Ermittlung eines Unternehmenswerts ab. Weist die Gesellschaft eine positive Performance auf, erhöht sich der ursprüngliche Unternehmenswert von 5.000.000 € auf 6.875.000 €. Sinkt hingegen die Performance der Gesellschaft, vermindert sich der Unternehmenswert von 5.000.000 € auf 3.125.000 €.

Ob und in welcher Ausgestaltung eine variable Kaufpreisklausel für den Veräußerer oder für den Erwerber ratsam ist, hängt jeweils von den individuellen Chancen-Risikoeinschätzungen der Beteiligten und von der jeweiligen Verhandlungsposition ab.

Wichtig ist, dass bei der Vertragsgestaltung festgelegt wird, wie und von wem die für die variable Kaufpreiszahlung notwendige Bemessungsgrundlage festgelegt wird und wie diese Feststellungen überprüft werden können. In Praxi bieten sich Vereinbarungen an, wonach „neutrale“ Wirtschaftsprüfer als Schiedsgutachter für beide Parteien verbindlich entscheiden.

9.2.3 Kaufpreisanpassung

Auch wenn im Vertrag ein Kaufpreis betragsmäßig oder formelmäßig fixiert wurde, besteht – insbesondere aus Sicht des Käufers – häufig das Bedürfnis, nach Vertragsabschluss aufgrund der zum Übergangsstichtag aufgestellten Bilanz Kaufpreisanpassungen vorzunehmen. Der Käufer verlangt beispielsweise für den von ihm gezahlten Kaufpreis, dass die Objektgesellschaft

- nur einen maximalen Bestand an Verbindlichkeiten hat,
- ein Nettoumlaufvermögen in bestimmter Höhe hat,
- über einen bestimmten Mindestbestand an liquiden Mitteln verfügt.

Mittels einer Stichtagsbilanz wird dann nach Übergabe das Vorliegen dieser Voraussetzungen überprüft. Gegebenenfalls ist dann eine Anpassung des Kaufpreises vorzunehmen.

9.2.4 Zahlungsweise

Ist im Vertrag nichts Näheres bestimmt, was in der Praxis jedoch kaum der Fall sein dürfte, so ist der Kaufpreis nach §§ 266, 271 BGB bei Abschluss des Kaufvertrags bar, sofort und in voller Höhe fällig. Dies ist in der Regel nicht im Interesse des Käufers, wie unten noch dargestellt wird. Wie noch unten ausgeführt wird, ist es ebenfalls denkbar, den Kaufpreis ganz oder teilweise in Form von Gesellschaftsanteilen zu begleichen, wodurch der Unternehmenskauf den Charakter eines Tauschgeschäfts erhält.

9.2.5 Fälligkeit, Verzinsung

In der Regel wird dezidiert vertraglich geregelt, wann die Kaufpreisfälligkeit eintritt. Oft ist die Fälligkeit des ganzen oder eines Teils des Kaufpreises an die Erfüllung bestimmter Bedingungen (Übergabe von Dokumenten, Einholung von Zustimmungen, Abschluss bestimmter Verträge) geknüpft. Gelegentlich vereinbaren die Parteien des Vertrags, dass der Kaufpreis in mehreren Raten zu zahlen ist. Dies sichert gerade den Käufer wegen etwaiger Minderungsansprüche, da er diese dann gegebenenfalls mit ausstehenden Kaufpreisraten verrechnen kann.

Je nach Situation vereinbaren die Parteien in manchen Fällen eine Rente zugunsten des Verkäufers. Renten unterscheiden sich von Kaufpreisraten meist durch ihre längere Laufzeit (meist mehr als zehn Jahre), sowie dem Umstand, dass eine Zahlung nach dem Tod der Begünstigten entfällt. Eine Verrentung der Ansprüche des Verkäufers kommt häufig dann vor, wenn sich der Verkäufer aus dem Wirtschaftsleben generell zurückziehen will und ein Käufer eine Vollfinanzierung des Kaufpreises nicht leisten kann oder will.

Für den Fall nicht fristgerechter Kaufpreiszahlung oder für etwaige Stundungen wird regelmäßig eine angemessene Verzinsung (z.B. in Anlehnung an den Basiszinssatz der europäischen Zentralbank § 247 BGB) des noch ausstehenden Kaufpreises vereinbart.

9.3 Sicherung des Verkäufers

Der Verkäufer hat dann ein besonderes Sicherungsbedürfnis, wenn der Kaufpreis ratenweise und über einen längeren Zeitraum zu zahlen ist.

9.3.1 Bankbürgschaft, Patronatserklärung

Ist der Käufer der Anteile eine speziell zu diesem Zweck gegründete Kapitalgesellschaft oder eine nahezu vermögenslose Tochtergesellschaft oder bestehen Zweifel an der Bonität des Käufers, kann sich der Verkäufer durch eine Bankbürgschaft für den Restkaufpreis absichern. Aus Sicht des Verkäufers ist es erstrebenswert, wenn eine Bankbürgschaft selbstschuldnerisch und auf Erstes Anfordern ausgestellt ist. In diesem Fall muss der Bürge sofort zahlen und ihm sind zunächst alle Einwände aus dem Grundverhältnis abgeschnitten. Insofern unterliegt der Verkäufer nicht der Gefahr, dass der Bürge dem Anspruch auf Zahlung der restlichen Kaufpreisraten Einwände des Käufers aufgrund wirklicher oder behaupteter Garantieansprüche oder sonstiger Leistungsstörungen entgegensetzt.

Ist eine Bankbürgschaft nicht durchsetzbar, sollte bei Erwerb durch konzernabhängige Unternehmen oder speziell zu diesem Zweck gegründete Erwerbsgesellschaften zumindest versucht werden, Bürgschaften der Gesellschafter bzw. von Mutter- oder Schwestergesellschaften eines Konzerns zu erhalten. Zuweilen wird von den mit dem Käufer verbundenen Unternehmen auch nur eine sogenannte „Patronatserklärung“ zu erlangen sein. Der rechtliche Gehalt dieser verbreiteten, jedoch gesetzlich nicht normierten Kreditsicherung ist je nach Ausgestaltung im Einzelfall zu bewerten. Es gibt sogenannte „harte“ garantieähnliche Patronatserklärungen und auch weiche, eher moralisch verpflichtende Patronatserklärungen (dazu BGH, DB 1992, 2238).

Zu beachten ist, dass derartige Patronatserklärungen häufig keinen direkten Anspruch des Verkäufers gegen beispielsweise die Muttergesellschaft begründen, vielmehr nur die Erwerbsgesellschaft selbst derartige Ansprüche geltend machen kann.

9.3.2 Ausschluss von Aufrechnung und Zurückbehaltungsrechten

Der Verkäufer kann sich die Durchsetzung seines Kaufpreis- oder Restkaufpreisanspruchs erleichtern, wenn er dem Käufer die Möglichkeiten nimmt, mit etwaigen Gegenansprüchen aufzurechnen oder aber von seinem Zurückbehaltungsrecht Gebrauch zu machen. Solche Gegenansprüche können sich für den Käufer unter Umständen aus nicht eingehaltenen Garantien aus Gewährleistungsrechten oder ähnlichen Ansprüchen ergeben. Unter gewissen Umständen kann jedoch der Ausschluss der Aufrechnung in der vertraglichen Vereinbarung unwirksam sein, insbesondere dann, wenn die Gegenrechte entweder vom Verkäufer anerkannt sind oder wenn ohne die Aufrechnung die Durchsetzung des Gegenanspruchs vereitelt würde, beispielsweise wegen Insolvenz der Gegenpartei.

9.3.3 Rechtsvorbehalt (aufschiebende Bedingung)

Der Verkäufer kann sich Rechte an zu übertragenden Unternehmen „zurückbehalten", indem er die Übertragung der Rechte vom Eintritt bestimmter aufschiebender Bedingungen abhängig macht. Beispielsweise kann die Übertragung des Unternehmens an die vollständige Kaufpreiszahlung geknüpft werden. Dabei muss klar geregelt sein, was während der Übergangszeit mit einzelnen Rechten (beispielsweise Gewinnbezugsrechten, Stimmrechten) geschieht. Beim Verkauf einzelner Wirtschaftsgüter im Rahmen eines Asset Deals sollte geregelt sein, unter welcher Voraussetzung der Käufer die Möglichkeit zu deren Weiterveräußerung haben soll. Vom Sicherungsmittel der aufschiebenden Bedingung sollte jedoch nur in bestimmten zeitlichen Grenzen Gebrauch gemacht werden, damit feststeht, wann der Kaufvertrag endgültig nicht zustande kommt.

9.4 Sicherung des Käufers

Der Käufer möchte insbesondere sicherstellen, dass der Verkäufer diese Garantieansprüche tatsächlich auch bedienen kann. Hierzu bieten sich verschiedene Möglichkeiten an:

9.4.1 Streckung des Kaufpreises

Zunächst bietet sich hierfür die Streckung des Kaufpreises durch Ratenzahlung an. Lässt sich eine Streckung durchsetzen, so kann mit etwaigen Raten aufgerechnet werden, soweit Garantieansprüche entstehen und der Verkäufer kein Aufrechnungsverbot durchgesetzt hat.

9.4.2 Bankbürgschaft

Ist keine Ratenzahlung vereinbart oder aber die Laufzeit der Raten deutlich geringer als die Garantiefrist, bietet sich die Absicherung eines bestimmten Garantiebetrags durch Bankbürgschaft an. Sollte dies vom Verkäufer abgelehnt werden, bietet sich als letzte Variante noch die Vereinbarung von Rückbehalten oder Sperrkonten an.

9.4.3 Rückbehalte (hold back), Sperrkonten (escrow)

Solange die Garantiefristen laufen, wird der Käufer dann zumindest einen Teil des Kaufpreises zurückhalten wollen. Zur Sicherung etwaiger Ansprüche des Käufers kann dieser Rückbehalt auf einem Sperrkonto deponiert werden (escrow). Dabei ist darauf zu achten, dass im Hinblick auf die Art und Weise der Verfügung über dieses Konto detaillierte Regelungen getroffen werden. Insbesondere ist wichtig, dass dieses Konto insolvenzfest ist. Dies bedeutet, dass im Fall der Insolvenz eine der Kaufvertragsparteien deren Insolvenzverwalter nicht auf das Kontoguthaben zugreifen darf. Es empfiehlt sich hier, einen externen Treuhänder zu beauftragen, der im Weg einer sogenannten „beidseitigen Sicherungstreuhand" das Sperrkonto verwaltet. Ein solcher Rückbehalt kann unter Umständen auch im Interesse des Verkäufers liegen, so z.B., wenn er neben einem Minderheitsgesellschafter verkauft und aufgrund der gesamtschuldnerischen Haftung fürchten muss, vom Käufer zunächst nur allein in Anspruch genommen zu werden.

9.5 Zahlung des Kaufpreises mit eigenen Anteilen

Zu den Boomzeiten des mittlerweile abgeschafften „Neuen Markts" in Deutschland war es in Anbetracht der schier unbegrenzten Kursphantasien sehr beliebt, auch bei kleineren Unternehmensakquisitionen dem Verkäufer Anteile an der erwerbenden Gesellschaft anzubieten, um so den Finanzierungsaufwand für Akquisitionen gering zu halten. Auch wenn heute dieser Optimismus nicht mehr gegeben ist, wird vom Käufer immer wieder versucht, einen Teil des Kaufpreises durch Ausgabe von Anteilen an seinem Unternehmen zu „finanzieren". Aus diesem Grund sollen die Grundzüge der Zahlung des Kaufpreises mit eigenen Anteilen kurz dargestellt werden.

Soweit Anteile als „Akquisitionswährung" eingesetzt werden, handelt es sich rechtlich um einen Tausch – Anteile gegen Anteile bzw. Einzelvermögenswerte. Sollte von dieser Möglichkeit Gebrauch gemacht werden, stellen sich für die Parteien nachfolgende Fragen:

- Wie sollen die vom Käufer zu übertragenden Anteile bewertet werden?
- Wie kann der Verkäufer geschützt werden, wenn sich diese Bewertung als unrichtig erweist oder der Käufer aufgrund des Erwerbs Haftungsrisiken eingeht?
- Wie kann der Käufer die zu übertragenden Anteile schaffen?

Diese Fragen sollen nachfolgend kurz beantwortet werden, wobei aus Platzgründen hier auf Einzelheiten der Umsetzung, insbesondere hinsichtlich der letzten Fragestellung, nicht eingegangen werden soll.

9.5.1 Die Bewertung der vom Käufer zu übertragenden Anteile

Dies ist häufig die schwierigste Frage beim Einsatz eigener Anteile zur Kaufpreiszahlung. Handelt es sich nicht um ein börsennotiertes Unternehmen, so muss das erwerbende Unternehmen ebenfalls bewertet werden. Die sodann wechselseitig vorzunehmenden Bewertungen sollten nach der gleichen Methode durch einen neutralen Dritten als Schiedsgutachter erfolgen. Bei der Bewertung ist aus Sicht des Unternehmensverkäufers zudem zu berücksichtigen, dass er die ihm übertragenen Anteile nicht ohne weiteres „versilbern" kann, da es in der Regel außerhalb der Börse keinen Markt für Kleinbeteiligungen gibt. Der Erwerb macht für ihn daher nur bei besonders ertragsstarken Unternehmen Sinn oder dann, wenn das erwerbende Unternehmen seinerseits selbst in naher Zukunft verkauft werden soll. Im letzten Fall hat er darauf zu achten, dass der Unternehmenskäufer bzw. dessen Gesellschafter sich bereits jetzt verpflichten, seine Anteile später zu gleichen Bedingungen mit zu verkaufen (sogenannte „Take-along"-Verpflichtung).

9.5.2 Schutz der Verkäuferinteressen beim Anteilserwerb

Auch beim Anteilstausch drohen dem Unternehmensverkäufer diejenigen rechtlichen Risiken, die seinem Vertragspartner seinerseits beim Asset Deal drohen (z.B. Haftung für ausstehende Einlagen). Es kann insoweit auf die Haftung des Unternehmenskäufers für Verbindlichkeiten des Verkäufers (siehe Kapitel 8) verwiesen werden. Auch können sich nachträglich die Grundlagen der Unternehmensbewertung als falsch herausstellen. Schützen kann sich der Unternehmensverkäufer hier auch nur durch eine Due-Diligence-Prüfung beim Unternehmenskäufer und entsprechende Garantien des Unternehmenskäufers bzw. dessen Gesellschafters. Insoweit ist hier zu Absicherung ein wechselseitiger Garantiekatalog notwendig (jedoch nicht immer durchsetzbar).

9.5.3 Schaffung der zu übertragenden Anteile

Der Unternehmenskäufer bzw. dessen Gesellschafter müssen sich beim Einsatz eigener Anteile zum Erwerb von Unternehmen auch überlegen, wie sie in technischer Hinsicht vorgehen, um sich die notwendigen Anteile zu beschaffen. Hier können zunächst bereits existierende Anteile, die im Eigentum der kaufenden Gesellschaft stehen, auf den Unternehmensverkäufer übertragen werden. Alternativ können zu diesem Zweck auch neue Anteile „geschaffen" werden durch eine entsprechende Kapitalerhöhung. Bei Aktiengesellschaften kann die Kapitalerhöhung auch schon zu einem früheren

Zeitpunkt beschlossen worden sein, sodass es zur Umsetzung gar keines Gesellschafterbeschlusses mehr bedarf.

Die Kapitalerhöhung zur Schaffung der neuen Aktien kann auf dreierlei Weise erfolgen:

- durch eine reguläre Kapitalerhöhung (§§ 182–191 AktG)
- aus bedingtem Kapital (§§ 192–201 AktG)
- aus genehmigtem Kapital (§§ 202 ff. AktG)

Bei jeder dieser Varianten ist zu beachten, dass sie als sogenannte „Sachkapitalerhöhung“ zu behandeln ist, wenn die Anteile an der Objektgesellschaft die Gegenleistung darstellen. Hierbei ist dem Registergericht gegenüber im Rahmen eines Sachkapitalerhöhungsberichts die Werthaltigkeit der Beteiligung nachzuweisen, ansonsten droht den Vorständen und den Erwerbern der neuen Aktien eine persönliche Haftung in Höhe der Wertdifferenz (sogenannte „Differenzhaftung“). Es besteht auch die Möglichkeit, Aktien von Dritten zu kaufen, um diese dem Unternehmensverkäufer anzubieten. Hierbei sind jedoch sowohl betragsmäßig als auch zeitlich Beschränkungen gegeben (§§ 71 ff. AktG) und es ist ebenfalls ein Hauptversammlungsbeschluss erforderlich. Da auch hinsichtlich der jeweils zu beachtenden Einzelvorschriften jeder Variante Unterschiede bestehen, z.B. bezüglich der beim Kapitalerhöhungsbeschluss zu machenden Angaben, kann nur dringend empfohlen werden, hier einen im Gesellschaftsrecht spezialisierten Rechtsberater hinzuzuziehen.

Im Wesentlichen gelten die vorgenannten Grundsätze auch für die Erhöhung des Stammkapitals einer GmbH. Hier sind jedoch „Vorratsbeschlüsse“ zur Kapitalerhöhung nicht vorgesehen, sodass eine Erhöhung aus bedingtem oder genehmigtem Kapital ausscheidet.

46 Wie kann der Kaufpreis bestimmt werden?

- Vereinbarung eines Festkaufpreises
- gegebenenfalls mit Anpassungsregelungen aufgrund eines Stichtagsabschlusses
- Vereinbarung eines variablen Kaufpreises, der ganz oder teilweise vom tatsächlichen Zukunftsertrag einer definierten Periode abhängig ist

47 Welche Risiken birgt ein variabler Kaufpreis („Earn out")?

- Der Verkäufer verliert mit Aufgabe seiner Leitungsfunktion als Geschäftsführer oder Vorstand den Einfluss auf die Gestaltung des operativen Ergebnisses.
- Der Käufer kann durch Geschäftsführungsmaßnahmen den Gewinn der Folgejahre schmälern.
- Aus Käufersicht führt ein umfassender Verkäuferschutz im Rahmen des „Earn out" zu einem Verlust an unternehmerischer Gestaltungsfreiheit.

48 Welche Zahlungsmodalitäten sind denkbar und wie können die Parteien wegen ihrer Ansprüche abgesichert werden?

- Kann der Käufer den Kaufpreis nicht sofort vollumfänglich finanzieren, bietet sich eine Ratenzahlung oder aber auch eine teilweise Bezahlung mit eigenen Anteilen an.
- Zur Absicherung des Kaufpreiszahlungsanspruchs bietet sich eine Bankbürgschaft an, sofern nicht sofort vollumfänglich gezahlt werden soll, hilfsweise sind zumindest Bürgschaften der Gesellschaften oder Patronatserklärungen der Muttergesellschaft einzuholen, verfügt die erwerbende Gesellschaft nicht selbst über substantielles Vermögen.
- Die Garantieansprüche des Käufers lassen sich über Kaufpreisrückbehalte und entsprechende Treuhandkonten wirtschaftlich absichern.

9.6 Die Verkäufergarantien/ Beschaffenheitsvereinbarungen

Unabhängig von der Frage, ob – wie überwiegend üblich – der Verkäufer für den Zustand der Objektgesellschaft im Rahmen selbständiger Garantieversprechen haften muss, oder aber im Rahmen des gesetzlichen Mängelhaftungsrechts Beschaffenheitsvereinbarungen getroffen werden, sind die für den Käufer wertbildenden Faktoren für die Verkäuferhaftung zu fixieren.

Die wertbildenden Faktoren, deren Vorliegen Gegenstand der Garantie ist, lassen sich in die nachfolgend aufgeführten Hauptgruppen einteilen. Darüber hinaus werden einzelfallbezogene Garantien (z.B. hinsichtlich der Risiken eines konkreten Vertrags) in den Vertrag einbezogen. Diese ergeben sich häufig aufgrund der vorab durchgeführten Due Diligence. Die nachfolgende Aufstellung versteht sich als Prüfungsliste, sie kann die individuelle Beratung über die für die jeweilige Transaktion notwendigen Garantien nicht ersetzen.

Vor den Bestimmungen des individuellen Garantiekatalogs sind noch drei Punkte vorab für alle Garantien zu klären:

- Zeitpunkt der Garantieerklärung
- Subjektive oder objektive Garantie
- Haftung für Garantien bei mehreren Verkäufern

9.6.1 Subjektive oder objektive Garantie

Der Verkäufer wird regelmäßig versuchen, die ihm auferlegten Garantien dadurch zu „entschärfen", dass er nur nach „bester Kenntnis" bestimmte Umstände garantiert (subjektive Garantie), nicht jedoch kenntnisunabhängig (objektive Garantie). Der Käufer hingegen wird objektive Garantien vom Verkäufer verlangen mit dem Argument, es gehe hier nicht um eine Frage des persönlichen Verschuldens, sondern um eine objektive Abgrenzung der Risikosphären. In einer Vielzahl von Fällen wird dieser Argumentation gefolgt. Nur bezüglich beispielsweise des Drohens negativer Veränderungen (z.B. von Prozessen) wird üblicherweise eine subjektive Garantie akzeptiert. Werden subjektive Garantien vereinbart, ist zudem zu regeln (1), was unter „Kenntnis" verstanden wird (positives Wissen, grob fahrlässige Unkenntnis, einfache Fahrlässigkeit) und (2) auf wessen Kenntnis es auf Verkäuferseite ankommt (Bezeichnung der konkreten Personen).

9.6.2 Zeitpunkt der Garantieerklärung

Aus Käufersicht ganz entscheidend ist, dass sämtliche Garantien nicht nur für den Zeitpunkt des Vertragsabschlusses gelten, sondern bei einem späteren Übergang des Unternehmens auch zu diesem Zeitpunkt, dem Übergangsstichtag. Aus Verkäufersicht ist eine Beschränkung der Garantiehaftung auf den Zeitpunkt des Vertragsabschlusses wünschenswert. Liegen Vertragsabschluss und Übergang längere Zeit auseinander, sind gegebenenfalls noch Regeln in den Vertrag aufzunehmen, dass die Anlagen zwischenzeitlich nochmals aktualisiert werden und der Käufer gegebenenfalls bei Eintritt wesentlicher Abweichungen vom Vertrag zurücktreten kann (sogenannten „MAC-Klauseln" (= material adverse change).

9.6.3 Haftung bei mehreren Verkäufern

Nicht selten stehen – gerade bei Familienunternehmen – auf Verkäuferseite mehrere Personen. Diese Personen sind oft auch sehr unterschiedlich am Unternehmen beteiligt: Auf der einen Seite gibt es die tätigen Mehrheitsgesellschafter, die als Geschäftsführer das Unternehmen leiten, zum anderen gibt es die nicht tätigen Kleingesellschafter, die nur (noch) aufgrund von Erbfolgen am Unternehmen beteiligt sind. Hier stellt sich sodann die Frage, ob diese Kleingesellschafter wirklich in gleichem Umfang haften sollen wie ein tätiger Mehrheitsgesellschafter. Der Käufer wird in der Regel versuchen, bei Verkäufermehrheiten eine **gesamtschuldnerische** Haftung durchzusetzen. Damit kann er – unabhängig von der jeweils tatsächlich verkauften Beteiligung – jeden Verkäufer unmittelbar in voller Höhe in Anspruch nehmen. Der in Anspruch genommene Verkäufer kann dann im Innenverhältnis im Rahmen des Gesamtschuldnerausgleichs Rückgriff nehmen. Will ein Verkäufer diese Haftung vermeiden, so ist eine ausdrückliche Regelung zu empfehlen. Ansonsten greift die gesetzliche Auslegungsregel des § 427 BGB ein, wonach bei einer gemeinschaftlichen vertraglichen Verpflichtung im Zweifel eine Gesamtschuld anzunehmen ist. Es sollte daher in derartigen Fällen ausdrücklich geregelt werden, dass jeder Verkäufer nur als **Teilschuldner** entsprechend der von ihm verkauften Quote der Gesamtbeteiligung haftet. In diesem Fall wird die gerichtliche Durchsetzung der Ansprüche jedoch aufwendig, da er alle Verkäufer einzeln verklagen muss, was sein Kostenrisiko im Verfahren deutlich erhöht. Ist eine Schiedsklausel vereinbart, sollte er unbedingt eine Regelung vorsehen, die beinhaltet, dass sich alle Verkäufer gemeinsam vertreten lassen müssen und der Schiedsspruch für alle bindend ist.

9.7 Die einzelnen Garantien

Bei der Frage, für welche wertbildenden Faktoren der Verkäufer im Rahmen einer Garantie einstehen soll, haben sich in der Praxis Standards herausgebildet, denen mehr oder weniger in jeder Transaktion gefolgt wird. Diese Standards sollten jedoch nicht darüber hinwegtäuschen, dass man sehr genau prüfen muss, was im jeweiligen Einzelfall gegebenenfalls noch ergänzend in den Garantiekatalog aufzunehmen ist.

9.7.1 Verfügungsbefugnis hinsichtlich verkaufter Vermögensgegenstände/Anteile

Zunächst hat der Verkäufer zu garantieren, dass er beim Share Deal über die verkauften Anteile verfügen darf, d.h. diese stehen in seinem Eigentum und sind nicht mit Rechten Dritter belastet. Beim Asset Deal ist eine entsprechende Garantie hinsichtlich der einzelnen übertragenen Vermögensgegenstände (z. B. Maschinen, Vorräte, Forderungen) abzugeben mit Ausnahme handelsüblicher Eigentumsvorbehalte beim Vorratsvermögen.

9.7.2 Gesellschaftsrechtliche Verhältnisse (Share Deal)

Die Objektgesellschaft wurde ordnungsgemäß gegründet, die beigefügte Satzung ist die derzeit gültige, Nebenvereinbarungen existieren nicht. Die verkauften Anteile sind voll einbezahlt und es wurden auch keine verbotenen Kapitalrückzahlungen vorgenommen. Etwaige Sacheinlagen sind ebenfalls ordnungsgemäß erbracht worden. Es bestehen keine Unternehmensverträge (Beherrschungs- oder Gewinnabführungsverträge), die Objektgesellschaft steht mit Dritten nicht in gesellschaftsrechtlichen Verbindungen (z. B. Arbeitsgemeinschaften).

9.7.3 Vollständigkeit und Zustand des Anlagevermögens der Objektgesellschaft

Der Verkäufer garantiert, dass er den vollständigen Bestand an Vermögenswerten, die der Objektgesellschaft zuzuordnen sind, übertragen hat bzw. diesen angegeben hat. Die verkauften Vermögensgegenstände befinden sich in einem funktionsfähigen und dem Alter entsprechenden ordnungsgemäßen Zustand (z. B. hinsichtlich Wartung). Gewerbliche Schutzrechte (z. B. Patente) sind ordnungsgemäß angemeldet, verletzen nicht die Rechte Dritter und sind nicht von Dritten angegriffen worden, dies ist auch nicht zu erwarten.

9.7.4 Richtigkeit der Jahresabschlüsse, Bilanzkontinuität

Die Jahresabschlüsse sind unter Beachtung der Grundsätze ordnungsgemäßer Buchführung und Bilanzierung aufgestellt, sie sind vollständig und richtig. Bei der Aufstellung wurden stets die gleichen Bilanzierungspraktiken angewandt (Bilanzkontinuität).

9.7.5 Eigenkapital

Der Verkäufer garantiert beim Share Deal zum Teil das Vorhandensein eines bestimmten, im Einzelnen zu definierenden, Eigenkapitals zum Übergangsstichtag. Das Eigenkapital wird sodann durch Aufstellung einer Stichtags- oder Abrechnungsbilanz ermittelt.

9.7.6 Vertragsbestand, Verbindlichkeiten und Forderungen

Der Verkäufer garantiert den in der Anlage aufgeführten Bestand (und gegebenenfalls wesentlichen Inhalt) der wichtigsten Verträge (z.B. mit Kunden, Lieferanten, Banken etc.). Diese Verträge sind wirksam und wurden von der Objektgesellschaft ordnungsgemäß erfüllt. Es ist keine Aufhebung dieser Verträge zu erwarten. Es bestehen keine Verpflichtungen außerhalb des gewöhnlichen Geschäftsbetriebs. Die Forderungen sind werthaltig, Ausfälle nicht zu erwarten.

9.7.7 Arbeitnehmer

Die Objektgesellschaft hat nur die in der Anlage aufgeführten Arbeitnehmer zu den dort angegebenen Konditionen beschäftigt. Es bestehen außerhalb der Arbeitsverträge nur die angegebenen betrieblichen Übungen/Verpflichtungen. Die Objektgesellschaft hat alle Verpflichtungen aus den Arbeitsverträgen ordnungsgemäß erfüllt, es gibt mit Ausnahme der angegebenen keine arbeitsrechtlichen Streitigkeiten, noch sind solche zu erwarten. Es bestehen nur die in der Anlage angegebenen Pensionsverpflichtungen/Verpflichtungen aus betrieblicher Altersversorgung.

9.7.8 Umwelt

Das von der Objektgesellschaft genutzte Grundstück ist frei von Verunreinigungen und Altlasten im Sinne des Bundes-Bodenschutzgesetzes. Durch den Betrieb der Objektgesellschaft werden keine rechtlich unzulässigen Verunreinigungen des Bodens, des Wassers oder der Luft oder sonstige rechtlich unzulässigen Emissionen verursacht.

9.7.9 Steuern

Die Objektgesellschaft hat alle fälligen Steuern ordnungsgemäß bezahlt und alle steuerlichen Erklärungen ordnungsgemäß und rechtzeitig abgegeben. Es wurden für steuerliche Verpflichtungen, die Tatbestände bis zum Übergangsstichtag betreffen, hinreichende Rückstellungen gebildet. Es bestehen gegenüber den Finanzbehörden keinerlei Steuerrückstände.

9.7.10 Behördliche Genehmigungen, Einhaltung gesetzlicher Bestimmungen

Die Objektgesellschaft verfügt über sämtliche zum Betrieb erforderliche Genehmigungen. Es droht auch nicht die Entziehung dieser Genehmigungen. Durch den Geschäftsbetrieb werden keine gesetzlichen oder behördlichen Bestimmungen verletzt.

9.7.11 Rechtsstreitigkeiten

Mit Ausnahme der in Anlage aufgeführten bestehen keine Rechtsstreitigkeiten oder verwaltungsrechtliche Verfahren, noch sind solche zu befürchten.

9.7.12 Versicherungen

Das Unternehmen hat die in der Anlage aufgeführten Versicherungen abgeschlossen. Es besteht im Hinblick auf den Geschäftsbetrieb und die Vermögensgegenstände der Objektgesellschaft ausreichender Versicherungsschutz.

9.7.13 Ordnungsgemäße Fortführung des Unternehmens

Die Objektgesellschaft wurde seit dem letzten Bilanzstichtag nach den Grundsätzen ordnungsgemäßer Geschäftsführung und kaufmännischer Vorsicht fortgeführt und wird bis zum Übergangsstichtag auch entsprechend fortgeführt werden. Die Objektgesellschaft hat keine über den üblichen Geschäftsbetrieb hinausgehenden Verträge abgeschlossen, noch wird sie dies ohne Zustimmung des Käufers bis zum Übergangsstichtag tun. Es sind keine Umstände bekannt, die einen wesentlichen nachteiligen Einfluss auf den Geschäftsbetrieb der Objektgesellschaft und deren Ertragslage haben können.

9.7.14 Richtigkeit und Vollständigkeit der übergebenen Informationen

Die übergebenen Informationen sind richtig und vollständig. Es wurden keine Informationen verschwiegen, die wesentlich für die Beurteilung der Objektgesellschaft sind.

49 Für welche wertbestimmenden Faktoren muss der Verkäufer haften?

- Eigentümerstellung und Lastenfreiheit der verkauften Vermögensgegenstände/Anteile
- gesellschaftsrechtliche Verhältnisse der verkauften Gesellschaft (nur Share Deal)
- Vollständigkeit und Zustand der Gegenstände des Anlage- und Umlaufvermögens
- Jahresabschlüsse und Bilanzierung
- Eigenkapital
- Vertragsbestand und Erfüllung vertraglicher Pflichten
- Arbeitnehmer
- umweltrechtliche Verhältnisse
- Steuern
- behördliche Genehmigungen
- Rechtsstreitigkeiten
- Versicherungen
- ordnungsgemäße Fortführung des Unternehmens seit dem letzten Bilanzstichtag
- ordnungsgemäße und vollständige Information des Käufers

9.8 Rechtsfolgen bei Unrichtigkeit der Garantien

Schließlich sind als Kernstück des Kaufvertrags auch die Rechtsfolgen bei Unrichtigkeit der Garantien zu regeln. Insbesondere durch etwaige „Haftungserleichterungen“ bei Vereinbarung von Haftungsfreibeträgen (siehe unten) lässt sich hier auch etwas Verhandlungsdruck hinsichtlich des konkreten Inhalts der Garantien herausnehmen.

9.8.1 Ansprüche des Käufers bei Unrichtigkeit der Garantien

Bei Unrichtigkeit einer Garantie sollte dem Verkäufer Gelegenheit gegeben werden, innerhalb einer angemessenen Frist (z.B. vier Wochen) den vertragsgemäßen Zustand herzustellen. Sollte ihm dies innerhalb dieser Zeit nicht gelingen, hat er den nach Wahl des Käufers diesen oder die Objektgesellschaft durch Zahlung einer Geldsumme so zu stellen, wie sie bei Richtigkeit der Garantie stehen würde. Es sollte klargestellt werden, dass dieser Geldersatz nur dann geschuldet wird, wenn der durch den Tatbestand verursachte Schaden nicht schon durch entsprechende Rückstellungen oder eine Versicherung abgedeckt ist. Es ist weiterhin darauf zu achten, dass bei

Unrichtigkeit eines Tatbestands, der mehrere Garantien betrifft, nur einmal Geldersatz zu leisten ist. Dies gilt insbesondere dann, wenn neben dem Garantiekatalog auch noch eine Eigenkapitalgarantie abgegeben wird. Hier darf ein Tatbestand, der gleichzeitig eine Minderung des Eigenkapitals darstellt und andere Garantien (z.B. ordnungsgemäße Erfüllung vertraglicher Verpflichtungen) verletzt, nicht zu einer Doppelzahlung führen.

Der Käufer wird häufig versuchen, neben dem Geldersatz auch noch ein Rücktrittsrecht durchzusetzen, dies liegt nicht im Verkäuferinteresse, wenn seit der Übergabe des Unternehmens schon längere Zeit verstrichen ist. Er sollte hier versuchen, das Rücktrittsrecht auszuschließen oder dieses nur bei Vorliegen sehr hoher Schäden eingreifen zu lassen.

9.8.2 Ausschluss von Ansprüchen bei Kenntnis des Käufers

Aus Sicht des Verkäufers sind – insbesondere nach Durchführung einer umfangreichen Due Diligence durch den Käufer – dessen Ansprüche wegen Unrichtigkeit einer Garantie dann auszuschließen, wenn die jeweiligen Tatbestände dem Käufer vor Vertragsabschluss bekannt sind. Dies entspricht auch der gesetzlichen Wertung. Die Tücke liegt hier jedoch im Detail:

Es stellt sich die Frage,

- was unter „Kenntnis“ zu verstehen ist – positive Kenntnis oder auch „Kennenmüssen“ im Sinne fahrlässiger Unkenntnis?
- auf wessen Kenntnis überhaupt abzustellen ist – des Käufers, seiner Mitarbeiter und/oder seiner Berater?

Wie bereits im Kapitel zur Due Diligence erläutert, kann dieser Frage später erhebliche Bedeutung zukommen. Der Verkäufer sollte jedoch darauf bestehen, dass Ansprüche zumindest bei positiver Kenntnis des Käufers und seiner Berater ausgeschlossen sind.

9.8.3 Ausschluss von sonstigen Haftungsansprüchen des Käufers

Zunächst sollten im Verkäuferinteresse ausdrücklich alle weiteren Ansprüche wegen dieser Tatbestände – gleich aus welchem Rechtsgrund – ausgeschlossen werden. Dies gilt insbesondere für c.i.c.-Ansprüche. Es ist zu vermeiden, dass das vertragliche Haftungssystem durch weitere gesetzliche Ansprüche durchbrochen wird, nur weil hier eine klare Regelung fehlt. Vertraglich können Ansprüche, die sich aus einem arglistigen Verhalten des Verkäufers ergeben, im Voraus nicht wirksam ausgeschlossen werden.

9.8.4 Arten von Haftungsbegrenzungen

Üblicherweise wird der Verkäufer darauf bestehen, dass sein Haftungsrisiko für den Vertrag begrenzt wird. Diese Begrenzung kann auf verschiedene Weise erfolgen:

9.8.4.1 Haftungshöchstgrenze („cap“)

Der Verkäufer wird bemüht sein, eine vertragliche Haftungshöchstgrenze zu vereinbaren. Üblicherweise wird diese durch den gezahlten Kaufpreis oder je nach Verhandlungsstärke, auch durch einen geringeren Betrag bestimmt. Zum Teil werden auch im Hinblick auf einzelne Garantien unterschiedliche Höchstgrenzen vereinbart.

9.8.4.2 Haftungsfreiraum

Zur Vermeidung von Bagatellstreitigkeiten wird häufig auch ein Haftungsfreiraum zwischen den Parteien vereinbart. Dieser sieht im Grundsatz vor, dass Einzelansprüche nur ab einem bestimmten Mindestbetrag geltend gemacht werden dürfen.

9.8.4.3 Haftungsfreigrenze

Dem Verkäufer wird weiterhin durch die Vereinbarung einer Haftungsfreigrenze entgegengekommen. Diese sieht im Grundsatz vor, dass Ansprüche erst dann geltend gemacht werden dürfen, wenn eine bestimmte betragsmäßige Grenze überschritten ist. In diesem Fall kann dann aber der gesamte Anspruch geltend gemacht werden.

9.8.4.4 Haftungsfreibetrag

Anstelle einer Haftungsfreigrenze wird häufig jedoch ein Haftungsfreibetrag vereinbart. Dieser sieht vor, dass erst ab Überschreiten des Freibetrags ein Anspruch geltend gemacht werden kann, dann jedoch nur in Höhe des den Freibetrag tatsächlich übersteigenden Betrags.

Die Systematik dieser Privilegierungen sei anhand eines **Beispiels** verdeutlicht:

Die Haftung für Einzelansprüche unter 5.000 € ist ausgeschlossen. Die Freigrenze beträgt 50.000 €. Folgende Einzelschäden sind entstanden:

- *Forderungsausfall 4.000 €*
- *defekte Maschinen 30.000 €*
- *zu geringe Rückstellungen 25.000 €*

Der Käufer kann insgesamt 55.000 € geltend machen. Ohne den Schaden wegen zu geringer Rückstellungen würde ein Ersatzanspruch insgesamt entfallen.

Handelt es sich bei der 50.000-€-Grenze um einen Freibetrag, so würden dem Käufer nur 5.000 € zustehen.

9.8.5 Unwirksame Haftungsbeschränkung – § 444 BGB

Bereits in Kapitel 8 wurde auf die Vorschrift des § 444 BGB hingewiesen, die dazu führen kann, dass Beschränkungen der Garantiehaftung als unwirksam angesehen werden, wenn diese Beschränkung überraschend oder intransparent ist. Wie bereits dargelegt, bestand hier erhebliche Unsicherheit, ob durch diese Vorschrift Haftungsbeschränkungen bei Garantien generell ausgeschlossen werden. Der Gesetzgeber hat durch eine gesetzliche Klarstellung[1] diesen Streit beendet und ausdrücklich betont, dass Beschränkungen von Garantien bei Unternehmenskäufen möglich sind. In der Sachverständigenanhörung wurde übereinstimmend die Auffassung vertreten, die Beschränkung der Garantien innerhalb des Vertrags in einer anderen Vorschrift stelle keinen Fall einer intransparenten und damit unwirksamen Haftungsbeschränkung dar. Insoweit ist die bisher übliche Vertragspraxis bestätigt worden.[2] Ob diese in der Sachverständigenanhörung geäußerte Auffassung so auch vor den Gerichten Bestand hat, bleibt abzuwarten. Bis dies gerichtlich geklärt ist, sollte zur Vermeidung jedweden Risikos dennoch bereits bei der Formulierung der Voraussetzungen der Garantiehaftung kurz auf die Rechtsfolgenseite hingewiesen werden.

1) Artikel 1 Nr. 6 des Gesetzes zur Änderung der Vorschriften über Fernabsatzverträge bei Finanzdienstleistungen, GE der BReg. BT-Drucks. 30.06.2004, 15/3483, 11.

2) Zum Ganzen SEIBT, in NZG 2004, 801 ff.

Praxistipp

Bei Abgabe von Garantien durch den Käufer sollte dem Sinn nach wie folgt formuliert werden:

„... Der Verkäufer garantiert im Weg eines selbständigen Garantieversprechens und im Rahmen der in Ziffer xx genannten Rechtsfolgen bei Unrichtigkeit der Garantie, dass die nachfolgenden Angaben im Zeitpunkt des Kaufvertragsabschlusses und zum Übergangsstichtag richtig sind ...“

9.9 Freistellungsansprüche des Käufers

Mit dem Garantiekatalog wird der Käufer üblicherweise gegen nicht bekannte Risiken und noch nicht entstandene Verbindlichkeiten abgesichert. Hier gehen die Parteien im Grundsatz davon aus, dass derartige Garantietatbestände nicht eingreifen werden. Insoweit ist hier auch eine Beschränkung der Haftung auf einen Höchstbetrag sowie die Einräumung von Freibeträgen gerechtfertigt.

Soweit jedoch – beispielsweise im Rahmen einer Due-Diligence-Prüfung – konkrete, sicher eintretende Risiken z.B. wegen steuerlicher Tatbestände, identifiziert wurden, sollte der Verkäufer den Käufer hiervon ausdrücklich freistellen. Diese Freistellungsverpflichtung sollte dann auch nicht auf die Haftungsgrenzen im Garantiekatalog angerechnet werden. Zudem sollte eine längere Verjährungsfrist vorgesehen werden oder – beispielsweise bei Steuern – der Lauf der Verjährung von der Rechtskraft bestimmter Bescheide abhängig gemacht werden. Eine entsprechende Freistellungsverpflichtung ohne Haftungsbegrenzung empfiehlt sich aus Käufersicht auch dann, wenn mit Umweltrisiken, insbesondere einer Haftung nach dem BBodSchG, gerechnet werden muss.

50 Welche Haftungsansprüche hat der Käufer bei Unrichtigkeit der Garantien?

- Üblicherweise Anspruch auf Herstellung des vertragsgemäßen Zustands und Schadensersatz.
- Rücktrittsrechte üblicherweise ausgeschlossen (Ausnahme sogenannte „MAC-Klauseln“: bei Eintritt wesentlicher Änderungen zwischen Abschluss und Übergang).
- Schadensersatz üblicherweise betragsmäßig begrenzt (z.B. Kaufpreis).
- Teilweise auch Bagatellgrenzen (Freibeträge oder Freigrenzen).
- Ausschluss von Schadensersatzansprüchen bei Kenntnis des Käufers von Tatbeständen bei Vertragsabschluss/vor Übergang.
- Üblicherweise Ausschluss aller sonstigen außerhalb des Vertrags bestehenden Ansprüche.
- Für bereits identifizierte Risiken sollte zusätzlich eine Freistellungsverpflichtung des Verkäufers aufgenommen werden, hierfür keine Haftungsbegrenzung wie beim Garantiekatalog.

9.10 Sicherung der Interessen des Verkäufers bei Verbleib im Unternehmen

Häufig verbleibt der Verkäufer als Gesellschafter und/oder Geschäftsführer für einen begrenzten Zeitraum im Unternehmen. Die Motive hierfür sind vielfältig:

- Der Käufer kann den Erwerb des Gesamtunternehmens nicht finanzieren.
- Der Käufer will stufenweise das Unternehmen übernehmen.
- Der Käufer möchte mit dem Verkäufer in der Geschäftsführung eine reibungslose Übernahme sicherstellen.
- Der Verkäufer soll aktiv an der Erzielung der versprochenen Erträge mitarbeiten, um seinen variablen Kaufpreisanteil („Earn out“) zu „verdienen“.

Soweit der Verkäufer als Minderheitsgesellschafter im Unternehmen verbleibt, sollte er versuchen, seinen Einfluss in der Gesellschaft zu sichern. Dies hat umso mehr Bedeutung, je größer der von ihm noch gehaltene Anteil ist. Hierzu stehen ihm verschiedene Instrumentarien zur Verfügung, die am Beispiel eines GmbH-Gesellschafters nachfolgend kurz aufgeführt werden:

Durch die Satzung kann ein Minderheitenschutz in verschiedener Hinsicht dadurch erreicht werden, dass

- für bestimmte Entscheidungen der Gesellschafterversammlung eine qualifizierte Mehrheit verlangt wird, die so gewählt wird, dass der Verkäufer diese Entscheidungen blockieren kann (z.B. Gewinnverwendung, Strukturentscheidungen),
- die Satzung die Schaffung eines Beirats vorsieht, dem bestimmte Entscheidungen der Geschäftsführung vorzulegen sind. Der Verkäufer erhält ein Entsendungsrecht oder einen Sitz im Beirat und kann durch seine Stimme bestimmte Entscheidungen blockieren.

Ein wirksamer Mindestschutz kann aus Sicht des Verkäufers häufig auch bereits dann erreicht werden, wenn sein bisheriger Wirtschaftsprüfer weiterhin mit der Aufstellung des Jahresabschlusses beauftragt wird oder dies gemeinsam mit dem Wirtschaftsprüfer des Käufers erfolgt. Insoweit sei auf die Ausführungen zum variablen Kaufpreis verwiesen.

51 Wie können die Interessen des Verkäufers gesichert werden, wenn er noch Minderheitsgesellschafter in der Objektgesellschaft bleibt?

- durch Einräumung von Minderheitsrechten in der Satzung
  - Sperrminoritäten bei wichtigen Entscheidungen (z.B. bei Entscheidung über Gewinneinbehalte oder Umwandlung der Gesellschaft)
  - satzungsmäßiges Geschäftsführungsrecht/Entsendungsrecht
  - satzungsmäßiges Recht auf Beiratsmitgliedschaft/Entsendungsrecht
- durch (faktische) Ausübung der Leitungsposition als Geschäftsführer/Vorstand
- durch Beibehaltung des bisherigen Wirtschaftsprüfers/Steuerberaters zur Wahrung der Bilanzkontinuität

9.11 Wettbewerbsverbot

Der Unternehmenskäufer bezahlt bei Fortführung des Unternehmens insbesondere für dessen zukünftige Ertragsfähigkeit. Diese Ertragsfähigkeit spiegelt der vom Käufer bezahlte „Goodwill“ des Unternehmens wider.

Es widerspräche diesem wirtschaftlichen Zweck, wenn der Verkäufer unmittelbar nach Verkauf seines Unternehmens aufgrund seiner langjährigen Kundenkontakte und seines Know-hows eine Wettbewerbstätigkeit zu der soeben verkauften Gesellschaft aufnehmen und damit die Gewinnaussichten der verkauften Objektgesellschaft schmälern würde.

Aus diesem Grund wird im Grundsatz in der juristischen Literatur bereits das Bestehen eines Wettbewerbsverbots als **„ungeschriebene Nebenpflicht“** befürwortet, wenn dieses notwendig ist, um das Unternehmen auf den Erwerber überzuleiten.[1] Es empfiehlt sich jedoch, ein derartiges Wettbewerbsverbot ausdrücklich im Kaufvertrag zu regeln und bei Verletzung eine Vertragsstrafe vorzusehen.

9.11.1 Grenzen des Wettbewerbsverbots

Die Vereinbarung eines vertraglichen Wettbewerbsverbots ist zulässig, soweit dieses in zeitlichem, örtlichem und sachlichem Umfang nicht zu umfangreich ist. Wann ein konkreter Verstoß vorliegt, lässt sich nicht generell vorhersagen. Aus der sehr einzelfallgeprägten Rechtsprechung lassen sich jedoch folgende Grundsätze ableiten:

- Art des Kaufgegenstands/Zweck der Übernahme:
  Wird nicht der Goodwill verkauft, vielmehr nur einzelne Vermögenswerte, verringert sich das Schutzbedürfnis des Käufers oder entfällt vollständig. Wird ein Unternehmen im Wesentlichen übernommen, um es alsbald zu zerschlagen und stillzulegen, besteht ebenfalls kein großes Schutzbedürfnis für ein Wettbewerbsverbot.
- Bedeutung des Verkäufers:
  Je stärker die Ertragsfähigkeit der Objektgesellschaft von der Person des Verkäufers abhängig ist wegen dessen Nähe zu Kunden und Know-how, desto umfassender ist ein Wettbewerbsverbot zulässig.[2]

1) HOLZAPFEL/PÖLLATH, Unternehmenskauf, Rdnr. 834.
2) Für Einschränkung: BGH, GmbHR 1991, 15, 17; NJW-RR 1996, 741, 742; für Nichtigkeit: BGH, WM 1986, 1251.

- Sachlicher und örtlicher Umfang:
  In sachlicher und örtlicher Hinsicht sollte das Wettbewerbsverbot den tatsächlichen Tätigkeitsbereich der Objektgesellschaft im Zeitpunkt des Verkaufs nicht überschreiten.
- Zeitlicher Umfang:
  Wenn auch unter besonderen Umständen längere Wettbewerbsverbote für zulässig erachtet wurden, sollte der Verkäufer im Regelfall das Wettbewerbsverbot auf eine Laufzeit von nicht mehr als zwei Jahren begrenzen. Häufig sind auch dreijährige Laufzeiten zu finden, die jedoch bereits sittenwidrig sein können. Längere Laufzeiten sollten vermieden werden, da sie nur in Einzelfällen anerkannt wurden. Das Wettbewerbsverbot sollte hinsichtlich des Fristbeginns an die Übertragung der Anteile anknüpfen, spätere Zeitpunkte (z.B. Ausscheiden als Geschäftsführer, Gesellschafter) sind rechtlich bedenklich. Sie können als unzulässige zeitliche Ausdehnung des Wettbewerbsverbots unwirksam sein.

9.11.2 Rechtsfolgen eines übermäßigen Wettbewerbsverbots

Überschreitet das Wettbewerbsverbot diese Grenze, kann es wegen Sittenwidrigkeit gemäß § 138 BGB nichtig sein oder wegen Verstoß gegen kartellrechtliche Verbote gemäß § 1 GWB nichtig, zumindest aber einschränkbar sein.

Sittenwidrigkeit ist gegeben, wenn das Verbot dem Verkäufer eine übermäßige Beschränkung der Erwerbstätigkeit auferlegt und das schutzwürdige Interesse des Käufers überschreitet. Ein Verstoß gegen § 1 GWB liegt vor, wenn das Wettbewerbsverbot in seiner konkreten Ausgestaltung nicht/nicht mehr zur Sicherstellung der Unternehmensübertragung notwendig ist. Nach bisheriger Auffassung des Bundesgerichtshofs besteht bei einem in sachlicher und örtlicher Hinsicht übermäßigen Wettbewerbsverbot nicht die Möglichkeit, dieses bei Verstoß gegen § 138 BGB auf das zulässige Maß zu reduzieren, eine derartige Regelung **bleibt nichtig!** Bei Überschreitung der zeitlich zulässigen Beschränkung ist die Rechtsprechung hingegen uneinheitlich. Teilweise wird hier eine Reduzierung des Wettbewerbsverbots auf das zeitlich zulässige Maß und damit eine Aufrechterhaltung der Klausel für möglich erachtet, in anderen Entscheidungen erklärt der Bundesgerichtshof die Klausel auch hier für nichtig.

Ein Verstoß gegen § 1 GWB hat im Gegensatz zu § 138 BGB grundsätzlich nur die Reduzierung des Wettbewerbsverbots auf das rechtlich zulässige Maß zur Folge.

9.11.3 Weitere Bindungsmöglichkeiten

Unabhängig vom kaufvertraglichen Wettbewerbsverbot besteht auch die Möglichkeit über gesellschaftsrechtliche oder dienstvertragliche Wettbewerbsverbote eine Bindung des Verkäufers sicherzustellen. Diese Möglichkeiten greifen jedoch nur ein, wenn der Verkäufer als Geschäftsführer in der Gesellschaft verbleibt und/oder Gesellschafter bleibt. Für die Zeit des Verbleibs in der Gesellschaft als Geschäftsführer besteht sodann ohnehin ein gesetzliches Wettbewerbsverbot, Gleiches gilt im Grundsatz auch bei Verbleib als Mehrheitsgesellschafter. Soweit hier Regelungen für den Fall des Ausscheidens getroffen werden (nachvertragliche Wettbewerbsverbote), gelten die soeben geschilderten Grundsätze zum Umfang derartiger Beschränkungen. Bei dienstvertraglichen Wettbewerbsverboten, die die Zeit nach Ausscheiden erfassen sollen (nachvertragliche Wettbewerbsverbote), ist zur Wirksamkeit die Vereinbarung einer Karenzentschädigung gemäß § 74 HGB zwar nicht erforderlich, durchgesetzt werden kann diese jedoch nur, wenn auch eine angemessene Entschädigung angeboten wird.

52 Was ist bei Vereinbarung eines Wettbewerbsverbots zu beachten?

- Das Wettbewerbsverbot darf inhaltlich nicht über den tatsächlichen Tätigkeitsbereich der Objektgesellschaft hinausgehen (sachlich und örtlich), ansonsten ist es unwirksam.
- In zeitlicher Hinsicht sollte das Wettbewerbsverbot zwei Jahre (unter besonderen Umständen gegebenenfalls etwas länger) nicht überschreiten.
- Als Sanktion sollte auf jeden Fall eine Vertragsstrafe vorgesehen werden.

9.12 Gerichtsstand/Schiedsklausel

Der Kaufvertrag endet typischerweise mit einer Vielzahl eher technischer Regelungen. Von großer Bedeutung ist in diesem Zusammenhang noch die Frage, wie bei Streitigkeiten aus dem Vertrag verfahren werden soll. Hier bieten sich grundsätzlich zwei Möglichkeiten an. Entweder wird die Streitigkeit vor dem ordentlichen Gericht ausgetragen. Soweit die Parteien beide Kaufleute sind (entweder kraft Rechtsform oder kraft kaufmännisch eingerichteten Geschäftsbetriebs), können die Parteien vertraglich vereinbaren, an welchem Ort das Gerichtsverfahren stattfindet.

Alternativ können die Parteien Streitigkeiten auch einem Schiedsgericht zuweisen und dem staatlichen Verfahren entziehen. Hier können die Parteien entweder auf ein bereits eingerichtetes Schiedsgericht (sogenanntes „institutionelles Schiedsgericht“) und spezielle Schiedsverfahrensordnungen (z.B. die Deutsche Institution für Schiedsgerichtsbarkeit (DIS) e.V.) zurückgreifen oder aber anlässlich ihres Rechtsstreits ein sogenanntes „Adhoc-Schiedsgericht“ konstituieren und auf die gesetzlichen Vorschriften der ZPO zum Schiedsverfahren zurückgreifen (§§ 1025 ff. ZPO). Wird nichts hierzu vereinbart, finden die vorgenannten ZPO-Vorschriften Anwendung auf das Schiedsverfahren. In diesem Fall besteht das Schiedsgericht aus drei Schiedsrichtern, wobei jede Partei jeweils einen Schiedsrichter benennen darf und diese sich auf den Vorsitzenden einigen müssen. Es ist sodann noch zu regeln, ob der Schiedsspruch abschließend ist oder in einer weiteren Instanz überprüft werden soll. Grundsätzlich hat er die Wirkung eines rechtskräftigen Urteils eines ordentlichen Gerichts (§ 1055 ZPO).

Die Vereinbarung einer Schiedsklausel bietet gegenüber einem Rechtsstreit vor den ordentlichen Gerichten vielerlei Vorteile:

- Der Rechtsstreit kann unter Ausschluss der Öffentlichkeit ausgetragen werden;
- es können ausgewiesene Experten für den relevanten Fachbereich als Schiedsrichter ausgewählt werden;
- das Verfahren kann deutlich beschleunigt werden;
- soweit der Schiedsspruch abschließend ist, besteht hoher Einigungsdruck auf Seiten aller Parteien.

Nicht in jedem Fall sind die vorgenannten Vorteile des Schiedsverfahrens auch für die jeweilige Partei vorteilhaft. Teilweise wird eine Partei vielleicht auch lieber „auf Zeit spielen“ und über eine lange Verfahrensdauer vor den ordentlichen Gerichten den Gegner mürbe machen wollen. Zu berücksichtigen sind zudem auch die Kosten des Schiedsverfahrens. Ob dieses günstiger ist als ein Verfahren vor den ordentlichen Gerichten, lässt sich pauschal nicht sagen. Die Vergütung der Schiedsrichter orientiert sich häufig an der Vergütung für Rechtsanwälte (nunmehr RVG, früher BRAGO), ist hier nur eine Instanz gegeben, kann es bereits hierdurch günstiger als ein Verfahren vor staatlichen Gerichten sein. Je höher der Kaufpreis ist, desto eher macht es Sinn, über ein Schiedsgericht nachzudenken.

53 Welche Vorteile bietet eine Schiedsvereinbarung im Vergleich zum Streitverfahren vor den ordentlichen Gerichten?

- Höhere Diskretion durch Ausschluss der Öffentlichkeit
- höhere Fachkompetenz der Richter
- kürzere Verfahrensdauer
- größerer Einigungsdruck, sofern keine weitere Instanz vorgesehen
- **aber:** je nach Gestaltung des Schiedsverfahrens höhere Kosten als Verfahren vor ordentlichen Gerichten

10 Arbeitsrechtliche Fragen beim Unternehmenskauf

Was Sie in diesem Kapitel erfahren

54	Welche arbeitsrechtlichen Folgen hat ein Share Deal?
55	Welche arbeitsrechtlichen Folgen hat ein Asset Deal?
56	Wann liegt ein Betriebs-/Teilbetriebsübergang vor?
57	Welche arbeitsrechtlichen Folgen hat ein Betriebsübergang/ Teilbetriebsübergang?
58	Wann und in welcher Form sind die Mitarbeiter und der Betriebsrat über den Verkauf zu informieren?
59	Welche besonderen Haftungsrisiken sind zu beachten?
60	Welche Beteiligungsrechte stehen dem Betriebsrat zu?
61	Welche Besonderheiten bestehen bei Umwandlungen nach dem Umwandlungsgesetz (UmwG)?

Inhalt

10 Arbeitsrechtliche Fragen beim Unternehmenskauf

Bei der Gestaltung eines Unternehmenskaufs kommt neben den Bereichen Vertragsrecht, Gesellschafts- und Steuerrecht dem Arbeitsrecht besondere Bedeutung zu. Es ergeben sich vielfältige Fragestellungen aus den arbeitsrechtlichen Schutzbestimmungen und den teilweise weitreichenden Mitbestimmungs- und Beteiligungsrechten der Arbeitnehmervertretungen für die Durchführung von Unternehmenskäufen. Es sollen daher in diesem Kapitel die wesentlichen relevanten arbeitsrechtlichen Frage- und Problemstellungen anhand des jeweiligen Durchführungswegs der Transaktion praxisnah erläutert werden. Im Fokus stehen dabei die Themenkreise Betriebsübergang, Betriebsänderung, Auswirkungen auf Arbeitnehmervertretungsorgane und sich ergebene besondere Haftungsrisiken.

10.1 Anteilsveräußerung (Share Deal)

Der Wechsel der Inhaberschaft von Geschäftsanteilen und Aktien (Share Deal; vgl. Kapitel 8) berührt weder Inhalt noch Bestand der Arbeitsverhältnisse. Er ist dementsprechend individualarbeitsrechtlich und kollektivarbeitsrechtlich ohne Auswirkung. Arbeitgeber bleibt unverändert die Gesellschaft, deren Anteile verkauft werden. Die Vorschrift des § 613a BGB findet keine Anwendung. Es besteht daher kein Regelungsbedarf.

In Betracht kommen kann allerdings die Verpflichtung zur Unterrichtung des **Wirtschaftsausschusses** gemäß § 106 Abs. 3 Ziff. 10 BetrVG. Ein Wirtschaftsausschuss ist zu bilden in Unternehmen mit in der Regel mehr als 100 ständig beschäftigten Arbeitnehmern. Die Unterrichtung hat **rechtzeitig und umfassend** zu erfolgen, da die Anteilsveräußerung die Interessen der Arbeitnehmer des Unternehmens im Sinne von § 106 Abs. 3 Ziff. 10 BetrVG „wesentlich berühren kann". Die sich aus dem Anteilsverkauf ergebenden Auswirkungen auf die Geschäftspolitik, die Geschäftsführung und die Personalplanung sind darzustellen.

54 Welche arbeitsrechtlichen Folgen hat ein Share Deal?

- Der Share Deal verursacht grundsätzlich keine arbeitsrechtlichen Folgen.
- § 613a findet beim Share Deal keine Anwendung.

10.2 Veräußerung von Betrieben und Betriebsteilen mittels Übertragung von Einzelwirtschaftsgütern (Asset Deal)

Werden die Betriebsmittel eines Unternehmens oder Betriebs auf einen Erwerber im Weg der Einzelrechtsnachfolge übertragen (Asset Deal; vgl. Kapitel 8), kann ein **Betriebsübergang** gemäß § 613a BGB vorliegen. Die übertragenen Betriebsmittel müssen einen Betrieb oder Betriebsteil im Sinne dieser Vorschrift darstellen, da nicht jede Betriebsmittelübertragung einem Betriebsübergang gleichzusetzen ist. Andererseits ist eine Übertragung von materiellen Betriebsmitteln – z.B. bei reinen Dienstleistungsbetrieben – nicht zwingend erforderlich, um einen Betriebsübergang auszulösen.

§ 613a BGB regelt den gesetzlichen Übergang der bestehenden Arbeitsverhältnisse, die unveränderte Fortgeltung der Arbeitsbedingungen und Möglichkeiten zur Anpassung und Änderung der Arbeitsbedingungen durch den Erwerber. Die Vorschrift enthält Regelungen zur Haftungsverteilung zwischen Verkäufer und Erwerber und einen besonderen Kündigungsschutztatbestand für die Arbeitnehmer.

Seit dem **01.04.2002** wurde § 613a BGB durch gesetzliche Neuregelung zur Umsetzung der EG-Richtlinie 2001/23/EG um zwei Absätze ergänzt. Im neuen Absatz 5 ist nun eine **Unterrichtungspflicht** des Verkäufers oder des Erwerbers über den Betriebsübergang gegenüber betroffenen Arbeitnehmern geregelt; im neuen Absatz 6 ist nunmehr das **Widerspruchsrecht des Arbeitnehmers** – das bisher als ungeschriebenes Tatbestandsmerkmal aufgrund Richterrechts galt – gesetzlich verankert.

Wegen der grundlegenden Bedeutung des § 613a BGB beim Asset Deal wird die aktuelle Fassung dieser Norm hier wie folgt wiedergegeben:

„(1) Geht ein Betrieb oder Betriebsteil durch Rechtsgeschäft auf einen anderen Inhaber über, so tritt dieser in die Rechte und Pflichten aus den im Zeitpunkt des Übergangs bestehenden Arbeitsverhältnissen ein. Sind diese Rechte und Pflichten durch Rechtsnormen eines Tarifvertrages oder durch eine Betriebsvereinbarung geregelt, so werden sie Inhalt des Arbeitsverhältnisses zwischen dem neuen Inhaber und dem Arbeitnehmer und dürfen nicht vor Ablauf eines Jahres nach dem Zeitpunkt des Übergangs zum Nachteil des Arbeitnehmers geändert werden. Satz 2 gilt nicht, wenn die Rechte und Pflichten bei dem neuen Inhaber durch Rechtsnormen eines anderen Tarifvertrages oder durch eine andere Betriebsvereinbarung geregelt werden. Vor Ablauf der Frist nach Satz 2 können die Rechte und Pflichten geändert werden, wenn der Tarifvertrag oder die Betriebsvereinbarung geändert werden, wenn der Tarifvertrag oder die Betriebsvereinbarung nicht mehr gilt oder bei fehlender beiderseitiger Tarifgebundenheit im Geltungsbereich eines anderen Tarifvertrages dessen Anwendung zwischen dem neuen Inhaber und dem Arbeitnehmer vereinbart wird.

(2) Der bisherige Arbeitgeber haftet neben dem neuen Inhaber für Verpflichtungen nach Absatz 1, soweit sie vor dem Zeitpunkt des Übergangs entstanden sind und vor Ablauf von einem Jahr nach diesem Zeitpunkt fällig werden, als Gesamtschuldner. Werden solche Verpflichtungen nach dem Zeitpunkt des Übergangs fällig, so haftet der bisherige Arbeitgeber für sie jedoch nur in dem Umfang, der dem im Zeitpunkt des Übergangs abgelaufenen Teil ihres Bemessungszeitraums entspricht.

(3) Absatz 2 gilt nicht, wenn eine juristische Person oder eine Personenhandelsgesellschaft durch Umwandlung erlischt.

(4) Die Kündigung des Arbeitsverhältnisses eines Arbeitnehmers durch den bisherigen Arbeitgeber oder durch den neuen Inhaber wegen des Übergangs eines Betriebs oder eines Betriebsteils ist unwirksam. Das Recht zur Kündigung des Arbeitsverhältnisses aus anderen Gründen bleibt unberührt.

(5) Der bisherige Arbeitgeber oder der neue Inhaber hat die von einem Übergang betroffenen Arbeitnehmer vor dem Übergang in Textform zu unterrichten über:

1. den Zeitpunkt oder den geplanten Zeitpunkt des Übergangs,
2. den Grund für den Übergang,
3. die rechtlichen, wirtschaftlichen und sozialen Folgen des Übergangs für die Arbeitnehmer und
4. die hinsichtlich der Arbeitnehmer in Aussicht genommenen Maßnahmen.

(6) Der Arbeitnehmer kann dem Übergang des Arbeitsverhältnisses innerhalb eines Monats nach Zugang der Unterrichtung nach Absatz 5 schriftlich widersprechen. Der Widerspruch kann gegenüber dem bisherigen Arbeitgeber oder dem neuen Inhaber erklärt werden.“

55 Welche arbeitsrechtlichen Folgen hat ein Asset Deal?

- Beim Asset Deal **kann** ein Betriebsübergang/Teilbetriebsübergang gemäß § 613a BGB vorliegen.
- § 613a BGB regelt den gesetzlichen Übergang der bestehenden Arbeitsverhältnisse auf den Erwerber, die unveränderte Fortgeltung der bisherigen Arbeitsbedingungen und Möglichkeiten zur Anpassung und Änderung der Arbeitsbedingungen durch den Erwerber.
- § 613a Abs. 2 BGB regelt die Haftungsverteilung zwischen Verkäufer und Erwerber.
- § 613a Abs. 5 BGB begründet eine Unterrichtungspflicht für Verkäufer oder Erwerber zum Betriebsübergang/Teilbetriebsübergang gegenüber den betroffenen Arbeitnehmern.
- § 613a Abs. 6 BGB räumt betroffenen Arbeitnehmern das Recht ein, dem Übergang ihres Arbeitsverhältnisses auf den Erwerber zu widersprechen (Widerspruchsrecht).

10.3 Der Betriebsbegriff des § 613a BGB

Den Übergang eines Betriebs prüft das Bundesarbeitsgericht[1] (BAG) inzwischen im Einklang mit der Rechtsprechung des Europäischen Gerichtshofs[2] (EuGH) und des Europäischen Gesetzgebers[3] anhand des Kriteriums der **Wahrung der Identität einer wirtschaftlichen Einheit** im Sinne einer organisierten Zusammenfassung von Ressourcen zur Verfolgung einer wirtschaftlichen Haupt- oder Nebentätigkeit. Ob eine **wirtschaftliche Einheit** identitätswahrend übergeht, beurteilt sich nach einer Gesamtwürdigung sämtlicher, den betreffenden Vorgang kennzeichnenden Tatsachen, insbesondere:[4]

- der Art des betreffenden Betriebs
- dem (etwaigen) Übergang der materiellen Betriebsmittel (Gebäude/bewegliche Güter)
- dem Wert der immateriellen Aktiva im Zeitpunkt des Übergangs
- der (etwaigen) Übernahme der Hauptbelegschaft durch den neuen Inhaber
- dem (etwaigen) Übergang der Kunden

1) Vgl. z.B. BAG in EzA, Nr. 149 zu § 613a BGB.
2) Vgl. z.B. EuGH in EzA, Nr. 145 zu § 613a BGB – Ayse Süzen.
3) Vgl. Artikel 1 Abs. 1 Buchst. b), Richtlinie 2001/23/EG.
4) Mit diesen Kriterien: BAG in EzA, Nr. 159 zu § 613a BGB.

- dem Grad der Ähnlichkeit zwischen den vor und nach dem Übergang verrichteten Tätigkeiten und die Dauer einer eventuellen Unterbrechung dieser Tätigkeiten.

Der Übergang von Arbeitsverhältnissen kann nicht nur Rechtsfolge, sondern auch Tatbestandsmerkmal für einen Betriebsübergang sein. So stellt sich in Branchen, in denen es im Wesentlichen auf die menschliche Arbeitskraft ankommt, die Übernahme einer organisierten Gesamtheit von Arbeitnehmern als Betriebsübergang dar, wenn der neue Inhaber aufgrund eigenen Willensentschlusses diese durch ihre gemeinsame Tätigkeit dauerhaft verbundenen Arbeitnehmer nach Zahl und Sachkunde **im Wesentlichen** übernommen hat, weil sie z.B. in der Lage sind, die Tätigkeit im Rahmen eines Neuauftrags wie bisher auszuführen.

Ein **Betriebsteil** (Teileinheit/Teilorganisation) stellt eine abgrenzbare wirtschaftliche Teileinheit des Betriebs dar, mit der innerhalb des betrieblichen Gesamtzwecks ein dauerhafter Teilzweck verfolgt wird, wobei auch hier eine bereits vor dem Übergang bestehende organisierte Zusammenfassung von Personen und Sachen vorliegen muss.

Zur Beurteilung der Frage, ob die **Identität gewahrt** wurde, kommt es auf die **Verhältnisse beim Erwerber** an. Daher gehen die Arbeitsverhältnisse der dem übertragenen Betriebsteil angehörenden Arbeitnehmer gemäß § 613a BGB auf den Erwerber über, die Arbeitsverhältnisse der verbliebenen Arbeitnehmer dagegen auch dann nicht, wenn der verbliebene Restbetrieb nicht mehr sinnvoll fortgeführt werden kann.

Die bloße **Übertragung bestimmter Betriebsfunktionen** fällt nicht unter den Tatbestand des § 613a BGB. Es hat zwar zwischenzeitlich unter Berücksichtigung der Eigenart des jeweiligen Betriebs eine weitgehende Entmaterialisierung des Betriebsbegriffs gegeben (für Produktionsbetriebe wird vorrangig auf die sächlichen Betriebsmittel, für Handels- und Dienstleistungsbetriebe hingegen auf die immateriellen Betriebsmittel abgestellt) – die reine **Funktionsnachfolge**, d.h. die Übernahme allein der Aufgabe und nicht der vorhandenen konkreten betrieblichen Organisation der in Frage stehenden Einheit, ist von der Betriebsübernahme streng zu unterscheiden und damit vom Anwendungsbereich des § 613a BGB ausgenommen.

56 Wann liegt ein Betriebsübergang/Teilbetriebsübergang vor?

- Ein Betriebsübergang/Teilbetriebsübergang liegt nur dann vor, wenn der Betriebsbegriff des § 613a BGB durch die Transaktion erfüllt wird.
- Eine wirtschaftliche Einheit im Sinne einer organisierten Zusammenfassung von Ressourcen zur Verfolgung einer wirtschaftlichen Haupt- oder Nebentätigkeit muss identitätswahrend übergehen.
- Beim Betriebsteil muss es sich um eine abgrenzbare wirtschaftliche Teileinheit des Betriebs mit bereits vor dem Übergang bestehender Organisation handeln.
- Die bloße Funktionsnachfolge – Übertragung bestimmter Betriebsfunktionen – ist vom Betriebsübergang/Teilbetriebsübergang streng zu unterscheiden.

10.4 Rechtsfolgen des Betriebsübergangs/ Teilbetriebsübergangs

10.4.1 Übergang von Rechten und Pflichten aus dem Arbeitsverhältnis

Liegt ein Betriebsübergang/Teilbetriebsübergang vor, gehen nach § 613a Abs. 1 Satz 1 BGB die zum Zeitpunkt des Betriebsübergangs/Teilbetriebsübergangs zu dem früheren Betriebsinhaber **bestehenden Arbeitsverhältnisse** – dazu zählen auch Teilzeitbeschäftigte, befristet Beschäftigte, Aushilfen und Auszubildende – **auf den Erwerber über.** Dies gilt mangels Arbeitnehmereigenschaft **nicht** für sogenannte organschaftliche Dienstverhältnisse, z. B. GmbH-Geschäftsführeranstellungsverhältnisse und AG-Vorstandsanstellungsverhältnisse.

Der Übergang bestehender Arbeitsverhältnisse auf den Erwerber erfolgt mit **allen Rechten und Pflichten** automatisch kraft Gesetzes. § 613a BGB bewirkt damit praktisch einen **Vertragspartnerwechsel** auf Arbeitgeberseite, der das Arbeitsverhältnis ansonsten inhaltlich unverändert lässt.

Alle arbeitsvertraglich getroffenen Vereinbarungen/Regelungen sind damit vom Erwerber zu erfüllen. Dies gilt auch für Verbindlichkeiten aus dem Arbeitsverhältnis, soweit sie vor dem Übergang entstanden sind, z. B. rückständige Vergütungsansprüche der Arbeitnehmer. Hingegen haftet der Erwerber nicht gegenüber den zuständigen Einzugsstellen für rückständige Sozialversicherungsbeiträge und Lohnsteuer, da es sich bei der Verpflichtung zur Abführung dieser Beiträge um öffentlich-rechtliche Pflichten und nicht um Pflichten aus dem Arbeitsverhältnis handelt.

Der Erwerber tritt auch in Ansprüche ein, die auf einer vor dem Betriebsübergang bestehenden **betrieblichen Übung** beruhen oder auf einer Verletzung des **arbeitsrechtlichen Gleichbehandlungsgrundsatzes** beim Veräußerer. Auf derartige Anspruchsgrundlagen und etwaige Verstöße ist im Rahmen einer Due Diligence besonders zu achten.

Durch die Fortsetzung der Arbeitsverhältnisse beim Betriebserwerber bleibt die **Dauer der Betriebszugehörigkeit** erhalten. Dies hat z.B. Relevanz für Fragen des Kündigungsschutzes, der Kündigungsfristen oder der Erfüllung der Unverfallbarkeitsvoraussetzungen im Rahmen einer **betrieblichen Altersversorgung**. Die übergegangenen Arbeitnehmer treten jedoch nicht mit ihrer beim Veräußerer erworbenen Betriebszugehörigkeit in eine beim Erwerber bestehenden Altersversorgung ein. Eine andere Frage ist es, ob die übernommenen Mitarbeiter einen Anspruch auf Aufnahme in die betriebliche Altersversorgung ab dem Zeitpunkt des Übergangs haben. Dies ist jedenfalls dann zu verneinen, wenn die Altersversorgung beim Erwerber auf einzelvertraglichen Zusagen beruht. § 613a Abs. 1 BGB gewährleistet nur den Fortbestand des Arbeitsverhältnisses zu den beim Veräußerer bestehenden Arbeitsbedingungen. Ein Anspruch der übernommenen Mitarbeiter auf Teilhabe an Leistungen, die ausschließlich beim Erwerber gelten, kann auch nicht mit dem arbeitsrechtlichen Gleichbehandlungsgrundsatz begründet werden. Die Ungleichbehandlung ist sachlich gerechtfertigt, da es sich um eine zwingende gesetzliche Rechtsfolge des § 613a BGB handelt. Ein Anspruch auf Teilhabe an Leistungen, die beim Erwerber gewährt werden, kann jedoch entstehen, wenn beim Erwerber eine Kollektivregelung – etwa in Form einer Betriebsvereinbarung – besteht, nach der z.B. eine betriebliche Altersversorgung gewährt wird.

Mit dem Übergang der Arbeitsverhältnisse gehen auch **Gestaltungsrechte** wie z.B. Kündigungs- oder Anfechtungsrechte auf den Erwerber über. Der Erwerber kann sich somit auf die diesen Rechten zugrundeliegenden Gründe berufen, auch wenn der Tatbestand vor der Übernahme verwirklicht wurde.

Zahlreiche Rechte und Pflichten zwischen Arbeitgeber und Arbeitnehmer ergeben sich in der Praxis aus **Tarifverträgen** oder **Betriebsvereinbarungen**. Hinsichtlich dieser Rechte findet gemäß § 613a Abs. 1 Satz 2 BGB eine **Transformation** von Kollektivnormen in die nach Übergang mit dem Betriebserwerber bestehenden Individualarbeitsverhältnisse statt. Die so transformierten Normen dürfen **nicht vor Ablauf eines Jahres** nach dem

Zeitpunkt des Übergangs zum Nachteil des Arbeitnehmers geändert werden. Vor Ablauf dieser Frist ist eine Änderung jedoch dann möglich, wenn der Tarifvertrag nicht mehr gilt, oder ein **anderer Tarifvertrag** innerhalb seines Geltungsbereichs vereinbart wird. An einer **tarifvertraglichen Weiterentwicklung** nimmt der Arbeitnehmer nach dem Betriebsübergang nicht mehr teil, da die arbeitsvertragliche Bindung des Erwerbers an die Normen der beim alten Betriebsinhaber anwendbaren Tarifverträge für die Dauer eines Jahres nach Betriebsübergang gemäß § 613a Abs. 1 Satz 2 BGB allein die zurzeit des Betriebsübergangs geltenden Tarifnormen umfasst.

Nach § 613a Abs. 1 Satz 3 BGB gehen die in bereits bestehenden Tarifverträgen bzw. Betriebsvereinbarungen geregelten Rechte und Pflichten tarifgebundener Arbeitsvertragsparteien **dann nicht** auf den neuen Betriebsinhaber über, wenn bei diesem die betreffenden Rechte und Pflichten zum Zeitpunkt des Betriebsübergangs durch Rechtsnormen eines **anderen Tarifvertrags** oder durch eine **andere Betriebsvereinbarung** geregelt werden.

In die in dem übernommenen Betrieb bestehenden Betriebsvereinbarungen tritt der Erwerber vollinhaltlich ein, wenn der **ganze Betrieb** veräußert wird. Bleibt die Identität des Betriebs beim Erwerber erhalten, bleibt auch der bei dem übergehenden Betrieb bestehende Betriebsrat im Amt. Wird lediglich ein **Betriebsteil** übertragen, erfolgt eine Transformation bestehender Betriebsvereinbarungen in die übergehenden Individualarbeitsverträge.

Ob eine „andere Betriebsvereinbarung" im Sinne des § 613a BGB vorliegt, hängt nach der Rechtsprechung des BAG[1)] davon ab, ob sie der Sache nach **denselben Gegenstand** regelt wie die beim Veräußerer bestehende Betriebsvereinbarung, und ob sie betriebsverfassungsrechtlich in dem übernommenen Betrieb **tatsächlich gilt**. Dies ist z.B. dann nicht der Fall, wenn der übernommene Betrieb mit eigener Identität beim Erwerber fortbesteht, und somit von der Zuständigkeit des in einem anderen Betrieb des Erwerberunternehmens bestehenden Betriebsrats nicht erfasst wird.

Für die sogenannte **„Tarifablösung"** ist zu beachten, dass es für das Eingreifen der Wirkungen des § 613a Abs. 1 Satz 3 BGB nicht ausreicht, wenn nur der Betriebsübernehmer an die anderen Tarifverträge gebunden ist. Nach der Rechtsprechung des BAG[2)] greift § 613a Abs. 1 Satz 3 BGB nur dann ein, wenn **auch der Arbeitnehmer** tarifgebunden ist – sogenannte **kongruente Tarifbindung.** Dazu muss der Arbeitnehmer der Gewerkschaft angehören, die den ablösenden Tarifvertrag abgeschlossen hat.

1) Vgl. z.B. BAG in EzA Nr. 199 zu § 613a BGB.
2) Vgl. z.B. BAG in EzA Nr. 195 zu § 613a BGB.

Zur Frage einer **Kündigung bzw. einvernehmlichen Aufhebung** einer für den übernommenen Betrieb bestehenden Betriebsvereinbarung, die wegen Transformation individualrechtlich wirkt, ist streitig[1], ob der Erwerber die Möglichkeit hat, die Betriebsvereinbarung nach § 77 Abs. 5 BetrVG unter Einhaltung einer Frist von drei Monaten zu kündigen, oder ob der Veräußerer als bisheriger Arbeitgeber Partei der von ihm abgeschlossenen Betriebsvereinbarungen bleibt und daher auch nach dem Betriebsübergang berechtigt ist, die Betriebsvereinbarungen einvernehmlich aufzuheben oder zu kündigen. Diese Rechtsunsicherheit sollte in der Praxis dadurch vermieden werden, indem der Betriebsveräußerer im Kaufvertrag noch vor Betriebsübergang zur Kündigung aller eventuell bestehender Betriebsvereinbarungen verpflichtet wird.

10.4.2 Sonderkündigungsschutz gemäß § 613a Abs. 4 BGB

Die Kündigung eines Arbeitsverhältnisses durch den bisherigen Betriebsinhaber oder durch den Erwerber ist gemäß § 613a Abs. 4 Satz 1 BGB dann unwirksam, wenn die Kündigung „wegen des Übergangs eines Betriebs oder eines Betriebsteils“ erfolgt. Dies ist dann der Fall, wenn der Betriebsübergang den **tragenden Grund** für die Kündigung darstellt. Es handelt sich um ein eigenständiges Kündigungsverbot.

Die Vorschrift des § 613a Abs. 4 BGB wird vom BAG auf **Aufhebungsverträge**[2] und **Befristungsvereinbarungen**[3] entsprechend angewandt, wenn diese mit dem Ziel abgeschlossen werden, den Bestandsschutz nach § 613a Abs. 1 BGB zu umgehen. Dies ist z.B. der Fall, wenn zugleich mit dem Aufhebungsvertrag ein neues Arbeitsverhältnis zu dem Betriebserwerber begründet oder zumindest verbindlich in Aussicht gestellt wird. Als wirksam angesehen wird allerdings ein Aufhebungsvertrag, der auf ein endgültiges Ausscheiden des Arbeitnehmers aus dem Betrieb abzielt.[4]

Widerspricht der Arbeitnehmer dem Übergang seines Arbeitsverhältnisses, so ist eine folgende Kündigung des bisherigen Betriebsinhabers keine Kündigung „wegen“ des Übergangs. Diese Kündigung steht mit dem Betriebsübergang nur in mittelbarem Zusammenhang und erfolgt, wenn der widersprechende Arbeitnehmer vom bisherigen Betriebsinhaber nicht weiter beschäftigt werden kann, „aus anderen Gründen“ im Sinne von § 613a Abs. 4 Satz 2 BGB. Die Frage der Rechtswirksamkeit dieser Kündigung ist nach **den Grundsätzen der betriebsbedingten Kündigung** zu beurteilen. Im

1) Bauer/v. Steinau-Steinrück, NZA 2000, 507 ff.
2) Vgl. z.B. BAG in EzA Nr. 67 zu § 613a BGB.
3) Vgl. z.B. BAG in EzA Nr. 161 zu § 620 BGB.
4) Vgl. z.B. BAG in EzA Nr. 175 zu § 613a BGB.

Rahmen einer dann gegebenenfalls durchzuführenden **Sozialauswahl** gilt jedoch nach der Rechtsprechung des BAG die Besonderheit, dass die Gründe für den Widerspruch berücksichtigt werden und der widersprechende Arbeitnehmer mit Nachteilen rechnen muss. Nur dann, wenn der widersprechende Arbeitnehmer gewichtige Gründe für seinen Widerspruch hat, kann er andere Arbeitnehmer verdrängen, die nicht ganz erheblich weniger schutzwürdig sind. Als „gewichtige Gründe" kommen etwa die begründete Befürchtung eines baldigen Arbeitsplatzverlusts oder einer wesentlichen Verschlechterung der Arbeitsbedingungen beim Erwerber in Betracht.

Gemäß § 613a Abs. 4 Satz 2 BGB bleibt das Recht zur **Kündigung aus anderen Gründen** unberührt. Danach sind Kündigungen aus wirtschaftlichen, technischen oder organisatorischen Gründen sowohl vom bisherigen Betriebsinhaber vor dem Betriebsübergang als auch nach dem Betriebsübergang durch den Erwerber zulässig.

Die Abgrenzung zwischen der unzulässigen Kündigung „wegen" des Betriebsübergangs und der weiterhin zulässigen betriebsbedingten Kündigung „aus anderen Gründen", z.B. zum Zweck einer Restrukturierung/Rationalisierung, ist in der Praxis teilweise schwierig. Nach der Rechtsprechung des BAG[1)] ist entscheidend, ob das Motiv der Kündigung im Wesentlichen der Betriebsübergang als solcher war. Dies ist dann anzunehmen, wenn es nicht neben dem Betriebsübergang einen anderen sachlichen Grund gibt, der die Kündigung rechtfertigt, sodass sich der Betriebsübergang zwar als äußerer Anlass, nicht jedoch als tragender Grund für die Kündigung darstellt. In der Praxis ist daher zu prüfen, ob es einen **anderen tragenden Grund für die Kündigung** gibt. Maßgeblicher Zeitpunkt für die Beurteilung dieser Frage, die allein anhand der objektiven Rechtslage entschieden werden muss, ist der **Zeitpunkt des Zugangs der Kündigung.**

Problematisch sind in diesem Zusammenhang die Fälle, in denen sich der Betriebsinhaber zunächst ernsthaft entschließt, den Betrieb stillzulegen und der gesamten Belegschaft betriebsbedingt kündigt. Nach Ausspruch der Kündigungen findet sich jedoch noch ein Erwerber, der den Betrieb übernehmen und fortführen will. Die ausgesprochenen Kündigungen sind als betriebsbedingte Kündigungen wirksam, da die Verhältnisse bei Ausspruch der Kündigungen maßgeblich sind. Es ist durch die Rechtsprechung des BAG[2)] anerkannt, dass die geplante Stilllegung des Betriebs ein dringendes betriebliches Erfordernis im Sinne des § 1 Abs. 2 Satz 1 KSchG ist, sofern

1) Vgl. z.B. BAG in EzA Nr. 179 zu § 613a BGB.
2) Vgl. z.B. BAG in EzA Nr. 70 zu § 1 KSchG – Betriebsbedingte Kündigung.

ein ernsthafter und endgültiger Entschluss zur Stilllegung vorliegt und „greifbare Formen“ angenommen hat.

Kommt es bei dieser Konstellation jedoch während des Laufs der jeweiligen Kündigungsfrist doch noch zu einem Betriebsübergang, räumt das BAG dem betroffenen Arbeitnehmer einen **Wiedereinstellungsanspruch**[1] ein. Der Wiedereinstellungsanspruch besteht jedoch nur dann, wenn der Arbeitgeber mit Rücksicht auf die Wirksamkeit der Kündigungen noch keine Dispositionen getroffen hat und die Wiedereinstellung für den Arbeitgeber zumutbar ist.

Der Sonderkündigungsschutztatbestand des § 613a Abs. 4 BGB enthält ein eigenständiges Kündigungsverbot. Es ist daher unerheblich, ob der betroffene Arbeitnehmer gesetzlichen Kündigungsschutz nach dem Kündigungsschutzgesetz genießt oder nicht. Allerdings muss die Unwirksamkeit der Kündigung nach § 613a Abs. 4 BGB innerhalb der dreiwöchigen Klagefrist des § 4 KSchG gerichtlich geltend gemacht werden.

57 Welche arbeitsrechtlichen Folgen hat ein Betriebsübergang/Teilbetriebsübergang?

- Ein Betriebsübergang/Teilbetriebsübergang führt zum gesetzlichen Übergang aller betroffenen bestehenden Arbeitsverhältnisse auf den Erwerber mit allen Rechten und Pflichten (Vertragspartnerwechsel auf Arbeitgeberseite).
- Rechte und Pflichten, die sich aus Tarifverträgen und/oder Betriebsvereinbarungen ergeben, werden grundsätzlich in die mit dem Erwerber fortbestehenden Einzelarbeitsverhältnisse transformiert. Es gilt dann eine Veränderungssperre von einem Jahr.
- Gelten beim Erwerber andere einschlägige Tarifnormen und/oder eigene Betriebsvereinbarungen, haben diese Regelungen Vorrang und lösen die bisherigen ab. Im Tarifbereich gilt dies nur, wenn auch auf Arbeitnehmerseite Tarifbindung besteht.
- Die Kündigung von Arbeitsverhältnissen wegen eines Betriebsübergangs/Teilbetriebsübergangs durch Veräußerer oder Erwerber ist unzulässig – § 613a Abs. 4 BGB.

1) Vgl. z.B. BAG in EzA Nr. 1 zu § 1 KSchG – Wiedereinstellungsanspruch.

10.4.3 Unterrichtungspflicht und Widerspruchsrecht nach § 613a Abs. 5 und Abs. 6 BGB

§ 613a BGB ist mit Wirkung ab 01.04.2002 durch das „Gesetz zur Änderung des Seemannsgesetzes und anderer Gesetze“ vom 23.03.2002 um die Absätze 5 (Unterrichtungspflicht des Veräußerers oder des Erwerbers) und 6 (Widerspruchsrecht des Arbeitnehmers) erweitert worden. Diese Neuregelungen werfen erhebliche praktische und rechtliche Fragen auf und führen beim Betriebsübergang zu einer erheblichen Rechtsunsicherheit.[1)]

Als **Folgeänderung** zum neuen § 613a Abs. 5 und 6 BGB wurde der Verweis in § 324 UmwG nunmehr auch auf diese Absätze erstreckt, so dass diese Vorschriften künftig auch bei Umwandlungen Anwendung finden.

10.4.3.1 Unterrichtungspflicht

Nach dem neuen § 613a Abs. 5 BGB hat der bisherige Arbeitgeber oder der neue Inhaber die von einem Übergang betroffenen Arbeitnehmer vor dem Übergang zu unterrichten. Welche Anforderungen an die vorgeschriebene Unterrichtung konkret zu stellen sind, damit diese als „vollständig“ gilt, bleibt wegen der teilweise unklaren gesetzlichen Neuregelung fraglich.

Unterrichtungspflichtiger ist nach dem Gesetzeswortlaut der Veräußerer oder der Erwerber. Es besteht demnach eine gemeinsame Unterrichtungspflicht. Beide haben sich daher untereinander darüber zu verständigen, in welcher Art und Weise sie ihre gemeinsame Pflicht erfüllen. Insbesondere wegen der Folgen des Widerspruchsrechts für den Veräußerer ist für die Praxis dringend anzuraten, dass in einer Vereinbarung zwischen dem Veräußerer und dem Erwerber klar festgelegt wird, wer von beiden die Unterrichtung vornimmt, und auf welche Punkte sich die Unterrichtung erstrecken soll. Nur eine solche Vereinbarung – als Bestandteil des Kaufvertrags oder als Nebenabrede dazu – bietet für den Veräußerer eine zuverlässige Grundlage, den gegebenenfalls aufgrund einer unvollständigen Unterrichtung bei ihm entstehenden Schaden beim Erwerber geltend machen zu können.

10.4.3.2 Inhalt der Unterrichtung

Der Inhalt der Unterrichtung ergibt sich aus dem Katalog des neuen Absatzes 5.

1) Z.B. Willemsen/Lembke, NJW 2002, 1159 ff.

Zunächst ist über den **Zeitpunkt/den geplanten Zeitpunkt** des Betriebsübergangs zu unterrichten. Im Regelfall wird dies keine größeren Schwierigkeiten bereiten. Zu beachten ist aber, dass ein Betriebsübergang im Sinne des § 613a BGB bereits dann vorliegt, wenn der Betriebserwerber aufgrund rechtsgeschäftlicher Übereinkunft in die Lage versetzt wird, die Leitungsmacht im Betrieb mit dem Ziel der Betriebsfortführung auszuüben. Dieser Zeitpunkt muss **nicht** mit dem gesellschaftsrechtlichen Übergang des Betriebs/Betriebsteils einhergehen. Nicht entscheidend ist auch, dass die Leitungsmacht durch den Erwerber tatsächlich ausgeübt wird – es genügt, wenn nach der rechtsgeschäftlichen Übereinkunft die Möglichkeit hierzu besteht.

Problematisch ist auch der Fall, wenn sich der mitgeteilte Zeitpunkt/geplante Zeitpunkt des Übergangs verzögert. Fraglich ist, ob dann die Unterrichtung zu wiederholen ist. Bei einer unwesentlichen zeitlichen Verzögerung wird eine erneute Unterrichtung nicht zu erfolgen haben. Wird der Betriebsübergang jedoch um erhebliche Zeit vorgezogen oder zeitlich nach hinten verschoben, so ist eine erneute Unterrichtung nach dem neuen Absatz 5 erforderlich, wenn durch die zeitliche Verschiebung die Entscheidung des Arbeitnehmers über die Ausübung des Widerspruchsrechts beeinflusst werden kann.

Für die Praxis sollte daher im Regelfall die Unterrichtung **den geplanten Zeitpunkt des Übergangs** betreffen.

Sodann ist über den **Grund für den Übergang** zu unterrichten. Weder aus dem Gesetzestext noch aus der Gesetzesbegründung ist zu entnehmen, was unter „Grund für den Übergang“ gemeint ist. Als ausreichend im Hinblick auf den Schutzzweck der Vorschrift ist wohl anzusehen, wenn der **Rechtsgrund** für den Betriebsübergang genannt wird, also das Rechtsgeschäft zwischen Betriebsveräußerer und Betriebserwerber, ohne die unternehmerische Entscheidung im Einzelnen zu erläutern.

Sodann ist über die **rechtlichen, wirtschaftlichen und sozialen Folgen des Übergangs für die Arbeitnehmer** zu unterrichten. Nach der Gesetzesbegründung ergeben sich diese Folgen vor allem aus den unverändert weitergeltenden Regelungen des § 613a Abs. 1 bis Abs. 4 BGB. Das betrifft Fragen der Weitergeltung oder Änderung der bisherigen Rechte und Pflichten aus dem Arbeitsverhältnis (aufgrund Einzelarbeitsvertrag, Betriebsvereinbarung oder Tarifvertrag), der Haftung des bisherigen Arbeitgebers und des neuen Inhabers gegenüber dem Arbeitnehmer sowie des Kündigungsschutzes.

Wie weit die Unterrichtung über diese Fragen gehen muss, ist fraglich. Nicht ausreichend dürfte es sein, den betroffenen Arbeitnehmern allein den Gesetzestext des § 613a BGB mitzuteilen, wobei dieser dennoch Teil der Unterrichtung sein sollte. Vom Unterrichtungspflichtigen kann jedoch auch nicht verlangt werden, für jeden Arbeitnehmer ein Rechtsgutachten über die Folgen des Betriebsübergangs im Einzelfall zu erstellen. Der Unterrichtungsverpflichtete sollte die Arbeitnehmer in seiner Mitteilung daher – neben dem Gesetzestext des § 613a BGB – in verständlichen Worten über die rechtlichen Konsequenzen des bevorstehenden Betriebsübergangs unterrichten.

Die Unterrichtung der Arbeitnehmer sollte zudem sicherheitshalber weitere, sich nicht unmittelbar aus § 613a Abs. 1 bis Abs. 4 BGB ergebende Folgen umfassen. Dies gilt insbesondere für Aspekte, die für die Entscheidung über die Ausübung des Widerspruchsrechts nach § 613a Abs. 6 BGB von Bedeutung sein können. Das sind z.B.:

- Nichtbestehen eines Betriebsrats beim Betriebserwerber
- Nichtbestehen von Kündigungsschutz beim Erwerber, wenn der Schwellenwert des § 23 KSchG nicht erreicht wird
- laufendes Insolvenzverfahren beim Erwerber
- unmittelbar bevorstehende Umstrukturierungsmaßnahmen beim Erwerber

Schließlich ist über die **hinsichtlich der Arbeitnehmer in Aussicht genommenen Maßnahmen** zu unterrichten. Zu diesen in Aussicht genommenen Maßnahmen gehören nach der Gesetzesbegründung Weiterbildungsmaßnahmen im Zusammenhang mit geplanten Produktionsumstellungen oder Umstrukturierungen und andere Maßnahmen, die die berufliche Entwicklung des Arbeitnehmers betreffen. Nur wenn bereits bei Unterrichtung Maßnahmen für die berufliche Entwicklung der Arbeitnehmer geplant sind, erstreckt sich die Unterrichtungspflicht auch auf diese.

10.4.3.3 Form der Unterrichtung

Die Form der Unterrichtung hat in Textform im Sinne des § 126b BGB zu erfolgen. Danach muss die Erklärung in einer Urkunde oder auf andere zur dauerhaften Wiedergabe in Schriftzeichen geeigneten Weise abgegeben, die Person des Erklärenden genannt und der Abschluss der Erklärung durch Nachbildung der Namensunterschrift oder auf andere Weise (z.B. durch Vermerk „Die Geschäftsführung“) erkennbar gemacht werden.

Eine mündliche Unterrichtung – z.B. in einer Betriebsversammlung – reicht demnach nicht mehr.

Die Unterrichtung kann z.B. erfolgen durch:

- Rundschreiben
- Mitteilung im Intranet

Die Unterrichtung allein durch Aushang ist problematisch. Entsteht Streit darüber, wann die Frist des § 613a Abs. 6 BGB zu laufen begonnen hat, ist der beteiligte Arbeitgeber darlegungs- und beweispflichtig dafür, wann dem Arbeitnehmer die Information zugegangen ist. Es käme somit auf den Nachweis der Möglichkeit der Kenntnisnahme vom Inhalt des Aushangs durch den Arbeitnehmer an. Das kann im Einzelfall sehr schwierig sein. Eine Unterrichtung durch einzelne Informationsschreiben, die jedem Arbeitnehmer gegen Empfangsquittung auf einer Kopie ausgehändigt werden, würde derartige Risiken ausschließen und ist für die Praxis daher eindeutig vorzuziehen.

10.4.3.4 Zeitpunkt der Unterrichtung

Die Unterrichtung hat gemäß § 613a Abs. 5 BGB **vor** dem Betriebsübergang zu erfolgen. Aus diesem Grundsatz folgt allerdings nicht, dass die Erfüllung der Unterrichtungspflicht nach dem Betriebsübergang nicht noch wirksam „nachgeholt" werden kann. Die Frist des § 613a Abs. 6 BGB beginnt dann allerdings auch erst mit der späteren Unterrichtung zu laufen. Die verspätete Unterrichtung kann gegebenenfalls Schadensersatzansprüche der Arbeitnehmer nach § 280 BGB auslösen.

10.4.3.5 Rechtsfolge unterbliebener/fehlerhafter Unterrichtung

Die Rechtsfolge unterbliebener oder fehlerhafter Unterrichtung der Arbeitnehmer über die in § 613a Abs. 5 BGB aufgelisteten Inhalte ist schwerwiegend – die Frist für die Erklärung des Widerspruchs des Arbeitnehmers nach § 613a Abs. 6 BGB beginnt **nicht** zu laufen. Solange dem Arbeitnehmer demnach keine „vollständige" und fehlerfreie Unterrichtung in der notwendigen Textform zugegangen ist, steht ihm ein **zeitlich unbegrenztes Widerspruchsrecht** zu.

Darüber hinaus können auch in diesen Fällen Schadensersatzansprüche nach § 280 BGB oder Anfechtungsrechte nach §§ 123 Abs. 1, 119 Abs. 2 BGB der Arbeitnehmer ausgelöst werden.

10.4.4 Widerspruchsrecht des Arbeitnehmers

Der neue Absatz 6 des § 613 a BGB stellt das von der Rechtsprechung[1)] seit langem anerkannte Widerspruchsrecht des Arbeitnehmers beim Betriebsübergang nunmehr auf eine gesetzliche Grundlage. Das Widerspruchsrecht ist eine empfangsbedürftige Willenserklärung und ein Gestaltungsrecht des Arbeitnehmers. Die Ausübung führt dazu, dass das Arbeitsverhältnis nicht auf den neuen Betriebsinhaber übergeht, sondern bis zum bisherigen Betriebsinhaber erhalten bleibt. Das Widerspruchsrecht ist als Gestaltungsrecht bedingungsfeindlich.

10.4.4.1 Form des Widerspruchs

Die Form für den Widerspruch ergibt sich aus § 613a Abs. 6 Satz 1 BGB – der Arbeitnehmer muss dem Übergang des Arbeitsverhältnisses **schriftlich** widersprechen. Damit muss der Widerspruch nunmehr den Anforderungen der gesetzlichen Schriftform im Sinne des § 126 BGB genügen, was bedeutet, dass der Widerspruch **eigenhändig vom Arbeitnehmer unterzeichnet werden muss.** Die Nichteinhaltung des Schriftformerfordernisses führt zur Unwirksamkeit des Widerspruchs.

10.4.4.2 Adressat des Widerspruchs

Adressat des Widerspruchs ist nach § 613a Abs. 6 Satz 2 BGB entweder der Veräußerer oder der Erwerber, unabhängig davon, wer die Unterrichtungspflicht erfüllt hat. Den Arbeitnehmern steht insoweit ein Wahlrecht zu.

10.4.4.3 Zeitpunkt des Widerspruchs

Die Frist zur Ausübung des Widerspruchsrechts beträgt einen Monat. Die Frist beginnt nur dann zu laufen, wenn der Arbeitnehmer über den Betriebsübergang gemäß § 613a Abs. 5 BGB ordnungsgemäß unterrichtet worden ist. Die Frist zur Ausübung des Widerspruchsrechts beginnt demnach nicht zu laufen, wenn die Unterrichtung nicht oder unvollständig oder falsch erfolgt ist, so dass für den Arbeitnehmer die maßgeblichen Entscheidungsgrundlagen für die Frage der Ausübung des Widerspruchsrechts nicht oder nicht hinreichend bestanden.

Erfolgt eine ordnungsgemäße Unterrichtung schon einige Zeit vor dem Übergang des Betriebs, kann der Arbeitnehmer mit der Ausübung des Wi-

1) Vgl. z.B. BAG in EzA Nr. 30 zu § 1 KSchG – Soziale Auswahl.

derspruchsrechts nicht mehr bis zum Zeitpunkt des Übergangs warten. Er muss das Widerspruchsrecht nach Zugang der Unterrichtung gemäß § 613a Abs. 5 BGB innerhalb von einem Monat ausüben. Sein schriftlicher Widerspruch muss dem bisherigen Arbeitgeber oder dem Betriebserwerber innerhalb der Monatsfrist gemäß § 130 BGB zugehen. Die Darlegungs- und Beweislast für den Zeitpunkt des Zugangs trägt der Arbeitnehmer.

In Fällen unterbliebener oder unzureichender Unterrichtung nach § 613a Abs. 5 BGB muss der Arbeitnehmer das Widerspruchsrecht erst dann ausüben, wenn er nachträglich ordnungsgemäß unterrichtet worden ist. Ihm ist vom Zeitpunkt der nachgeholten, erneuten oder ergänzten Unterrichtung an eine neue Monatsfrist einzuräumen.

Eine absolute Befristung des Widerspruchsrechts hat der Gesetzgeber ausdrücklich **nicht** in das Gesetz aufgenommen! Bei unterlassener oder fehlerhafter Unterrichtung muss daher (zunächst) von einem unbegrenzten Widerspruchsrecht ausgegangen werden. Es besteht damit vor allem für den Veräußerer eines Betriebs die Gefahr, dass Arbeitnehmer noch lange Zeit nach dem Betriebsübergang – z.B. bei wirtschaftlicher Notlage des Erwerbers – unter Hinweis auf eine fehlende, unvollständige oder unrichtige Unterrichtung dem Übergang ihres Arbeitsverhältnisses widersprechen und sich gegenüber dem Veräußerer auf ein mit ihm (noch oder wieder) bestehendes Arbeitsverhältnis berufen. Der Betriebsveräußerer ist damit **erheblichen wirtschaftlichen Risiken** ausgesetzt. Eine Beschränkung des unbegrenzten Widerspruchsrechts in diesen Fällen könnte sich allenfalls über die allgemeinen Grundsätze der Verwirkung ergeben. Dabei ist zu berücksichtigten, dass der Einwand der Verwirkung von den Arbeitsgerichten – wenn überhaupt – im Regelfall erst nach erheblichem Zeitablauf angenommen werden würde.

Versuche in der Literatur, eine Beschränkung des unbegrenzten Widerspruchsrechts durch eine entsprechende Anwendung anderer Vorschriften – z.B. § 5 Abs. 3 Satz 2 KSchG – herbeizuführen, sind juristisch zwar interessant, in der Praxis aber noch nicht erprobt. Rechtssicherheit besteht daher insbesondere für den Betriebsveräußerer nicht, sodass die Praxis aufgerufen ist, diese Risiken des Veräußerers bei den Verhandlungen zum Unternehmenskauf zu berücksichtigen.

10.4.4.4 Folgen des Widerspruchs

Die Rechtsfolgen eines form- und fristgerechten Widerspruchs des Arbeitnehmers bestehen darin, dass der Übergang des Arbeitsverhältnisses auf den Erwerber verhindert und das Arbeitsverhältnis zum Veräußerer unverändert fortbesteht. Der Erwerber tritt **nicht** in die Rechte und Pflichten aus dem Arbeitsverhältnis nach § 613a Abs. 1 Satz 1 BGB ein. Ist der Betriebsübergang vor Zugang des Widerspruchs bereits vollzogen worden, so wird das nach § 613a Abs. 1 Satz 1 BGB zum Erwerber entstandene Arbeitsverhältnis rückwirkend beendet und das Arbeitsverhältnis zum Veräußerer wieder hergestellt. Der Veräußerer hat dann allerdings die Möglichkeit, die verbliebenen oder „zurückerhaltenen" Arbeitsverhältnisse der Widersprechenden betriebsbedingt gemäß § 1 KSchG zu kündigen, z.B. wenn eine Weiterbeschäftigung wegen des Betriebsübergangs nicht mehr möglich ist.

10.4.5 Fazit

Als Fazit der Neuregelung zu § 613a BGB kann festgehalten werden, dass für die am Betriebsübergang beteiligten Unternehmen ein erhöhter bürokratischer Aufwand verursacht und eine nicht unerhebliche Rechtsunsicherheit hinsichtlich Inhalt und Umfang der Unterrichtungspflicht erzeugt wird. Die beteiligten Unternehmen sollten die neugeregelten Pflichten sorgsam beachten, da die Rechtsfolgen unterbliebener, unvollständiger oder unzutreffender Unterrichtung der Arbeitnehmer mit einem dann zunächst unbefristet bestehenden Widerspruchsrecht und eventuellen Schadensersatzansprüchen der Arbeitnehmer zu ganz erheblichen finanziellen Zusatzbelastungen führen können. Daraus resultierende Risiken sollten daher bei der Gestaltung des Unternehmenskaufs unbedingt berücksichtigt und vertraglich geregelt werden.

Praxistipp

Wegen der aufgezeigten Rechtsunsicherheit hinsichtlich Inhalt und Umfang der Unterrichtungspflicht und der daraus resultierenden Risiken ist für die Praxis dringend zu empfehlen, eine zusätzliche Absicherung auf Seiten der Unterrichtungsverpflichteten herbeizuführen.

Bewährt hat sich dazu ein mit den vom Betriebsübergang betroffenen Arbeitnehmern schriftlich vereinbarter Verzicht auf das ihnen zustehende Widerspruchsrecht. Eine solche Verzichtsvereinbarung wird rechtlich als zulässig angesehen. Sie sollte mit dem vom betroffenen Arbeitnehmer ausdrücklich erklärten Einverständnis mit dem Übergang seines Arbeitsverhältnisses auf den Erwerber kombiniert werden und gegebenenfalls noch die Empfangsbestätigung des Arbeitnehmers hinsichtlich der schriftlichen Unterrichtung enthalten.

58 Wann und in welcher Form sind die Mitarbeiter und der Betriebsrat über den Verkauf zu informieren?

- Nach § 613a Abs. 5 BGB hat der Veräußerer oder der Erwerber die von einem Übergang betroffenen Arbeitnehmer zu unterrichten.
- Die Unterrichtung hat sich zu erstrecken auf:
  - den Zeitpunkt/den geplanten Zeitpunkt des Betriebsübergangs
  - den Grund für den Übergang
  - die Erläuterung der rechtlichen, wirtschaftlichen und sozialen Folgen des Übergangs für die Arbeitnehmer
  - die Benennung der für die Arbeitnehmer in Aussicht genommenen Maßnahmen
- Die Unterrichtung muss in Textform im Sinne des § 126b BGB erfolgen. Eine mündliche Unterrichtung ist daher unzureichend!
- Die Unterrichtung hat grundsätzlich noch **vor** dem Betriebsübergang zu erfolgen. Eine spätere Unterrichtung setzt aber ebenfalls die Widerspruchsfrist des § 613a Abs. 6 BGB in Gang.
- Eine unterbliebene oder fehlerhafte Unterrichtung setzt die Einmonatsfrist des § 613a Abs. 6 BGB zur Ausübung des Widerspruchsrechts durch die vom Übergang betroffenen Arbeitnehmer nicht in Gang. Es besteht dann praktisch ein zeitlich unbefristetes Widerspruchsrecht.
- Das Widerspruchsrecht muss von den Arbeitnehmern schriftlich ausgeübt werden. Eigenhändige Unterschrift ist erforderlich – § 126 BGB.
- Der Widerspruch kann wahlweise gegenüber dem Veräußerer oder dem Erwerber erklärt werden. Darauf, wer die Unterrichtungspflicht erfüllt hat, kommt es nicht an.

59 Welche besonderen Haftungsrisiken sind zu beachten?

Bei zeitlich unbegrenzt bestehendem Widerspruchsrecht ergeben sich insbesondere für den Veräußerer erhebliche Risiken. Regelmäßig hat der Veräußerer keine Beschäftigungsmöglichkeit für widersprechende Arbeitnehmer, kann aber die auf ihn „zurückfallenden" Arbeitsverhältnisse nur ordnungsgemäß betriebsbedingt auflösen. Kündigungsfristen müssen vom Veräußerer daher grundsätzlich finanziell abgewickelt werden, was hohe wirtschaftliche Belastungen auslösen kann. Haftungsmildernde Regelungen im Unternehmenskaufvertrag sind daher dringend anzuraten.

10.5 Betriebsverfassungsrechtliche Auswirkungen des Betriebsübergangs/Teilbetriebsübergangs

10.5.1 Betriebsübergang und Wirtschaftsausschuss

Bei einem geplanten Betriebsübergang/Teilbetriebsübergang ist gemäß § 106 Abs. 3 Ziff. 10 BetrVG ein bestehender **Wirtschaftsausschuss** rechtzeitig und umfassend zu unterrichten.

10.5.2 Betriebsübergang und Betriebsänderung

In Unternehmen mit in der Regel mehr als 20 wahlberechtigten Arbeitnehmern besteht gemäß § 111 BetrVG die Verpflichtung, den **Betriebsrat** über geplante **Betriebsänderungen**, die wesentliche Nachteile für die Belegschaft oder erhebliche Teile der Belegschaft zur Folge haben können, rechtzeitig und umfassend zu unterrichten.

Der Verkauf eines Betriebsteils kann grundsätzlich eine Betriebsänderung darstellen. Allerdings gilt dies nicht im Hinblick auf die mit dem veräußerten Betriebsteil zum Erwerber überwechselnden Arbeitnehmer, sondern allenfalls für die im Restbetrieb verbleibenden Arbeitnehmer, wenn für sie – oder ein erheblicher Teil von ihnen – die Veräußerung des Betriebsteils **wesentliche Nachteile** zur Folge haben kann.

Der **Übergang des gesamten Betriebs** stellt grundsätzlich **keine** Betriebsänderung im Sinne des § 111 BetrVG dar.

Voraussetzung für die Annahme einer Betriebsänderung ist, dass sich der rechtsgeschäftliche Betriebsübergang nicht in einem bloßen Inhaberwechsel erschöpft, sondern dass damit Maßnahmen verbunden sind, die als solche einen der Tatbestände des § 111 BetrVG erfüllen, so z.B. die **Stilllegung des Betriebs** oder eine **Betriebseinschränkung.** Dazu ist nicht unbedingt eine Verringerung der sächlichen Betriebsmittel erforderlich – ein bloßer **Personalabbau** kann ausreichen. Liegen die Voraussetzungen einer Betriebsänderung vor, so ist der Unternehmer nicht nur verpflichtet, den Betriebsrat vorher rechtzeitig und umfassend zu unterrichten und sich mit ihm zu beraten, sondern auch gehalten, durch Verhandlungen mit dem Betriebsrat einen Interessenausgleich im Sinne des § 111 BetrVG und in der Regel einen Sozialplan zu vereinbaren. Versucht der Unternehmer nicht wenigstens, mit dem Betriebsrat zu einem Interessenausgleich zu gelangen, so haben diejenigen Arbeitnehmer, die infolge der Betriebsänderung entlassen werden oder andere wirtschaftliche Nachteile erleiden, grundsätzlich einen **Abfindungsanspruch** gemäß § 113 Abs. 3 in Verbindung mit Abs. 1 BetrVG als Nachteilsausgleich.

10.5.3 Betriebsübergang und Betriebsratsmandat

Der Übergang des gesamten Betriebs hat keine Auswirkung auf den Bestand des Betriebsrats als Organ der Betriebsverfassung. Der bisherige Betriebsrat bleibt auch beim neuen Betriebsinhaber unverändert im Amt.

Etwas anderes galt nach bisherigem Recht bei Betriebsteilveräußerungen mit/ohne Eingliederung in einen anderen Betrieb des Erwerbers. Die dem übernommenen Betriebsteil zuzuordnenden Mitglieder des Betriebsrats schieden bisher gemäß § 24 Ziff. 3 BetrVG aus dem Betriebsrat des beim Veräußerer verbleibenden Betriebsteils aus.

Mit dem am 28.07.2001 in Kraft getretenen § 21a BetrVG regelt das Betriebsverfassungsreformgesetz erstmals die Voraussetzungen und die Dauer eines allgemeinen betriebsverfassungsrechtlichen **Übergangsmandats.** Danach bleibt bei einer **Spaltung des Betriebs** dessen Betriebsrat im Amt und führt die Geschäfte für die ihm bislang zugeordneten Betriebsteile weiter, soweit diese Betriebsteile ihrerseits **betriebsratsfähig** gemäß § 1 Abs. 1 Satz 1 BetrVG sind und nicht in einen Betrieb eingegliedert werden, in dem ein Betriebsrat besteht.

Ist der Betriebsteil nicht betriebsratsfähig, kann noch ein **Restmandat** gemäß § 21b BetrVG in Betracht kommen.

Während der Dauer des Übergangsmandats bleibt der Betriebsrat nicht nur als Organ, sondern auch in seiner bisherigen personellen Zusammensetzung bestehen.

Die sich aus dem Übergangsmandat ergebenen Rechte und Befugnisse sind inhaltlich **nicht eingeschränkt.** Dem Betriebsrat obliegt nicht nur die Bestellung des Wahlvorstands für die Betriebsratsneuwahl, er ist auch zur Wahrnehmung aller Mitwirkungs- und Mitbestimmungsrechte, insbesondere im personellen und wirtschaftlichen Bereich, sowie zum Abschluss von Betriebsvereinbarungen befugt.

Die Dauer des Übergangsmandats ist **zeitlich befristet.** Die Höchstdauer von sechs Monaten kann durch eine Kollektivvereinbarung um ein weiteres halbes Jahr verlängert werden. Das Übergangsmandat endet in jedem Fall mit Ablauf der gesetzlich geregelten Höchstdauer von sechs Monaten, gegebenenfalls bereits früher, wenn in dem neuen, jedoch noch betriebsratslosen Betriebsteil ein Betriebsrat gewählt und das Wahlergebnis bekannt gegeben ist.

Nach Beendigung des Übergangsmandats scheiden die im übernommenen Betriebsteil beschäftigten Mitglieder des Betriebsrats dann doch aus dem Betriebsrat des beim Veräußerer verbleibenden Betriebsteils aus. Dort rücken dann gegebenenfalls Ersatzmitglieder nach. Eine Neuwahl des Betriebsrats in dem beim Veräußerer verbleibenden „alten Betrieb" ist dann nötig, wenn Fälle des § 13 BetrVG, nach denen vorgezogene Betriebsratsneuwahlen durchzuführen sind, eintreten.

10.5.4 Betriebsübergang und Betriebsvereinbarungen

Das **Schicksal von Betriebsvereinbarungen** im Fall des Betriebsübergangs/Teilbetriebsübergangs ist bereits an anderer Stelle abgehandelt worden (vgl. Kapitel 10.4). Beim Übergang des Betriebs als Ganzes geht auch ein bestehender Betriebsrat als Ganzes mit über, sodass sämtliche aktuelle Betriebsvereinbarungen unverändert auch für den Erwerber fortgelten.

Beim Teilbetriebsübergang erfolgt grundsätzlich die Transformation nach § 613a Abs. 1 Satz 2 BGB in individualrechtliche Regelungen mit der Veränderungssperre von einem Jahr zum Nachteil des Arbeitnehmers ab dem Zeitpunkt des Übergangs. Nach § 613a Abs. 1 Satz 3 BGB erfolgt die Ablösung von Betriebsvereinbarungen, wenn die Rechte und Pflichten bei dem neuen Inhaber durch Rechtsnormen eines anderen Tarifvertrags oder durch eine andere Betriebsvereinbarung geregelt werden.

Die Veränderungssperre nach Satz 2 wird unter den Voraussetzungen des § 613a Abs. 1 Satz 4 BGB (auslaufende Geltung von Tarifvertrag oder Betriebsvereinbarung; vereinbarte Geltung eines anderen Tarifvertrags bei fehlender beiderseitiger Tarifgebundenheit) aufgehoben.

60 Welche Beteiligungsrechte stehen dem Betriebsrat zu?

- Bewirken Betriebsübergang/Teilbetriebsübergang eine **Betriebsänderung,** die wesentliche Nachteile für die Belegschaft oder erhebliche Teile der Belegschaft haben kann, besteht bei einer Betriebsgröße von mehr als 20 wahlberechtigten Arbeitnehmern die Verpflichtung
  - zur rechtzeitigen und umfassenden Unterrichtung des Betriebsrats über geplante Betriebsänderungen gemäß § 111 BetrVG,
  - zur Beratung der geplanten Maßnahmen mit dem Betriebsrat gemäß § 111 BetrVG,
  - zur Verhandlung über einen Interessenausgleich und zum Abschluss eines Sozialplans gemäß § 112 BetrVG.
- Der vollständige Betriebsübergang hat keine Auswirkungen auf den Bestand des Betriebsrats.
- Beim Teilbetriebsübergang kann ein **Übergangsmandat** des bisherigen Betriebsrats für maximal sechs Monate entstehen.

  Ist der Betriebsteil nicht betriebsratsfähig, kann ein **Restmandat** des bisherigen Betriebsrats in Betracht kommen.

10.6 Regelungen des Umwandlungsrechts

Bei **Verschmelzungen** und **Spaltungen** gehen Arbeitsverhältnisse der betroffenen Unternehmen bereits gemäß §§ 20 Abs. 1 Nr. 1, 131 Abs. 1 Nr. 1 UmwG im Weg der **Gesamtrechtsnachfolge** auf den jeweils neuen Rechtsträger über.

§ 324 UmwG regelt, dass § 613a Abs. 1 und Abs. 4 BGB – Eintritt des Erwerbers in die bestehenden Arbeitsverhältnisse, Fortgeltung des Inhalts von Betriebsvereinbarungen und Tarifverträgen, Unwirksamkeit einer Kündigung wegen „des Betriebsübergangs" durch die Wirkung der Eintragung einer Verschmelzung, Spaltung oder Vermögensübertragung unberührt bleiben sollen. Im Spaltungs- bzw. Übernahmevertrag ist eine bindende Zuordnung von Arbeitnehmern zu einem bestimmten Betriebsteil möglich, wenn ein Mitarbeiter für mehrere Betriebsteile tätig war.

Nach Inkrafttreten der gesetzlichen Neuregelung zur Ergänzung des § 613a BGB durch die neuen Absätze 5 und 6 verweist § 324 UmwG auch auf diese neuen Absätze des § 613a BGB mit der Folge, dass der Arbeitnehmer auch im Fall der Umwandlung zu **unterrichten** ist und sein **Widerspruchsrecht** auch für den Fall der Umwandlung nunmehr gesetzlich geregelt ist.

Es bleibt zu betonen, dass die Umwandlung nicht der speziellere Tatbestand gegenüber dem Betriebsübergang ist, sondern die Voraussetzungen des § 613a BGB mit einer Umwandlung selbständig zu prüfen sind.

Die **kündigungsrechtliche Stellung** des Arbeitnehmers in Fällen der Spaltung und Teilübertragung ist durch § **323 Abs. 1 UmwG** besonders geschützt. Sie soll sich aufgrund der Spaltung oder Teilübertragung für **zwei Jahre** nicht verschlechtern.

Im Rahmen der Weitergeltung von kollektivrechtlichen Normen ist anzumerken, dass ein Tarifvertrag im Sinne des § 4 Abs. 1 Satz 1 TVG dann normativ fortwirkt, wenn der neue Rechtsträger Mitglied im Arbeitgeberverband ist. Bei Haustarifverträgen (= „Verbindlichkeit“, die zum Vermögen des übertragenden Rechtsträgers zu zählen ist) wird der übernehmende Rechtsträger Vertragspartei.

Geht durch die Umwandlung die Identität des Betriebs verloren, so endet die bisherige Betriebsverfassung und damit die normative Wirkung von Betriebsvereinbarungen. Gegebenenfalls kommt es dann zu einem **Übergangsmandat des Betriebsrats.** Der bisherige § 321 UmwG, der das Übergangsmandat des Betriebsrats bei Spaltung durch Teilübertragung eines Rechtsträgers regelte, wurde zugunsten der Neuregelung des Übergangsmandats in § 21a BetrVG durch das Betriebsverfassungsreformgesetz aufgehoben. Der neue § 21a BetrVG enthält eine **Legaldefinition des Übergangsmandats** und stellt klar, dass bei der Spaltung eines Betriebs dessen Betriebsrat im Amt bleibt und die Geschäfte für die ihm bislang zugeordneten betriebsratsfähigen Betriebsteile weiterführt, soweit diese nicht in einem Betrieb mit bestehendem Betriebsrat eingegliedert werden.

Die ebenfalls durch das Betriebsverfassungsreformgesetz aufgehobene Regelung des § 322 Abs. 1 UmwG, wonach für die Anwendung des BetrVG vermutet wurde, dass ein Betrieb von den an der Spaltung beteiligten Rechtsträgern gemeinsam geführt wird („gemeinsamer Betrieb“), sofern im Fall des § 321 Abs. 1 Satz 1 UmwG die Organisation des gespaltenen Betriebs nicht geändert wird, ist nunmehr in **§ 1 Abs. 2 Nr. 2 BetrVG** im Rahmen der **Konkretisierung des Betriebsbegriffs** berücksichtigt.

Die gesellschaftsrechtlichen Verträge müssen den zuständigen Betriebsräten der betroffenen Rechtsträger unter Beachtung einer **Monatsfrist** zugeleitet werden. Beinhaltet die beabsichtigte Umwandlung auch eine **Betriebsänderung**, sind außerdem die Mitbestimmungsrechte gemäß §§ 111 ff. BetrVG zu berücksichtigen und der **Wirtschaftsausschuss** gemäß § 106 Abs. 3 Nr. 8 BetrVG zu unterrichten.

Bleibt die Betriebsidentität nicht erhalten, kann gemäß **§ 325 Abs. 2 UmwG** durch Tarifvertrag oder Betriebsvereinbarung bei einer Spaltung oder Teilübertragung die Fortgeltung der Rechte oder Beteiligungsrechte des Betriebsrats für die aus der Spaltung hervorgegangenen Betriebe vereinbart werden.

61 Welche Besonderheiten bestehen bei Umwandlungen nach dem Umwandlungsgesetz (UmwG)?

- Bei Verschmelzungs- oder Spaltungsvorgängen nach dem UmwG gehen bestehende Arbeitsverhältnisse im Weg der Gesamtrechtsnachfolge auf den neuen Rechtsträger über.
- Die Regelungen des § 613a BGB finden bei Verschmelzung oder Spaltung **vollständig** Anwendung.
- Bei Spaltung und Teilübertragung ist die kündigungsrechtliche Stellung der betroffenen Arbeitnehmer gemäß § 323 Abs. 1 UmwG für zwei Jahre vor Verschlechterung besonders geschützt.

10.7 Fazit

Bei einem identitätswahrenden Übergang des gesamten Betriebs entstehen im Bereich der Betriebsverfassung kaum Probleme. Der bestehende Betriebsrat geht als Organ der Betriebsverfassung mit auf den Erwerber über. Bestehende Betriebsvereinbarungen gelten beim Erwerber unverändert fort. Es liegt keine Betriebsänderung im Sinne des § 111 BetrVG vor. Bei einem Teilbetriebsübergang kann eine Betriebsänderung nach § 111 BetrVG vorliegen. Soweit keine vorhandenen Betriebsratsmitglieder mit dem Teilbetrieb übergehen, kommt ein Übergangsmandat des bisherigen Betriebsrats bis zu sechs Monaten zustande, bis in dem ausgegliederten Betriebsteil ein neuer Betriebsrat gewählt ist – Betriebsratsfähigkeit unterstellt. Die Umsetzung von bestehenden Betriebsvereinbarungen in den übergegangenen Teilbetrieb erfolgt grundsätzlich durch Transformation in Einzelvertragsregelungen.

Bei Vorgängen nach dem Umwandlungsrecht sind die gesamten Regelungen des § 613a BGB anzuwenden. Es gilt zudem eine besondere zweijährige Veränderungssperre hinsichtlich der vorhandenen kündigungsrechtlichen Stellung der Mitarbeiter.

11 Überblick MBO, MBI und LBO

Was Sie in diesem Kapitel erfahren

62 Was versteht man unter einem Management-Buy-out (MBO) und einem Management-Buy-in (MBI)?

63 Welche rechtlichen Risiken sind beim LBO zu beachten?

64 Wie können diese Risiken vermieden werden?

65 Welche Grundsätze sind bei einer Mehrheit von Käufern im Käuferkreis zu beachten?

66 Welche Vereinbarungen sind hierzu zu treffen?

67 Welche besonderen Interessen haben Finanzinvestoren und wie sichern sie diese üblicherweise ab?

Inhalt

11 Überblick MBO, MBI und LBO

11.1 Einleitung, Begriffe

Häufig werden Unternehmenskäufe als sogenannte „Management-Buy-out" (MBO) oder „Management-Buy-in" (MBI) Transaktion abgewickelt. Hierbei spricht man sodann ebenso häufig gleichzeitig von einem „Leveraged-Buy-out". Diese schillernden Begriffe werden nachfolgend erläutert, wobei an dieser Stelle bereits angemerkt sei, dass die Begriffe MBO und MBI Bezug nehmen auf die Person des Unternehmenskäufers, der Begriff LBO hingegen die Finanzierung der Transaktion betrifft.

11.2 MBO/MBI – Begriffe

Wie eingangs bereits erwähnt, betreffen die Begriffe MBO und MBI die Person des Erwerbers der Objektgesellschaft. Der MBO/MBI kommt häufig dann zum Einsatz, wenn – z. B. im Rahmen der Unternehmensnachfolge – der Unternehmer sich zur Ruhe setzen will und sein Unternehmen dem Management verkaufen möchte (sogenannter „Management-Buy-out", MBO). Gleiches gilt für den Fall, dass Externe als tätige Unternehmer ein Unternehmen erwerben (sogenannter „Management-Buy-in", MBI). Beim MBO geraten die im Unternehmen tätigen Manager (Geschäftsführer, Vorstände und/oder leitende Angestellte) in einen Interessenkonflikt zwischen ihrer Stellung als Dienstverpflichteter der Gesellschaft und ihrem Interesse als Käufer. Die hierbei entstehenden rechtlichen Fragen werden nachfolgend erläutert.

11.3 LBO – Begriff, Funktionsweise

Bereits in Kapitel 7 (Finanzierung der Transaktion) wurden der Begriff LBO und seine Funktionsweise kurz erläutert. Auf diese Ausführungen sei zunächst verwiesen. Zur Erinnerung: Beim LBO handelt es sich um eine besondere Finanzierungsform, die Elemente der Innenfinanzierung als auch der Außenfinanzierung beinhaltet. Der Erwerber nutzt das Vermögen der Objektgesellschaft zur Absicherung und Tilgung von Drittdarlehen, alternativ erhält er von der Objektgesellschaft selbst ein Akquisitionsdarlehen. Auf die hierbei bestehenden rechtlichen und steuerlichen Risiken wird nachfolgend ebenfalls kurz eingegangen.

62 Was versteht man unter einem Management-Buy-out (MBO) und einem Management-Buy-in (MBI)?

- Als MBO bezeichnet man den Erwerb der Objektgesellschaft durch die leitenden Angestellten/das Management häufig gemeinsam mit Finanzinvestoren.
- Als MBI bezeichnet man hingegen den Erwerb des Unternehmens durch Käufer, die sodann die Geschäftsführung übernehmen wollen.
- Beide Formen stellen häufig gleichzeitig einen LBO dar, wegen der genutzten Finanzierungstechniken.
  - Erwerb der Objektgesellschaft durch Erwerbergesellschaft.
  - Erwerbergesellschaft tilgt Darlehen aus Gewinnen der Objektgesellschaft.
  - Käufer sichern ihre Gläubiger mit Vermögen der Objektgesellschaft.
  - Käufer erhalten Darlehen von Objektgesellschaft zur Kaufpreisfinanzierung.
  - Schaffung von Abschreibungsvolumen durch Buchwertaufstockung (nur noch beim Asset Deal) zur Senkung der Steuerlast.

11.4 Rechtliche Probleme beim LBO

Wie bereits einleitend angedeutet, sind beim LBO verschiedene rechtliche Risiken zu beachten. Diese Risiken betreffen den Share Deal, wenn die Objektgesellschaft als solche fortbesteht. In diesem Fall ist allein die Nutzung der Gewinnausschüttungen zur Tilgung des aufgenommenen Kredits für den Käufer rechtlich unbedenklich.

Alle weiteren Varianten zur Nutzung des Gesellschaftsvermögens sind genauestens daraufhin zu prüfen, ob sie nicht mit den für die Objektgesellschaft jeweils einschlägigen Kapitalerhaltungsvorschriften kollidieren. Je nachdem, ob es sich bei der Objektgesellschaft um eine GmbH, eine GmbH & Co. KG oder eine AG handelt, kann sowohl die Stellung von Sicherheiten aus dem Gesellschaftsvermögen für Gläubiger des Gesellschafters (Käufers) als auch die Gewährung von Krediten an den Gesellschafter/Käufer ganz oder teilweise verboten sein. Sollte der Geschäftsführer der Objektgesellschaft derartige Maßnahmen zulassen, kann er sich möglicherweise wegen Untreue strafbar machen und hieraus der Gesellschaft ebenfalls persönlich haften. Schließlich kann bei abhängigen Unternehmen eine persönliche Haftung der dahinterstehenden Gesellschafter unter dem Gesichtspunkt des existenzvernichtenden Eingriffs entstehen nach den vom Bundesgerichtshof in der berühmten „Bremer Vulkan"-Entscheidung getroffenen Grundsätzen.

11.4.1 GmbH

Bei Objektgesellschaften in der Rechtsform der GmbH sind bei Gewährung von Darlehen an Gesellschaftern bzw. bei Stellung von Sicherheiten aus dem Vermögen der Gesellschaft für Gläubiger des Gesellschafters die Vorschriften der §§ 30, 31 GmbHG zu beachten. Diese Vorschriften verbieten eine Auszahlung von Gesellschaftsvermögen an den Gesellschafter, wenn diese aus dem zur Erhaltung des Stammkapitals notwendigen Vermögen erfolgt. Werden entgegen dieser Vorschrift Zahlungen an Gesellschafter geleistet, sind diese gemäß § 31 Abs. 1 GmbHG der Gesellschaft zu erstatten. Kann bei dem Zahlungsempfänger die Zahlung nicht zurückgefordert werden, so haften für die Rückzahlung auch die Geschäftsführer der Gesellschaft, soweit diesen ein Verschulden zur Last gelegt werden kann (§ 31 Abs. 6 GmbHG), sowie die Mitgesellschafter im Rahmen der Solidarhaftung (§ 31 Abs. 3 GmbHG).

Als verbotene Rückzahlung im Sinne dieser Vorschriften wird nach Auffassung des Bundesgerichtshofs[1] grundsätzlich jedwede Darlehensgewährung an einen Gesellschafter angesehen, die aus dem gebundenen Vermögen der Gesellschaft erfolgt. Dies gilt selbst dann, wenn der Rückzahlungsanspruch vollwertig ist. Nur unter sehr engen Voraussetzungen wird hiervon eine Ausnahme gemacht, beispielsweise dann, wenn an der Bonität des Gesellschafters selbst unter Anlegung strengster Maßstäbe keine Zweifel bestehen.

Ebenso als verbotene Rückzahlung wird die Stellung von Sicherheiten aus dem Vermögen der Gesellschaft an die Gesellschafter angesehen.[2] Hier ist derzeit noch nicht geklärt, ob eine Sicherheitsleistung nur dann als verboten anzusehen ist, wenn mit der Inanspruchnahme zu rechnen ist und ein entsprechender Rückgriffsanspruch gegen den Gesellschafter nicht vollwertig wäre, oder bereits dann, wenn die Stellung der Sicherheiten aus gebundenem Vermögen erfolgt (wie soeben beim Darlehen geschildert). Aus Vorsichtsgesichtspunkten sollte hier jedoch davon ausgegangen werden, dass die strengen Maßstäbe des Bundesgerichtshofs zum Darlehen auch auf die Stellung der Sicherheiten Anwendung finden.

1) BGH, GmbHR 2004, 302 ff.
2) Vgl. hierzu LUTTER/HOMMELHOFF, GmbHG, § 30 Rdnr. 30 ff.

Wie eingangs bereits festgestellt, sind derartige „Zahlungen“ nur dann verboten, wenn sie aus gebundenem Vermögen erfolgen. Dies bedeutet im Umkehrschluss, dass das Vermögen, das über die Stammkapitalziffer hinausgeht, für derartige Leistungen zur Verfügung steht. Sie sind mithin nur dann verboten, wenn durch sie bei der Gesellschaft eine Unterbilanz entsteht oder weiter vertieft wird bzw. die Gesellschaft bereits überschuldet ist. Ob eine derartige Unterbilanz entsteht oder bereits vorliegt, ist anhand eines Vergleichs des Nettovermögens der Gesellschaft (Aktiva abzüglich sämtlicher echter Passiva) und dem Stammkapital der Gesellschaft (ausschließlich Rücklagen und Nachschusskapital) zu ermitteln.[1)]

Beispiel

Die Gesellschaft hat ein Stammkapital von 100.000 €. Das Nettovermögen der Gesellschaft beträgt 120.000 €. Der Gesellschafter soll ein Darlehen in Höhe von 50.000 € erhalten.

Zur Erhaltung des Stammkapitals ist ein Vermögen in Höhe von 100.000 € notwendig, daher kann an den Gesellschafter ohne Verstoß gegen §§ 30, 31 GmbHG nur ein Darlehen in Höhe von 20.000 € gewährt werden, die Gewährung eines Darlehens von zusätzlich 30.000 € verstößt gegen die vorgenannten Vorschriften.

Hätte die Gesellschaft nur ein Nettovermögen von 100.000 €, wäre überhaupt keine Darlehensgewährung zulässig.

11.4.2 GmbH & Co. KG

Auch bei der GmbH & Co. KG sind in den soeben geschilderten Fällen die Kapitalerhaltungsvorschriften zu beachten. Über § 172 Abs. 4 HGB kann die Darlehensgewährung bzw. Sicherheitenbestellung als Rückzahlung der Einlage angesehen werden, mit der Folge, dass die Haftung des Gesellschafters als Kommanditist wieder auflebt, begrenzt auf die Höhe der von ihm zu leistenden Kommanditeinlage. Voraussetzung für diese Haftung ist jedoch, dass der Darlehensrückzahlungsanspruch bzw. der Rückgriffsanspruch bei Inanspruchnahme aus einer gestellten Sicherheit gegenüber dem Gesellschafter nicht werthaltig ist. Ob hier die strengeren Maßstäbe des Bundesgerichtshofs zur GmbH ebenfalls Anwendung finden werden, bleibt abzuwarten.

1) LUTTER/HOMMELHOFF, a.a.O., Rdnr. 14.

Darüber hinaus können hier die §§ 30, 31 GmbHG in Bezug auf die regelmäßig in der Rechtsform der GmbHG gestaltete Komplementärin der KG zur Anwendung kommen. Wird durch die Stellung von Sicherheiten oder die Gewährung von Krediten an den Gesellschafter das Vermögen der KG derart ausgehöhlt, dass dies wegen der bestehenden Haftung der Komplementärin auch das Vermögen der Komplementär GmbH beeinträchtigt, so kommen hier entsprechend die §§ 30, 31 GmbHG zur Anwendung, wenn hierdurch eine Unterbilanz bei der Komplementär GmbH entsteht.

11.4.3 AG

Die vorgenannten Grundsätze zur Kapitalerhaltung gelten ebenfalls für Objektgesellschaften in der Rechtsform der AG. Der Kapitalschutz ist hier jedoch noch strenger, da gemäß § 57 AktG jedwede Einlagenrückgewähr außerhalb einer Gewinnausschüttung unzulässig ist. Leistungen, die entgegen dieser Vorschrift an die Aktionäre erbracht werden, sind von diesen gemäß § 62 Abs. 1 AktG an die Gesellschaft zurückzuerstatten. Im Übrigen hat ein Verstoß gegen § 57 AktG zur Folge, dass – zumindest bei offenen Verstößen – das der Leistung zugrundeliegende Verpflichtungsgeschäft (z.B. Darlehensvertrag) sowie das Vollzugsgeschäft (Darlehensauszahlung) nichtig sind.[1)]

Auch hier ist derzeit offen, ob die strengen Grundsätze zur GmbH Anwendung finden oder die Vorschrift des § 57 AktG nur dann verletzt ist, wenn an der Bonität des Aktionärs Zweifel bestehen.

Bei der Aktiengesellschaft ist sodann noch die Vorschrift des § 71a AktG zu beachten. Hiernach ist ein Rechtsgeschäft, das die Gewährung eines Vorschusses oder eines Darlehens oder die Leistung einer Sicherheit durch die Gesellschaft an einen anderen zum Zweck des Erwerbs von Aktien dieser Gesellschaft zum Gegenstand hat, nichtig. Rechtsfolge ist die Nichtigkeit des sogenannten Kausalgeschäfts (beispielsweise des Darlehensvertrags). Das eigentliche Erfüllungsgeschäft ist jedoch nicht unwirksam, sodass die Gesellschaft sodann im Rahmen der §§ 812 ff. BGB einen bereicherungsrechtlichen Herausgabeanspruch gegen den Aktionär hat. Fraglich ist hierbei, ob diese Vorschrift auch dann eingreift, wenn erst nach Erwerb der Aktien eine Sicherheit aus dem Vermögen der Gesellschaft gestellt wird. Sollte diese Sicherheit jedoch von Anbeginn an Teil des Finanzierungskonzepts gewesen sein und insoweit vor Erwerb nur eine Anschubfinanzierung gewährt worden sein, dürfte die Vorschrift des § 71a AktG eingreifen.[2)]

1) Vgl. hierzu HÜFFER, AktG, § 57 Rdnr. 23.
2) Siehe hierzu auch HÜFFER, a.a.O., Rdnr. 3.

11.4.4 Von der Rechtsform unabhängige rechtliche Risiken

Unabhängig von der Rechtsform besteht hier für die Geschäftsführung der Objektgesellschaft die Gefahr, sich wegen Untreue (§ 266 StGB) strafbar zu machen. Eine Untreue liegt beispielsweise dann vor, wenn der Geschäftsführer der Gesellschaft ohne triftigen Grund notwendige Liquidität entzieht oder durch verschiedene Handlungen das Stammkapital der Gesellschaft beeinträchtigt wird, beispielsweise um einem Gesellschafter Vermögenswerte zukommen zu lassen.[1] Soweit hier Sicherheiten oder Darlehen an einen Gesellschafter gewährt werden, ein entsprechender Rückzahlungsanspruch bzw. Rückgriffsanspruch jedoch gefährdet ist, kann § 266 StGB verwirklicht sein. Hieran ändert auch die Tatsache nichts, dass der Geschäftsführer eine übereinstimmende Weisung sämtlicher Gesellschafter zur Vornahme dieser Handlung erhält. Einer solchen Weisung, die gegen ein gesetzliches Verbot verstößt, darf er nicht Folge leisten.

Darüber hinaus besteht in engen Grenzen nach der berühmten „Bremer Vulkan"-Entscheidung des BGH[2] eine persönliche Haftung des Gesellschafters für die Verbindlichkeiten der Gesellschaft analog § 128 HGB (wie als persönlich haftender Gesellschafter einer OHG), wenn er einen existenzgefährdenden Eingriff bei der Gesellschaft vorgenommen hat. Ein solcher Eingriff kann auch darin liegen, dass einem Gesellschafter ohne entsprechende Bonität erhebliche Darlehen durch die Gesellschaft gewährt werden. Billigen Mitgesellschafter diese Darlehensgewährung, so sind sie ebenfalls für die Verbindlichkeiten der Gesellschaft persönlich haftbar. Diese Haftung tritt neben die Haftung gemäß §§ 30, 31 GmbHG und ist zu dieser subsidiär.[3]

11.4.5 Lösungsansätze

Möchte der Käufer die zuvor geschilderten rechtlichen Risiken vermeiden, so stehen ihm hierzu grundsätzlich zwei Varianten zur Verfügung. Zunächst kann er das Unternehmen im Weg des Asset Deals erwerben. Der Erwerb des Unternehmens im Asset Deal ist jedoch dann problematisch, wenn wichtige Verträge mit übertragen werden sollen und hier die Zustimmung der jeweiligen Vertragspartner zweifelhaft erscheint. Darüber hinaus kann dies für den Verkäufer steuerlich nachteiliger sein. Alternativ kann der Käufer die erworbene Gesellschaft auch auf seine Gesellschaft bzw. auf die Erwerbergesellschaft verschmelzen nach den Vorschriften des UmwG.

1) KÖHLER in WABNITZ/JANOVSKY, Handbuch des Wirtschafts- und Steuerstrafrechts, Kapitel 7, Rdnr. 237 ff.
2) BGH, ZIP 2002, 1579 ff.
3) BGH, a.a.O.

Dies erhöht jedoch nochmals die Transaktionskosten, kann den Anspruch von Gläubigern auf Sicherheitsleistung (§ 22 UmwG) provozieren und im Übrigen zu steuerlichen Nachteilen führen. Wird die Objektgesellschaft beispielsweise auf die Erwerbergesellschaft verschmolzen und lag der tatsächliche Anschaffungswert über dem Buchwert des Vermögens, so würde bei der aufnehmenden Gesellschaft ein steuerpflichtiger Veräußerungsgewinn im Sinne des § 12 Abs. 2 Satz 2 UmwStG entstehen. Inwieweit diese Rechtsfolge durch eine Verschmelzung „in umgekehrte Richtung" („Downstream Merger") vermieden werden kann, ist im Kapitel „Steuern" dargestellt. Schließlich kann auch noch durch Begründung eines Organschaftsverhältnisses durch Abschluss eines Gewinnabführungsvertrags zwischen der Objektgesellschaft und der erwerbenden Gesellschaft dieses Problem vermieden werden. Die Nutzung des Vermögens der Objektgesellschaft erfolgt in diesem Fall jedoch um den Preis einer Verlustübernahmeverpflichtung gegenüber der Objektgesellschaft gemäß § 302 AktG, der auch auf die GmbH bzw. GmbH & Co. KG entsprechend angewandt wird.

63 Welche rechtlichen Risiken sind beim LBO zu beachten?

Die Gewährung von Krediten bzw. Sicherheiten an den Gesellschafter der Objektgesellschaft birgt rechtliche Risiken unter folgenden Gesichtspunkten:

- Verstoß gegen gesetzliche Kapitalerhaltungsvorschriften mit der Rechtsfolge, dass
  - die empfangene Leistung vom Gesellschafter rückzuerstatten ist,
  - Geschäftsführer und Mitgesellschafter ebenfalls für die Rückerstattung haften, wenn beim Empfänger Anspruch nicht realisiert wird.
- Verwirklichung einer strafbaren Untreue des Geschäftsführers der Objektgesellschaft zum Nachteil der Gesellschaft (§ 266 StGB); Entstehung einer persönlichen Haftung des Gesellschafters für Verbindlichkeiten der Objektgesellschaft wegen Vornahme eines existenzgefährdenden Eingriffs.

64 Wie können die Risiken vermieden werden?

- Durch Erwerb der Objektgesellschaft im Weg des Asset Deals,
- beim Erwerb im Weg des Share Deals durch
  - Verschmelzung von Objektgesellschaft und Erwerbergesellschaft,
  - Abschluss eines Gewinnabführungsvertrags zwischen den beiden Gesellschaften.

11.5 Steuerliche Probleme beim LBO

Neben den zuvor geschilderten rechtlichen Problemen bestehen bei der Umsetzung eines LBO auch diverse steuerliche Hürden, die genommen werden müssen. Auch hier ist die Frage der Schaffung von Abschreibungsvolumen und des Abzugs von Finanzierungskosten von großer Bedeutung. In diesem Zusammenhang sei auf die Ausführungen in Kapitel 3 (Steuern) verwiesen. Die steuerlichen Fragen, die sich beim LBO stellen, haben im Gegensatz zu sonstigen Akquisitionsmodellen häufig größere Relevanz, als dass man zur Sicherstellung der Finanzierung hier steuerliche Möglichkeiten oft bis zum Äußersten nutzen muss.

11.6 Rechtliche Risiken beim MBO

Übernimmt das Management das von ihm geführte Unternehmen, so stellen sich neben den im Rahmen des MBO zu beachtenden rechtlichen und steuerlichen Risiken noch ganz besondere Risiken, auf die nachfolgend eingegangen werden soll. Gerade im Mittelstand ist diese Konstellation nicht selten zu finden, da eine Vielzahl mittelständischer Unternehmen ihr Unternehmensnachfolgeproblem nur durch einen Verkauf lösen kann und häufig hier als Interessenten die Mitgeschäftsführer oder leitenden Angestellten des Unternehmens in Betracht kommen bzw. Manager, die als Neuunternehmer ein bestehendes Unternehmen führen möchten. Im Einzelnen sind folgende Punkte zu beachten:

11.6.1 Handlungspflichten der Käufer

Beim MBO geraten die Geschäftsführer bzw. Vorstände des Unternehmens in einen unlösbaren Interessenkonflikt. Einerseits sind sie als Organe und Dienstverpflichtete der Gesellschaft dieser gegenüber zur Interessenwahrung verpflichtet, andererseits möchten sie als Käufer gegenüber der Gesellschaft ihre Interessen wahrnehmen. Gleiches gilt im Prinzip auch für die nicht als Geschäftsführer bestellten leitenden Angestellten.

Sie sind aufgrund dieser Stellung zur Verschwiegenheit über die Geschäftsgeheimnisse und die Betriebsgeheimnisse des Unternehmens verpflichtet. Verletzt der potentielle Käufer diese Verpflichtung, kann er sich gegenüber der Gesellschaft schadensersatzpflichtig machen aufgrund des bestehenden Dienstvertrags, darüber hinaus auch strafbar, beispielsweise nach den Vorschriften des § 85 GmbHG, § 404 AktG oder auch § 17 UWG. Insoweit ist es dem Management verwehrt, eigenmächtig einen MBO vorzubereiten und die hierzu notwendigen Informationen an potentielle Investoren herauszugeben. Eine Haftung nach den Vorschriften des GmbHG und des AktG entfällt dann, wenn das zuständige Organ, Gesellschafterversammlung bzw. Aufsichtsrat der Offenbarung zustimmen. Gleiches gilt für die Vorschrift des § 17 UWG.

Praxistipp

Sollten sich die leitenden Angestellten/Geschäftsführer und Vorstände für einen MBO entscheiden, so sollte dies offen mit den Gesellschaftern besprochen werden und im Rahmen einer Gesellschafterversammlung die Ermächtigung zur Freigabe vertraulicher Informationen eingeholt werden. Für die Vertragsverhandlungen empfiehlt es sich zudem, diese als Käufer möglichst nicht selbst zu führen. Bei Beteiligung eines Finanzinvestors sollte dieser mit in die Vertragsgestaltung intensiv eingebunden werden. Es macht keinen Sinn, einen Vertrag auszuhandeln, den der Investor nicht finanziert. Die Einbindung des Finanzinvestors hat auch den Vorteil, dass bezüglich des auszuhandelnden Garantiekatalogs beim Unternehmenskaufvertrag eher ein höherer Haftungsstandard des Verkäufers durchgesetzt werden kann.

11.6.2 Poolung der Interessen auf Käuferseite

Erwerben mehrere leitende Angestellte gegebenenfalls gemeinsam mit Finanzinvestoren die Objektgesellschaft, so ist es für alle Beteiligten wichtig, die Interessen der Einzelnen zu poolen. Es müssen in einer oder mehreren Vereinbarungen die Rahmenbedingungen für eine erfolgreiche Übernahme des Unternehmens – für alle Beteiligten – verbindlich festgelegt werden. Hierzu gehört:

- die geschäftsführenden Gesellschafter langfristig an das Unternehmen zu binden

- die einheitliche Stimmrechtsausübung der Käufer innerhalb und außerhalb der Gesellschafterversammlung sicherzustellen
- dem Management bei erfolgreicher Tätigkeit Anreize durch Sondervorteile zu bieten
- Kapitalanteile der Finanzinvestoren und aus den Diensten der Objektgesellschaft ausscheidender Gesellschaftergeschäftsführer zu moderatem Preis übernehmen zu können
- eine angemessene Absicherung der Finanzinvestoren zu gewährleisten
- die Objektgesellschaft vor direktem und indirektem Zugriff von Familienangehörigen des Managements zu schützen
- Streitigkeiten unter den Gesellschaftern zu unterbinden und notfalls zügig abzuwickeln

Diese Ziele können festgeschrieben werden durch:

- Gesellschaftsvertrag/Satzung
- Dienstverträge mit den geschäftsführenden Gesellschaftern
- Geschäftsordnung für die Geschäftsführung/Vorstand
- Installation eines Aufsichtsrats und Definition seiner Befugnisse
- Stimmbindungsvereinbarungen der Manager untereinander – Poolvertrag
- Eheverträge
- Schiedsvertrag

11.6.3 Konkrete Einzelmaßnahmen

Zur Umsetzung der vorgenannten Ziele ist ein ganzes Bündel von Einzelmaßnahmen notwendig. Zum Teil werden diese Maßnahmen auch bei „klassischen“ Unternehmenskauftransaktionen notwendig, wenn beispielsweise der Verkäufer als Minderheitsgesellschafter im Unternehmen verbleibt (siehe Kapitel 9) oder aber weiterhin über Earn-out-Regelungen vom wirtschaftlichen Erfolg der Objektgesellschaft abhängig ist.

An dieser Stelle kann nur eine kurzer stichwortartiger Überblick über mögliche Einzelmaßnahmen gegeben werden. Das Aushandeln dieser Details im Käuferkreis kann erfahrungsgemäß ähnlich aufwendig sein, wie das Aushandeln des Kaufvertrags mit dem Verkäufer. Im Einzelnen bieten sich folgende Maßnahmen an:

⇒ **Bindung des Managements an das gemeinsame Unternehmen durch**
  - Dienstvertrag mit langer Festlaufzeit
  - Vereinbarung eines nachvertraglichen Wettbewerbsverbots im

Dienstvertrag bei Ausscheiden aus dem Dienstverhältnis
- Verankerung eines nachvertraglichen Wettbewerbsverbots nach Ausscheiden eines Gesellschaftergeschäftsführers im Gesellschaftsvertrag

⇒ **Gewährleistung einer einheitlichen Stimmrechtsausübung in der Gesellschafterversammlung der Objektgesellschaft durch**
- Verankerung der Verpflichtung zur einheitlichen Stimmrechtsausübung in Poolverträgen
- Einräumung einer unwiderruflichen Stimmrechtsvollmacht an einen Gesellschaftergeschäftsführer oder einen Dritten, sodass das Management nach außen hin mit einer Stimme auftritt
- Übertragung der Anteile auf einen Treuhänder
- Einbringung der Geschäftsanteile des Managements in eine Holdinggesellschaft in Form einer GmbH, einer Aktiengesellschaft oder einer Gesellschaft bürgerlichen Rechts

⇒ **Schutz der Käufer vor ungewollter Veränderung des Gesellschafterkreises bzw. familienrechtliche Belastungen durch**
- Vinkulierung der Anteile
- Vorkaufsrechte für Mitgesellschafter oder Vorerwerbsrechte (bereits festgelegter Kaufpreis)
- Beschränkung erbrechtlicher Ansprüche (Ausscheidensregelung mit modifizierter Abfindung)
- Verpflichtung der Gesellschafter zum Abschluss einer Vereinbarung mit Ehefrau zum Verzicht auf Zugewinnausgleichsansprüche hinsichtlich des Gesellschaftsanteils (modifizierter Zugewinnausgleich)

65 Welche Grundsätze sind bei einer Mehrheit von Käufern im Käuferkreis zu beachten?

- Bindung des Managements an das Unternehmen
- Gewährleistung einer einheitlichen Stimmrechtsausübung in der Objektgesellschaft
- Schutz der Käufer vor einer ungewollten Veränderung des Gesellschafterkreises

66 Welche Vereinbarungen sind hierzu zu treffen?

- Eine Gesellschaftervereinbarung zur Stimmrechtsausübung und zur Regelung weiterer Verpflichtungen („Poolvereinbarung"), je nach Einzelfall kombiniert mit
  - dem Gesellschaftsvertrag der Objektgesellschaft und der Erwerbergesellschaft bzw. in Geschäftsordnungen für Geschäftsführung und Aufsichtsrat,
  - dem Dienstvertrag der Geschäftsführer/Vorstände,
  - einer Vereinbarung zwischen dem Gesellschafter und seiner Ehefrau über einen modifizierten Zugewinnausgleich.

11.7 Sicherstellung der Interessen der Finanzinvestoren

Bei der Gestaltung eines Management-Buy-out/eines Management-Buy-in bzw. eines Leveraged-Buy-out müssen die Interessen der Finanzinvestoren angemessen berücksichtigt werden. Dies geschieht zunächst im Rahmen einer zwischen den Finanzinvestoren und der Erwerbergesellschaft bzw. den Erwerbern und der Objektgesellschaft abzuschließenden Beteiligungsvereinbarung. Die in dieser Vereinbarung getroffenen Regelungen werden wie bei der Poolvereinbarung dann gegebenenfalls noch in weiteren Verträgen umgesetzt (z.B. Gesellschaftsvertrag, Dienstvertrag etc.).

Die Finanzinvestoren möchten in der Regel nicht in das operative Geschäft eingreifen, jedoch möchten sie entsprechende Kontrollrechte haben und an wesentlichen, über das Tagesgeschäft hinausgehende Entscheidungen beteiligt werden. Diese Interessen werden dadurch sichergestellt, dass dem Management der Objektgesellschaft regelmäßige Berichtspflichten auferlegt werden. Zudem wird häufig ein Beirat als Kontrollgremium installiert, sofern nicht ohnehin ein Aufsichtsrat vorgeschrieben ist. Die Finanzinvestoren lassen sich sodann ein Recht auf Entsendung von Vertretern in dieses Gremium einräumen (durch Satzung oder Poolvereinbarung). Schließlich wird in der Satzung oder der Geschäftsordnung für die Geschäftsführung ein Katalog zustimmungsbedürftiger Geschäfte festgelegt, die Vornahme dieser Geschäfte ist dann von der Zustimmung des Aufsichtsgremiums abhängig.

Für den Fall einer eventuellen Veräußerung des Unternehmens möchten die Finanzinvestoren sicherstellen, dass die übrigen Gesellschafter nicht nur ihre eigene Beteiligung verkaufen können, sondern verpflichtet werden, die Beteiligung der Finanzinvestoren zu gleichen Bedingungen mitzuverkaufen, wenn dies von den Finanzinvestoren gewünscht wird. Umgekehrt werden die Gesellschafter versuchen, die Finanzinvestoren bei Erreichen eines bestimmten Mindeststandards auch zum Verkauf „zwingen“ zu können. Diese Verpflichtung wird im Rahmen des Beteiligungsvertrags oder der Poolvereinbarung durch entsprechende Mitverkaufsrechte („Tag Along“) oder Mitverkaufspflichten („Drag Along“) geregelt, bei einer GmbH bedarf diese Verpflichtung zur Wirksamkeit der notariellen Beurkundung.

Bei ihrer Beteiligung an der Akquisition gehen die Finanzinvestoren von einer gewissen Entwicklung des wirtschaftlichen Ergebnisses aus. Um hier die geschäftsführenden Gesellschafter entsprechend zu motivieren, die gesteckten Ziele („milestones“) zu erreichen, finden sich in Beteiligungsverträgen zum Teil Verpflichtungen des Finanzinvestors, bei Erreichen bestimmter Ziele, von seinen Anteilen einen Teil zum Buchwert wieder auf die geschäftsführenden Gesellschafter zu übertragen. Umgekehrt kann diese Verpflichtung bei Verfehlen dieser Ziele auch zu Lasten der geschäftsführenden Gesellschafter bestehen. Auch diese Verpflichtungen sind Bestandteil des Beteiligungsvertrags bzw. der Poolvereinbarung.

67 Welche besonderen Interessen haben Finanzinvestoren?

- Information/Kontrolle des operativen Geschäfts und der Geschäftsentwicklung
- Beteiligung an Entscheidung über Grundlagengeschäfte (= Geschäfte, die über das Tagesgeschäft hinausgehen)
- Einräumung eines Mitverkaufsrechts („Tag Along“) bei Verkauf ihrer Beteiligung durch die geschäftsführenden Gesellschafter
- Motivation der Gesellschafter zur Erreichung der Planzahlen (durch Übertragung von Gesellschaftsanteilen vom Finanzinvestor auf die geschäftsführenden Gesellschafter oder umgekehrt bei Erreichen/Verfehlen der Planzahlen)

Wie sichern sie diese Interessen üblicherweise ab?

- Beteiligungsvertrag/Poolvereinbarung
- Im Übrigen Umsetzung wie bei Poolvereinbarung

12 Kauf von Unternehmen in Krise und Insolvenz

Was Sie in diesem Kapitel erfahren

68	Welche Risiken bestehen beim Erwerb eines in der Krise befindlichen Unternehmens?
69	Welche Schwierigkeiten bestehen beim Erwerb eines Unternehmens nach Insolvenzantragstellung?
70	Was ist beim Erwerb nach Insolvenzeröffnung zu beachten?
71	Welche Besonderheiten sind beim Kaufvertrag zu beachten?
72	Welcher Erwerb birgt die geringsten rechtlichen Risiken für den Käufer?

Inhalt

12 Kauf von Unternehmen in Krise und Insolvenz

Gerade mittelständische Unternehmen haben in den vergangenen Jahren erheblich unter der zurückhaltenden Kreditvergabepraxis der Banken und dem Umstand, dass diese sich teilweise vollständig aus dem Kreditgeschäft mit mittelständischen Unternehmen zurückgezogen haben, zu leiden. Verstärkt wurde dieser negative Trend bei mittelständischen Unternehmen noch durch die sich häufig stellende Nachfolgeproblematik. Bittere Folge dieser Schwierigkeiten ist eine enorm gestiegene Anzahl von Unternehmensinsolvenzen.

In dieser wirtschaftlichen Gesamtsituation ist dem Kauf und Verkauf von Unternehmen in Krisenzeiten bzw. aus der Insolvenz eine große Bedeutung zugekommen. Einerseits wird versucht, das in der Krise befindliche Unternehmen durch Verkauf zu sanieren und vor einer Insolvenz zu bewahren. Gelingt dies nicht vor Stellung des Insolvenzantrags, wird häufig auch aus der Insolvenz heraus eine sogenannte „übertragende Sanierung" versucht und das Unternehmen im Wege des Asset Deal vom Insolvenzverwalter erworben. Mittlerweile haben sich sogar verschiedene Beteiligungsgesellschaften auf den Erwerb von in der Krise oder sogar bereits im Insolvenzverfahren befindlichen Unternehmen spezialisiert mit dem Ziel, diese günstig zu erwerben, zu sanieren und sodann gewinnbringend weiterzuverkaufen.

Nachfolgend werden die Besonderheiten und die rechtlichen Risiken bei derartigen Transaktionen erläutert. Durch die besonderen Fallstricke des Insolvenzrechts ist bei diesen Transaktionen besondere Vorsicht geboten, hier sollte insbesondere der Erwerber den Rat erfahrener Sanierungsberater oder Insolvenzrechtsspezialisten hinzuziehen.

Im Einzelnen sind hier drei Phasen für derartige Transaktionen zu unterscheiden:

1. Erwerb des Unternehmens in der Krise
2. Erwerb des Unternehmens nach Stellung des Insolvenzantrags (im Insolvenzeröffnungsverfahren)
3. Erwerb des Unternehmens nach Insolvenzeröffnung (im eröffneten Verfahren)

12.1 Erwerb vor Insolvenzantragsstellung in der Krise der Gesellschaft

12.1.1 Die Krise der Gesellschaft

Die Frage, wann sich ein Unternehmen in der „Krise“ befindet, lässt sich nicht ohne weiteres beantworten. Bereits die konkrete Definition bereitet Schwierigkeiten und ist vom Blickwinkel des jeweiligen Betrachtenden abhängig (z.B. betriebswirtschaftlicher Krisenbegriff, rechtlicher Krisenbegriff etc.). Allgemein lässt sich der Begriff „Krise“ wohl als Zustand eines Unternehmens beschreiben, der dessen Fortbestehen in Frage stellt.[1]

Für die Zwecke dieses Kapitels soll auf den rechtlichen Krisenbegriff abgestellt werden. Der Begriff „Krise“ findet sich auch in verschiedenen Gesetzestatbeständen, er umschreibt allgemein das Vorliegen der Kreditunwürdigkeit der Gesellschaft. Wann eine Gesellschaft im Einzelnen kreditunwürdig ist, ist eine Wertung des Einzelfalls und es würde den Rahmen dieser Darstellung sprengen, hierauf vertieft einzugehen. Zur Vertiefung seien hier die Ausführungen in dem Handbuch von NIERING/HILLEBRAND: Wege aus der Unternehmenskrise, Kapitel 9 empfohlen.

Die Krise der Gesellschaft bedeutet nicht zwangsläufig, dass diese auch insolvenzreif ist und einer in den §§ 17 ff. InsO beschriebenen Insolvenzgründe (Zahlungsunfähigkeit § 17 InsO, drohende Zahlungsunfähigkeit § 18 InsO oder Überschuldung § 19 InsO) gegeben ist. Häufig führt die Krisensituation jedoch schnell zum Vorliegen eines der vorgenannten Insolvenzgründe. Handelt es sich um eine AG, GmbH oder GmbH & Co. KG bzw. eine OHG ohne eine natürliche Person als persönlich haftenden Gesellschafter, so löst das Vorliegen von Zahlungsunfähigkeit oder Überschuldung eine Insolvenzantragspflicht aus, deren Nichtbeachtung für die Geschäftsführung sowohl zivil- als auch strafrechtliche Konsequenzen haben kann.[2] Um in dieser Phase die Krisensituation zu beseitigen, können Gesellschafter und Geschäftsführer zur Beseitigung der Krise verschiedene Maßnahmen ergreifen. Sie können alternativ

1. den gesamten Betrieb oder Betriebsteile im Wege des Asset Deal verkaufen;
2. die Mehrheitsbeteiligung oder sämtliche Anteile an einen Dritten verkaufen, der sodann die notwendigen Finanzmittel beschafft;

1) Vgl. CARSTEN SCHMIDT/UHLENBRUCK, Die GmbH in Krise, Sanierung und Insolvenz, S. 12, Rdnr. 23 ff.
2) Siehe hierzu im Einzelnen NIERING/HILLEBRAND, Kapitel 7.

3. über eine Kapitalerhöhung einen neuen Investor aufnehmen, der hierdurch die Mehrheit der Anteile übernimmt.

12.1.2 Haftungsrisiken beim Share Deal

Erwirbt der Käufer ein in der Krise befindliches Unternehmen im Wege des Share Deal, so stellen sich für ihn besondere Haftungsrisiken unter dem Gesichtspunkt der Tätigkeit als Geschäftsführer. Sobald er das Amt als Geschäftsführer (bzw. Vorstand) der Gesellschaft übernimmt, treffen ihn auch die in der Krise bestehenden Handlungspflichten. Sollte beispielsweise mehr als die Hälfte des Stammkapitals (bzw. Grundkapitals bei AG) in Folge von Verlusten aufgezehrt sein, so hat er eine Gesellschafterversammlung einzuberufen und die Gesellschafter hierüber zu informieren (§ 49 Abs. 3 GmbHG, § 92 Abs. 1 AktG). Verletzt er beispielsweise diese Verpflichtung, so macht er sich gegenüber der Gesellschaft schadensersatzpflichtig und gleichzeitig strafbar (für die AG: §§ 93 Abs. 2; 401 Abs. 1 Nr. 1 AktG; für die GmbH: §§ 43 Abs. 2; 84 Abs. 1 Nr. 1 GmbHG). Laufen bereits Insolvenzantragspflichten, so sind die neu eintretenden Geschäftsführer verpflichtet, innerhalb der gesetzlichen Dreiwochenfrist den Insolvenzantrag zu stellen. Geschieht dies nicht, so machen sie sich wegen Insolvenzverschleppung strafbar (bspw. § 84 Abs. 1 Nr. 2 GmbHG; § 401 Abs. 1 Nr. 2 AktG).

Des Weiteren sind sie nach Eintritt der Insolvenzreife dem Unternehmen persönlich für Zahlungen haftbar, die sie aus dem Gesellschaftsvermögen vornehmen, es sei denn, diese Zahlungen sind mit der Sorgfalt eines ordentlichen Geschäftsmanns vereinbar (§ 64 Abs. 2 GmbHG; § 92 Abs. 3 AktG).

Darüber hinaus gibt es noch diverse Sonderhaftungstatbestände, bspw. die Haftung wegen Nichtabführung von Sozialversicherungsbeiträgen (§ 266a StGB), die Haftung für die Nichtabführung von Steuern (§ 34 AO) sowie die allgemeine persönliche Haftung gegenüber Gläubigern der Gesellschaft wegen Insolvenzverschleppung (§ 823 BGB i.V.m. bspw. § 64 GmbHG). Auch hier sei zu den Einzelheiten auf die Ausführungen in NIERING/HILLEBRAND verwiesen.

Festzuhalten bleibt, dass der in die Gesellschaft eintretende Geschäftsführer hier einer Vielzahl von Risiken ausgesetzt ist, die nur dann tragbar sind, wenn mit der Übernahme der Gesellschaft auch hinreichende Finanzmittel auf Seiten des Investors zur Beseitigung der Unternehmenskrise zur Verfügung stehen.

Praxistipp

Der potentielle Käufer einer in wirtschaftlichen Schwierigkeiten befindlichen Gesellschaft sollte sich genauestens über die bilanzielle Situation sowie die Liquiditätssituation des zu übernehmenden Unternehmens informieren und hier möglichst auch einen erfahrenen Wirtschaftsprüfer hinzuziehen, der die vorgelegten Zahlen auf Plausibilität prüft. Gegebenfalls sollte man auch darauf Wert legen, dass der Verkäufer als Geschäftsführer weiterhin für einen Übergangszeitraum in der Gesellschaft verbleibt, muss er so doch auch Gefahr laufen, wegen Insolvenzverschleppung ggf. persönlich in die Haftung zu kommen. Umgekehrt sollte der Verkäufer einer in wirtschaftlichen Schwierigkeiten befindlichen Gesellschaft diese wirtschaftlichen Schwierigkeiten dem Kaufinteressenten vor Erwerb offen legen und dies auch hinreichend dokumentieren. Nur so kann er vermeiden, dass der Käufer ggf. wegen arglistiger Täuschung versucht, den Kaufvertrag rückgängig zu machen, sollte er sich mit der Bewältigung der ihm bekannten Schwierigkeiten „übernommen“ haben.

12.1.3 Erwerb durch Asset Deal

Erwirbt der Käufer die Objektgesellschaft im Wege des Asset Deal, so treffen ihn die vorgenannten Risiken aus einer zu übernehmenden Geschäftsführerstellung nicht, gleichwohl bestehen hier andere Risiken:

Sollte die verkaufende Gesellschaft später insolvent werden und das Insolvenzverfahren eröffnet werden, könnte ein Insolvenzverwalter über den Weg der Insolvenzanfechtung versuchen, den Kaufvertrag rückgängig zu machen. Soweit er nachweisen kann, dass die Gesellschaft im Zeitpunkt des Verkaufs zahlungsunfähig war und dies dem Käufer bekannt war, kann der Insolvenzverwalter die Übertragung nach § 130 InsO anfechten (kongruente Deckung), wenn sie in den letzten drei Monaten vor dem Antrag auf Eröffnung des Insolvenzverfahrens vorgenommen wurde. Die Anfechtung ist nur dann ausgeschlossen, wenn es sich um ein sogenanntes „Bargeschäft“ gem. § 142 InsO handelt. Dies setzt voraus, dass der Kaufpreis angemessen war und auch in unmittelbarem zeitlichen Zusammenhang bezahlt wurde. Diese Voraussetzung ist regelmäßig dann nicht erfüllt, wenn Kaufpreisraten oder auch Kaufpreiseinbehalte vereinbart wurden.

Sieht der Insolvenzverwalter den Kaufpreis als deutlich zu niedrig an, stehen ihm weitere Anfechtungsmöglichkeiten zur Verfügung, insbesondere die Anfechtung wegen vorsätzlicher Gläubigerbenachteiligung gem. § 133

InsO. Folge der erfolgreichen Anfechtung ist die Verpflichtung des Käufers, das Unternehmen an die Insolvenzmasse/den Insolvenzverwalter zurückzuübertragen. Der gezahlte Kaufpreis hingegen stellt eine einfache Insolvenzforderung dar. Gerade wegen dieses Anfechtungsrisikos ist dem Käufer häufig nicht zu empfehlen, in dieser Phase einen Asset Deal vorzunehmen.

Daneben greift die in Kapitel 8 geschilderte gesetzliche Haftung des Käufers für Verbindlichkeiten des Verkäufers (§§ 75 AO, 613a BGB, 25 HGB) ein.

68 Welche Risiken bestehen beim Erwerb eines in der Krise befindlichen Unernehmens?

- Beim Asset Deal besteht das Risiko einer späteren Anfechtung des Rechtsgeschäfts durch den Insolvenzverwalter der verkaufenden Gesellschaft mit dem Risiko, das Unternehmen rückübertragen zu müssen bei gleichzeitiger Behandlung des Kaufpreisrückzahlungsanspruchs als einfache Insolvenzforderung.
- Beim Share Deal und gleichzeitiger Übernahme des Geschäftsführer-/Vorstandsamtes bestehen zivil- und strafrechtliche Haftungsrisiken wegen
  - unterlassener Einberufung der Gesellschafterversammlung/Hauptversammlung bei hälftigem Verlust des Stammkapitals/Grundkapitals;
  - Insolvenzverschleppung;
  - Vorenthalten von Arbeitnehmerbeiträgen zur Sozialversicherung (§ 266a StGB);
  - unterlassener Abführung von Steuern;
  - Auszahlungen aus dem Gesellschaftsvermögen nach Eintritt der Insolvenzreife.

12.2 Erwerb nach Stellung des Insolvenzantrags

12.2.1 Folgen der Antragsstellung

Nach Stellung des Insolvenzantrags über das Vermögen der Objektgesellschaft wird vom Insolvenzgericht regelmäßig ein vorläufiger Insolvenzverwalter bestellt und werden verschiedene Sicherungsmaßnahmen gem. § 21 Abs. 2 InsO angeordnet. Zu unterscheiden ist hier zwischen dem sogenannten „starken“ vorläufigen Insolvenzverwalter und dem „schwachen“

vorläufigen Insolvenzverwalter. Die Stellung des „starken" vorläufigen Insolvenzverwalters ist vergleichbar mit dem Insolvenzverwalter nach Eröffnung des Insolvenzverfahrens. Auf diesen geht die Verwaltungs- und Verfügungsbefugnis über das Vermögen des Schuldners über, so dass er insoweit an die Stelle des Geschäftsführers tritt. Häufiger wird jedoch angeordnet, dass Verfügungen des Schuldners nur mit Zustimmung des vorläufigen Insolvenzverwalters zulässig sind (Zustimmungsvorbehalt). Der Verwalter erlangt damit die Stellung eines „schwachen" vorläufigen Insolvenzverwalters. Der Schuldner kann sodann noch ohne Zustimmung des Insolvenzverwalters Verpflichtungsgeschäfte (z.B. einen Kaufvertrag) abschließen, die Übertragung von Eigentum oder die Auszahlung von Geldern ist jedoch nur mit Zustimmung des vorläufigen Insolvenzverwalters wirksam.

12.2.2 Share Deal

Ein Share Deal ist in dieser Phase ohne weiteres möglich, ändert jedoch nichts an dem Umstand, dass ein Insolvenzeröffnungsverfahren eingeleitet wurde. Gleichwohl kann der Insolvenzgrund durch den neuen Gesellschafter beseitigt werden, indem er der Gesellschaft hinreichend Liquidität zur Verfügung stellt oder bei einem Gläubigerantrag den betroffenen Gläubiger befriedigt. Bis zur Verfahrenseröffnung kann der Antragsteller den Insolvenzantrag jederzeit zurücknehmen (§ 13 Abs. 2 InsO).

12.2.3 Asset Deal

Häufiger ist jedoch der Fall anzutreffen, dass der Erwerber das Unternehmen im Wege des Asset Deal übernehmen will. Dies ist rechtlich äußerst problematisch.

Einerseits macht es wirtschaftlich großen Sinn, gerade kurz nach Insolvenzantragstellung das gesamte Unternehmen zu veräußern und so zu retten, da in diesem Zeitpunkt häufig die Kundenbeziehungen noch nicht beeinträchtigt sind und auch im Mitarbeiterkreis noch Ruhe gewahrt werden kann. Die Übertragung der Vermögensgegenstände setzt jedoch die Zustimmung des Insolvenzverwalters voraus, sofern ein Zustimmungsvorbehalt angeordnet wurde. Es entspricht allgemeiner Auffassung, dass vor Eröffnung des Insolvenzverfahrens weder vom „schwachen" vorläufigen Insolvenzverwalter noch vom „starken" vorläufigen Insolvenzverwalter eine Übertragung des Unternehmens auf Dritte im Wege des Asset Deal vorgenommen werden darf.[1)]

1) Hierzu eingehend: VALLENDER, GmbHR 2004, 543 ff.; NIERING/HILLEBRAND, Kapitel 3.2.

Nicht gänzlich ausgeschlossen ist der Verkauf von Betriebsteilen und – soweit Gefahr im Verzug besteht – auch die Veräußerung des gesamten Unternehmens. In der Praxis finden sich sehr wohl Fälle, in denen auch der vorläufige Insolvenzverwalter derartige Geschäfte vornimmt, jedoch ist diese Befugnis rechtlich nicht gesichert.

Aus Sicht des Käufers stellt sich beim Erwerb vom „schwachen" vorläufigen Insolvenzverwalter ein weiteres Problem:

Die aufgrund dieses Vertrags begründeten Verbindlichkeiten der Gesellschaft sind im nachfolgenden Insolvenzverfahren einfache Insolvenzforderungen. Dies bedeutet, dass der Käufer im Ergebnis keine der vertraglichen Verpflichtungen des Verkäufers – wie z. B. Beteiligung an Kosten zur Beendigung von Arbeitsverhältnissen – wirtschaftlich durchsetzen kann, nachdem er den vollständigen Kaufpreis gezahlt hat. Auf derartige Forderungen würde er nur die für alle einfachen Insolvenzgläubiger ermittelte Quote erhalten. Hält er einen Teil des Kaufpreises zurück, um entsprechendes Aufrechnungspotential zu haben, besteht das Risiko, dass der spätere endgültige Insolvenzverwalter den Kaufvertrag nach Insolvenzeröffnung anficht und damit rückgängig macht. Sollte dies nicht der Fall sein, so könnte der Käufer ggf. seine Ersatzansprüche aufrechnen, jedoch ist hier § 95 Abs. 1 Satz 3 InsO zu beachten. Danach ist die Aufrechnung dann ausgeschlossen, wenn die Kaufpreisrate bereits fällig war, bevor ein entsprechender Gegenanspruch entstanden ist. Hier gibt es nach einer Entscheidung des BGH[1)] zwar die Möglichkeit, den „schwachen" vorläufigen Insolvenzverwalter gerichtlich zu ermächtigen, Verbindlichkeiten zu Lasten der späteren Insolvenzmasse einzugehen, ob dies jedoch für den Unternehmensverkauf im Ganzen gilt, ist fraglich. Wird hingegen vom vorläufigen „starken" Insolvenzverwalter erworben, so sind die von diesem begründeten Verbindlichkeiten zumindest Masseverbindlichkeiten i.S.d. § 55 Abs. 2 Satz 1 InsO.

Des Weiteren besteht bei Rechtshandlungen des „schwachen" vorläufigen Insolvenzverwalters die Gefahr, dass diese im eröffneten Verfahren vom (endgültigen) Insolvenzverwalter angefochten werden und der Kauf rückgängig gemacht wird.

Schließlich greifen auch die Haftungsprivilegierungen des Insolvenzrechts in dieser Phase noch nicht, so dass der Käufer in vollem Umfang in die gesetzliche Mithaftung für bestimmte Verbindlichkeiten (§§ 613a BGB, 75

1) BGH, NZI 2002, 543.

AO, 25 HGB) gerät, so wie dies bei jedem „normalen“ Asset Deal der Fall ist.

12.2.4 Fazit

In Anbetracht der zuvor geschilderten Schwierigkeiten ist ein Unternehmenserwerb im Insolvenzeröffnungsverfahren nicht zu empfehlen. In der Praxis wird jedoch häufig der Kaufvertrag mit dem vorläufigen Insolvenzverwalter bereits in der Phase des Insolvenzeröffnungsverfahrens ausgehandelt, der eigentliche Verkauf erfolgt sodann nach Eröffnung des Insolvenzverfahrens und Zustimmung der Gläubigerversammlung bzw. des Gläubigerausschusses.

69 Welche Schwierigkeiten bestehen beim Erwerb eines Unternehmens nach Insolvenzantragstellung?

- Erwerb durch Share Deal möglich bei anschließender Beseitigung des Insolvenzgrunds durch den Erwerber entweder durch Befriedigung des den Antrag stellenden Gläubigers oder durch Rücknahme des Eigenantrags nach Beseitigung der Überschuldung/Wiederherstellung der Zahlungsfähigkeit;
- Erwerb durch Asset Deal rechtlich sehr problematisch, da
  - Unternehmensverkauf im Eröffnungsverfahren gesetzlich nicht vorgesehen, jedoch bei Beteiligung des Verwalters gegenüber dem Käufer wirksam;
  - späterer Insolvenzverwalter den Kauf anfechten und damit rückgängig machen kann;
  - bestimmte Haftungsprivilegien des Insolvenzrechts erst nach Insolvenzeröffnung greifen (z.B. Wegfall/Beschränkung der Haftung aus §§ 613a BGB, 25 HGB, 75 AO);
  - vertragliche Haftungsansprüche gegen „schwachen“ vorläufigen Verwalter nur einfache Insolvenzforderungen begründen;
  - wegen der bestehenden Schwierigkeiten in dieser Phase vom Asset Deal abzuraten ist;
  - **aber:** dennoch bereits hier Vorbereitung eines Erwerbs nach Insolvenzeröffnung in enger Abstimmung mit dem vorläufigen Insolvenzverwalter möglich ist.

12.3 Erwerb nach Insolvenzeröffnung

Nach Eröffnung des Insolvenzverfahrens geht das Verwaltungs- und Verfügungsrecht über das Vermögen der Gesellschaft auf den Insolvenzverwalter über (§ 80 InsO). Dennoch steht die Verwertung des Vermögens nicht vollständig im freien Ermessen des Insolvenzverwalters, er muss vielmehr bei bedeutsamen Verwertungshandlungen die Zustimmung der Gläubiger einholen.

Nach der gesetzlichen Grundidee hat der Insolvenzverwalter zunächst das Unternehmen fortzuführen und zu prüfen, inwieweit er dieses als Ganzes verwerten kann oder welche Verwertungshandlungen angemessen sind. Gerade bei einem großen Insolvenzverfahren kann die eigentliche Vertretung der Gläubiger, die Gläubigerversammlung, zu schwerfällig sein, um kurzfristig notwendige Entscheidungen zu treffen. In diesem Fall kann vom Gericht ein (vorläufiger) Gläubigerausschuss eingesetzt werden (§ 67 InsO). Die Gläubigerversammlung kann dann jedoch entscheiden, ob dieser Gläubigerausschuss überhaupt fortbestehen soll oder wer an diesem Ausschuss teilnehmen soll (§ 68 InsO). Sodann soll grundsätzlich in einem Berichtstermin den Gläubigern vom Insolvenzverwalter mitgeteilt werden, ob Möglichkeiten bestehen, das Unternehmen ganz oder teilweise fortzuführen (§ 156 InsO). Eine Veräußerung ist nach dieser gesetzlichen Leitidee erst nach dem Berichtstermin vorgesehen, der häufig jedoch zwei bis drei Monate nach Insolvenzantragstellung liegt. Besonders bedeutsame Verwertungshandlungen, wozu auch die Unternehmensveräußerung im Ganzen gehört, bedürfen zudem der Zustimmung des Gläubigerausschusses (§ 160 Abs. 2 Nr. 1 InsO). Wird an der Gesellschaft nahe stehende Personen oder bestimmte Gläubiger der Gesellschaft verkauft („besonders Interessierte"), so bedarf es sogar der Zustimmung der Gläubigerversammlung (§ 162 InsO).

Teilweise wird bereits im eröffneten Insolvenzverfahren vom Insolvenzverwalter selbst der Geschäftsbetrieb auf eine neue Gesellschaft übertragen, deren alleiniger Gesellschafter der Insolvenzverwalter für die Insolvenzmasse ist (sogenannter interner Asset Deal). Dies vereinfacht es dem Insolvenzverwalter einerseits, den Geschäftsbetrieb aufrechtzuerhalten, andererseits wird hierdurch die spätere Veräußerung des Unternehmens an einen Investor wesentlich erleichtert, da sodann ein Asset Deal vorgenommen werden kann. Der Verkauf der insolventen Objektgesellschaft selbst im Wege des Share Deal ist zwar auch nach Insolvenzeröffnung theoretisch denkbar, jedoch in der Praxis nur sehr selten zu finden. Da die Gesellschaft mit der Eröffnung des Insolvenzverfahrens aufgelöst ist, bedarf es der Beendigung des Insolvenzverfahrens durch Wegfall des Insolvenzgrunds, um sodann das Unternehmen fortzuführen. Fällt der Insolvenzgrund weg, so kann entweder auf Antrag des Gläubigers das Verfahren eingestellt werden (§§ 212 ff. InsO), alternativ kann der Insolvenzgrund im Rahmen eines Insolvenzplanverfahrens (§§ 217 ff. InsO) beseitigt werden. Nachfolgend wird vertieft der Fall des Asset Deal dargestellt.

12.4 Besonderheiten des Kaufvertrags

Beim Kauf eines Krisenunternehmens entspricht der Kaufvertrag den üblichen Standards, wobei hier der Kaufpreis regelmäßig gering ist oder sogar ein negativer Kaufpreis vereinbart wird. Bei Vereinbarung eines negativen Kaufpreises verpflichtet sich der Verkäufer, bspw. der Objektgesellschaft noch Finanzierungsmittel zur Verfügung zu stellen, um hiermit bestimmte Risiken abzudecken bzw. Verbindlichkeiten auszugleichen. Mit Zahlung dieses Betrags „erspart" sich der Verkäufer damit die Liquidation der Gesellschaft, die für ihn zum Teil auch imageschädlich sein kann. Wie bereits oben ausgeführt, ist in diesem Zusammenhang aus Käufersicht besonderes Augenmerk auf die bestehende Liquiditätssituation des Unternehmens und die bilanzielle Situation zu legen.

Erfolgt der Kauf des Unternehmens hingegen vom Insolvenzverwalter im Wege des Asset Deal, so sind hierfür verschiedene Besonderheiten zu beachten.

12.4.1 Vertragsparteien

Beim Erwerb im Insolvenzeröffnungsverfahren ist Verkäufer beim Asset Deal die Objektgesellschaft selbst, wobei der vorläufige Insolvenzverwalter den Vertrag gegenzeichnen und seine Zustimmung zur Übertragung erklären sollte, sofern entsprechende Sicherungsmaßnahmen (Zustimmungsvorbehalt) angeordnet sind. Nach Insolvenzeröffnung wird der Kaufvertrag zwischen dem Insolvenzverwalter als Verkäufer einerseits und dem Käufer andererseits abgeschlossen.

12.4.2 Kaufobjekt, Aus- und Absonderungsrechte

Üblicherweise wird der Insolvenzverwalter nicht nur diejenigen Vermögensgegenstände verkaufen, die im lastenfreien Eigentum der insolventen Gesellschaft stehen, er wird vielmehr auch die mit einem Pfandrecht oder sonstigen Sicherungsrecht belasteten Gegenstände mitverkaufen. An diesen Gegenständen bestehen zugunsten der jeweiligen Gläubiger sogenannte „Absonderungsrechte", über die der Insolvenzverwalter aber – mit gewissen Einschränkungen – verfügen darf (§ 159 InsO, § 166 Abs. 1 InsO).

Hier wird häufig eine Regelung getroffen, dass der Käufer verpflichtet wird, diejenigen Gegenstände an den jeweils Berechtigten herauszugeben, bei denen sich nachträglich herausstellt, dass sie nicht dem Verfügungsrecht des Insolvenzverwalters unterlagen, d.h. Aus- oder Absonderungsrechte bestanden, die im Rahmen der Unternehmensveräußerung durch den Verwalter nicht berücksichtigt wurden.

12.4.3 Fortführung von Vertragsverhältnissen

Beim Asset Deal kommt es dem Käufer auch darauf an, dass die für ihn wesentlichen Vertragsverhältnisse auf ihn bzw. die Erwerbergesellschaft übergeleitet werden. Hierzu ist, sofern keine Sondertatbestände eingreifen, die Zustimmung der jeweiligen Vertragspartei notwendig. Zum Teil bestehen auch Auftragsverhältnisse, die von dem insolventen Unternehmen zwar teilweise erfüllt wurden, jedoch zur Geltendmachung einer entsprechenden Forderung noch Restarbeiten zu verrichten sind. Im Unternehmenskauf wird sodann häufig eine Regelung dergestalt getroffen, dass die Restarbeiten von dem Käufer zu erbringen sind unter Zahlung einer gewissen Vergütung durch den Insolvenzverwalter.

12.4.4 Forderungseinzug

Beim Forderungseinzug können insoweit Unklarheiten auftreten, als dass ein Teil der Kundenforderungen noch der Insolvenzmasse zusteht, ein anderer Teil absonderungsberechtigen Dritten und ein weiterer bereits dem Erwerber. Hier sollte eine Regelung getroffen werden, die einen einheitlichen Forderungseinzug gewährleistet, ggf. unter Einzahlung der Erlöse auf ein Treuhandkonto bzw. ein Anderkonto. Dies vermeidet Unklarheiten aus Sicht des jeweiligen Kunden und erleichtert es dem Käufer, die Geschäftsbeziehung zum Kunden aufrechtzuerhalten.

12.4.5 Arbeitnehmer

Ein zentraler Verhandlungspunkt beim Kauf vom Insolvenzverwalter sind die Regelungen zur Übernahme der Mitarbeiter der Objektgesellschaft. § 613a BGB findet auch im Insolvenzverfahren insoweit Anwendung, als dass mit Übergang des Betriebs auf den Käufer auch die Arbeitsverhältnisse gem. § 613a BGB auf diesen übergehen. Gem. § 613a Abs. 1 BGB gehen die Arbeitsverhältnisse grundsätzlich mit allen Rechten und Pflichten über. Hinsichtlich der übernommenen Verbindlichkeiten aus diesen Arbeitsverhältnissen ist zu differenzieren:

Die durch Fortführung des Betriebs nach Insolvenzeröffnung begründeten Verbindlichkeiten sind Masseschulden, für die der Unternehmenskäufer auch mithaftet,[1] eine Haftung des Erwerbers für die vor Eröffnung entstandenen Verbindlichkeiten scheidet grundsätzlich aus.[2] Hier gibt es jedoch geringfügige Durchbrechungen dieses Abgrenzungsgrundsatzes; so haftet der Erwerber auch für die Urlaubsansprüche der Arbeitnehmer für den vor dem Betriebsübergang liegenden Zeitraum.

Der Unternehmenskäufer ist häufig nicht bereit, den gesamten Mitarbeiterbestand und alle potentiellen, hieraus entstehenden Verbindlichkeiten zu übernehmen. Hieran scheitert eine große Zahl von Verkäufen aus der Insolvenz. Der Insolvenzverwalter versucht hier regelmäßig, dem Unternehmenskäufer die Übernahme zu erleichtern, indem er sich an den Kosten für die Fortführung bzw. endgültige Beendigung gekündigter Arbeitsverhältnisse beteiligt, bestimmte Lasten (z.B. Urlaubsansprüche) übernimmt und bereits vor Übernahme aufgrund seines vereinfachten Kündigungsrechts Kündigungen ausspricht. Hierbei bestehen insolvenzrechtsspezifische Erleichterungen der Kündigungsmöglichkeit (siehe §§ 125 ff. InsO, insbesondere § 128 InsO). Hier kann für die nach Erwerb notwendigen Restrukturierungsmaßnahmen bereits eine Namensliste der zu kündigenden Mitarbeiter erstellt werden und diese mit dem Betriebsrat abgestimmt werden, so dass bereits vor Übernahme des Betriebs durch den Käufer entsprechende Kündigungen durch den Insolvenzverwalter ausgesprochen werden. Die Kündigungen in diesem Sinne gelten dann nicht als Kündigung wegen des Betriebsübergangs i.S.d. § 613a BGB.

Diese Regelungen gehen zum Teil so weit, dass der Insolvenzverwalter für bestimmte Mitarbeiter, die der Erwerber nicht übernehmen möchte, die Kosten bis zur Beendigung des Arbeitsverhältnisses übernehmen muss. Je nach Einzelfall gibt es hier sehr große Unterschiede im Umfang der vom Verwalter zu übernehmenden Lasten. Dies ist sicherlich auch immer von dem gezahlten Kaufpreis abhängig.

12.4.6 Garantien

Beim Kauf eines Unternehmens vom Insolvenzverwalter ist es allgemein unüblich, einen umfassenden Garantiekatalog zu vereinbaren. Der Insolvenzverwalter möchte hier nicht zu Lasten der Masse umfassend und ggf. noch für mehrere Jahre haften müssen. Diese fehlenden Garantien schlagen sich andererseits dann doch in der Kaufpreishöhe nieder.

1) BAG, NJW 1987, 1966.
2) BAG, NZA 2003, 318.

12.4.7 Aufschiebende Bedingung/Rücktrittsrecht

In der Praxis wird der Insolvenzverwalter häufig den Unternehmenskauf unter einem Zustimmungsvorbehalt abschließen, so dass dieser erst wirksam wird, wenn die Gläubigerversammlung bzw. der Gläubigerausschuss zugestimmt haben. Alternativ bietet sich für ihn auch ein Rücktrittsrecht für den Fall an, dass ihm diese Zustimmung verweigert wird. Dies gilt insbesondere bei Rechtsgeschäften, die nicht unter einer aufschiebenden Bedingung abgeschlossen werden können (z.B. die Auflassung eines Grundstücks).

12.5 Vorteile beim Erwerb des Unternehmens nach Insolvenzeröffnung

Für den Käufer bietet der Erwerb eines Unternehmens im eröffneten Verfahren vom Insolvenzverwalter verschiedene Vorteile. Zunächst kann er sich der in der Unternehmenskrise bestehenden Risiken und der Handlungspflichten für Geschäftsführungsorgane entziehen, wenn er im Wege des Asset Deal nach Insolvenzeröffnung erwirbt. Auch Anfechtungsprobleme bestehen zu diesem Zeitpunkt nicht mehr. Die gesetzliche Haftung des Käufers für Verbindlichkeiten des Verkäufers ist begrenzt auf die Haftung gem. § 613a BGB sowie etwaige umweltrechtliche Haftungstatbestände nach dem Bundesbodenschutzgesetz. Schließlich kann auch die Restrukturierung des Mitarbeiterbestands unter vereinfachten Bedingungen erfolgen, die bei Erwerb zu einem früheren Zeitpunkt nicht gegeben wären.

12.6 Fazit

Befindet sich eine Objektgesellschaft in der Krise, ist aus Käufersicht sehr sorgfältig zu prüfen, ob ein Erwerb noch durchgeführt werden sollte. Lässt sich diese Vorstellung eines Insolvenzantrags nicht mehr umsetzen, so ist in enger Abstimmung mit dem Insolvenzverwalter bereits in der Phase des Insolvenzeröffnungsverfahrens möglichst ein Kaufvertrag auszuhandeln und etwaige Restrukturierungsmaßnahmen sind vorzubereiten. Nach Eröffnung des Insolvenzverfahrens und Durchführung diverser Restrukturierungsmaßnahmen (bspw. Kündigung von Mitarbeitern) kann dann üblicherweise im Wege des Asset Deal die Objektgesellschaft erworben werden (übertragende Sanierung). Aus Käufersicht zu beachten ist hierbei, dass regelmäßig keine oder nur sehr geringe Garantien vom Insolvenzverwalter abgegeben werden.

70 Was ist beim Erwerb nach Insolvenzeröffnung zu beachten?

- Insolvenzverwalter verkauft üblicherweise unter der aufschiebenden Bedingung der Zustimmung der Gläubigerversammlung bzw. des Gläubigerausschusses oder unter Vorbehalt des Rücktritts bei Verweigerung der Zustimmung;
- Übertragung gegenüber Käufer jedoch auch ohne Zustimmung wirksam;
- Verkauf erfolgt nach dem gesetzlichen Regelfall erst nach dem Berichtstermin, der mehrere Monate nach Insolvenzeröffnung liegen kann, aus wirtschaftlichen Gründen wird jedoch häufig auch früher verkauft;
- beim Verkauf greifen die Haftungsprivilegierungen des Insolvenzrechts, so dass beim Asset Deal der Käufer nicht haftet wegen §§ 75 AO, 25 HGB sowie nur eingeschränkt aus § 613a BGB.

71 Welche Besonderheiten sind beim Kaufvertrag zu beachten?

- Regelungen zur Freigabe und evtl. Ausgleich von verkauften Gegenständen, die mit Absonderungsrechten belastet sind;
- Regelungen zum Forderungseinzug bei Zweifeln hinsichtlich der Inhaberschaft;
- Regelungen zur Beteiligung des Insolvenzverwalters an den Kosten zur Beendigung bestimmter Arbeitsverhältnisse, die Käufer wegen § 613a BGB übernehmen musste;
- üblicherweise besteht nahezu keine Garantie- oder sonstige Mängelhaftung des Insolvenzverwalters für den Zustand der Objektgesellschaft.

72 Welcher Erwerb birgt die geringsten rechtlichen Risiken für den Käufer?

Der Asset Deal nach Insolvenzeröffnung birgt die geringsten rechtlichen Risiken, da

- kein Anfechtungsrisiko mehr besteht;
- insolvenzrechtliche Haftungsprivilegien eingreifen;
- keine Handlungspflichten als Geschäftsführungsorgan in der Krise bestehen.

Anlage 1: Vertraulichkeitsvereinbarung (Grundstruktur)

- Definition vertrauliche Information
  - entweder allgemein
  - oder Information als vertraulich gekennzeichnet
  - nicht-öffentlich zugängliche Information

- Angabe des Verwendungszwecks
  - z.B. Due Diligence zum Erwerb des Unternehmens
  - nur zur Bewertung der Risiken

- Angabe, **wer** im Objektunternehmen **wie** angesprochen werden darf
  - Benennung der „autorisierten Personen"
  - Kontaktaufnahme nur nach vorheriger schriftlicher Abstimmung mit Verkäufer

- Verbot der zweckwidrigen Verwendung
  - nur für Zwecke der konkreten Due Diligence

- Verpflichtung, auch Mitarbeiter/Berater zu verpflichten
  - gegebenenfalls Einholung entsprechender Verpflichtungserklärungen

- Vertragsstrafe bei Pflichtverletzung
  - zusätzliche zu etwaigem Schaden
  - bei wiederholter Verletzung erneute Verwirkung der Vertragsstrafe
  - Festlegung Höhe

- Laufzeit der Vereinbarung

- Sonstiges
  - Schriftform
  - salvatorische Klausel
  - Gerichtsstand

Anlage 2: Fragenkatalog Legal, Financial und Tax Due Diligence

		Vorhanden	Nicht vorhanden
1	**Objektgesellschaft**		
1.1	Rechtliche Struktur/Satzung	☐	☐
1.2	Gesellschaftsvertrag/Satzung der Objektgesellschaft in neuester Fassung	☐	☐
1.2.1	Gründungsvertrag sowie alle nachfolgenden Gesellschaftsvertragsänderungen	☐	☐
1.2.2	Organigramm der Gesellschaftsgruppe (Töchter und verbundene Unternehmen) unter Angabe prozentualer Beteiligung und Sitz	☐	☐
1.2.3	Vollständiger Handelsregisterauszug in aktueller Fassung	☐	☐
1.2.4	Liste der Niederlassungen	☐	☐
1.3	Stamm-/Grundkapital		
1.3.1	Höhe des Stammkapitals einschließlich kapitalersetzender Gesellschafterdarlehen, alle Kapitalerhöhungsbeschlüsse samt dazugehörigen Anmeldungsurkunden	☐	☐
1.3.2	Nachweis über die Einzahlung des Stammkapitals; verdeckte Sachgründung bei finanziellen Nebengeschäften, wie Erwerb von Gegenständen aus dem Vermögen von Gesellschaftern während oder unmittelbar nach Abschluss des Gründungsvorgangs	☐	☐
1.3.3	Vorlage des Sachgründungsberichts	☐	☐
1.3.4	Sachverhalte, denen Kapitalauszahlungen zugrunde liegen	☐	☐

		Vorhanden	Nicht vorhanden
1.3.4.1	Wenn Anteile von Dritten (auch von Todes wegen) erworben wurden, schriftlicher Nachweis der Gesellschaftereigenschaft sowie Einzahlung des Kapitals durch früheren Anteilsinhaber	☐	☐
1.3.4.2	Kapitalerhöhungen + Urkunden, Vorlage der Sacheinlageverträge, Erwerb von Gegenständen eines Gesellschafters durch Gesellschaft bzw. Tilgung einer Forderung des Gesellschafters gegenüber Gesellschaft binnen einem Jahr nach Gründung der Gesellschaft (Eintragung HR)	☐	☐
2	**Management und Aufsichtsrat**		
2.1	Aktuelle Liste der Vorstände/Geschäftsführer mit Kurzbeschreibung der Ressorts	☐	☐
2.2	Vertretungsverhältnisse (gemeinschaftlich/einzeln), Sequester	☐	☐
2.3	Dienstverträge der Vorstände/Geschäftsführer nebst allen Zusatz- und Nebenvereinbarungen	☐	☐
2.4	Dienstverträge der Generalbevollmächtigten mit Kurzbeschreibung der Tätigkeitsbereiche	☐	☐
2.5	Geschäftsordnung für Vorstand/Geschäftsführung	☐	☐
2.6	Aktuelle Liste der Aufsichtsrats-/Beiratsmitglieder	☐	☐
2.7	Geschäftsordnung für Aufsichtsrat/Beirat	☐	☐
2.8	Beraterverträge etc. mit Aufsichtsräten/Beiräten	☐	☐
2.9	Beherrschungs- und Gewinnabführungsverträge mit Organträgern	☐	☐

		Vorhanden	Nicht vorhanden
2.10	Liste aller Prokuristen, General- und Handlungsbevollmächtigten	☐	☐
3	**Gesellschafter der Objektgesellschaft**		
3.1	Aktueller Gesellschafterbestand/aktuelle Gesellschafterliste nebst aller Veränderungen seit Gründung der Objektgesellschaft	☐	☐
3.2	Veränderungen im Gesellschafterbestand, Vorlage der Abtretungsverträge/Urkunden	☐	☐
3.3	Gesetzliche/vertragliche Vertretung von Gesellschaftern	☐	☐
3.3.1	Bestallungsurkunden von Testamentsvollstreckern und Vormündern	☐	☐
3.3.2	Vollmachten der Gesellschaftervertreter	☐	☐
3.4	Verträge zwischen den Gesellschaftern die Objektgesellschaft betreffend	☐	☐
3.4.1	Stimmbindungsverträge	☐	☐
3.4.2	Stimmrechtsvollmachten	☐	☐
3.4.3	Poolverträge	☐	☐
3.5	Mittelbare Beteiligung Dritter an der Objektgesellschaft	☐	☐
3.5.1	Verträge über bestehende stille Gesellschaften an der Objektgesellschaft	☐	☐
3.5.2	Treuhandverträge über Geschäfts- und/oder Gesellschafteranteile	☐	☐
3.5.3	Verträge über stille Beteiligung an der Objektgesellschaft	☐	☐
3.6	Rechte Dritter an den Geschäftsanteilen/Verfügungsbeschränkungen (z.B. Nießbrauch, Verpfändung, Sicherungsübertragung von Gesellschaftsrechten)	☐	☐

		Vorhanden	Nicht vorhanden
3.7	Vertragliche Beziehungen zwischen Objektgesellschaft und Gesellschaftern	☐	☐
3.8	Verträge zwischen Gesellschaftern und Objektgesellschaft, z.B. über		
3.8.1	Darlehen an die Objektgesellschaft (auch partiarisch)	☐	☐
3.8.2	Darlehen an die Gesellschafter	☐	☐
3.8.3	Anstellungs- und Geschäftsführerverträge	☐	☐
3.8.4	Pacht-/Miet-/Leasingverträge z.B.	☐	☐
3.8.5	über Gebäudlichkeiten und Grundstücke	☐	☐
3.8.6	Kraftfahrzeugüberlassung	☐	☐
3.8.7	Patente, Marken, Lizenzen, Know-how	☐	☐
3.8.8	Bürgschaften der Objektgesellschaft zugunsten der Gesellschafter	☐	☐
3.8.9	Alle sonstigen von den Gesellschaftern der Objektgesellschaft oder umgekehrt zum Gebrauch überlassenen Vermögensgegenstände	☐	☐
3.8.10	Vertragliche Beziehungen zwischen Objektgesellschaft und den Gesellschaftern nahestehenden Dritten (§ 15 AO) sowie Gesellschaften, an denen Gesellschafter beteiligt sind	☐	☐
3.8.11	Verträge mit Verpflichtungen und Ansprüchen gegenüber Angehörigen der Gesellschafter (§ 15 AO) oder gegenüber Unternehmen, an denen die Veräußerer und/oder deren Angehörige gemäß § 15 AO beteiligt sind	☐	☐

		Vorhanden	Nicht vorhanden
3.8.12	Verträge mit Verpflichtungen und Ansprüchen gegenüber verbundenen Unternehmen, an denen die Gesellschafter oder deren Angehörige (gemäß § 15 AO) beteiligt sind	☐	☐
3.8.13	Vertragliche Beziehungen zwischen Gesellschaftern und Dritten in Bezug auf die Objektgesellschaft	☐	☐
3.8.14	Verträge der Gesellschafter zugunsten (und zu Lasten) der Objektgesellschaft mit Dritten, z.B.:	☐	☐
3.8.15	Sicherungsübereignungen aus eigenem Vermögen	☐	☐
3.8.16	Bürgschaften oder sonstige Garantien	☐	☐
3.9	Zahlungen/Sachleistungen innerhalb der letzten fünf Jahre	☐	☐
3.9.1	an Gesellschafter aus vertraglichen Leistungsbeziehungen	☐	☐
3.9.2	aufgrund Gesellschafterentnahmen/Ausschüttungen	☐	☐
3.9.3	an nahestehende Dritte im Sinne des § 15 AO	☐	☐
3.9.4	Höhe der Gesellschafterentnahmen/Ausschüttungen in den letzten drei Kalenderjahren bis heute einschließlich aller Sachleistungen	☐	☐
3.9.5	Höhe der Zahlungen und Umfang aller Sachleistungen der Objektgesellschaft an Angehörige im Sinne von § 15 AO in den letzten drei Kalenderjahren bis heute	☐	☐
3.10	Verpflichtungen gegenüber ausgeschiedenen Gesellschaftern und/oder deren Angehörigen, Erben, z.B. aus Dienstverträgen	☐	☐

		Vorhanden	Nicht vorhanden
3.11	Rechtsstreitigkeiten zwischen Objektgesellschaft und Gesellschaftern bzw. zwischen Gesellschaftern in Bezug auf Objektgesellschaft	☐	☐
3.12	Beteiligung der Gesellschafter an Unternehmen, die ganz oder teilweise im Geschäftszweig der Objektgesellschaft tätig sind	☐	☐
3.13	Protokolle der Gesellschafter/Hauptversammlungen seit Gründung, mindestens jedoch der letzten fünf Jahre	☐	☐
3.14	Gesellschafterbeschlüsse, welche außerhalb der Gesellschafterversammlungen gefasst werden, der letzten fünf Jahre	☐	☐
3.15	Verträge oder Vereinbarungen hinsichtlich der Beteiligung der Gesellschaft an Gemeinschaftsunternehmen, Konsortien, Kapital-Personengesellschaften, Verbänden und Vereinen oder sonstiger Zusammenarbeit mit anderen Unternehmen	☐	☐
3.16	Verträge oder Absichtserklärungen (Letters of Intent) hinsichtlich Zusammenschlüssen, Verschmelzungen, Umstrukturierungen, Ausgliederungen, die die Gesellschaft oder ihre Beteiligungen betreffen oder Grundsatzvereinbarungen, die derzeit gelten	☐	☐
3.17	Informationen der Reorganisation oder sonstige Strukturmaßnahmen der letzten fünf Jahre	☐	☐

		Vorhanden	Nicht vorhanden
4	**Mitarbeiter**		
4.1	Liste aller Arbeitnehmer, einschließlich leitenden Angestellten und geringfügig Beschäftigten, einmal alphabetisch und einmal nach Betrieben sowie nach den dort jeweils bestehenden Abteilungen (Betriebsteilen) geordnet unter Angabe folgender Informationen:	☐	☐
4.1.1	Name, Vorname, Geburtsdatum	☐	☐
4.1.2	Eintrittsdatum, gegebenenfalls unter Hinweis auf angerechnete Vordienstzeiten	☐	☐
4.1.3	Ausgeübte Funktion/Tätigkeitsbeschreibung	☐	☐
4.1.4	Umfang der Beschäftigung (Vollzeit/Teilzeit)	☐	☐
4.1.5	Bruttogehalt im letzten abgeschlossenen Kalenderjahr, Eingruppierung gemäß Tarifvertrag oder anderweitiger Gehalts- und Lohnsysteme, Ausweisung von (übertariflichen) Zulagen	☐	☐
4.1.6	Kündigungsfrist	☐	☐
4.1.7	Befristung des Arbeitsverhältnisses	☐	☐
4.1.8	Kennzeichnung der Arbeitnehmer mit besonderem Kündigungsschutz (Beschränkung oder Ausschluss des Rechts zur ordentlichen Kündigung, z.B. aufgrund Tarifvertrag, Einzelarbeitsvertrag, Schwangerschaft, Erziehungsurlaub, Schwerbehinderung oder Gleichstellung, Zivildienst, Wehrdienst etc.)	☐	☐
4.1.9	Kennzeichnung der Arbeitnehmer, mit denen Altersteilzeitvereinbarungen abgeschlossen wurden (unter Mitteilung des Freistellungszeitraums)	☐	☐

		Vorhanden	Nicht vorhanden
4.2	Vorlage aktueller und noch eingesetzter älterer Muster-Arbeitsverträge für Arbeitnehmer, leitende Angestellte und geringfügig Beschäftigte in chronologischer Reihenfolge sowie Darlegung wesentlicher Abweichungen von den vorgelegten Mustern im Einzelfall	☐	☐
4.3	Auflistung der im Unternehmen in den vergangenen Monaten/Jahren zum Einsatz gekommenen Leiharbeitnehmer nebst Mitteilung des Einsatzbereichs sowie der Einsatzzeiträume und Vorlage der mit Verleihunternehmen abgeschlossenen (Rahmen-)Verträge	☐	☐
4.4	Liste aller freien Mitarbeiter, Berater, Freelancer, kontinuierlich beschäftigter Werkunternehmer etc. unter Angabe des Namens, Vornamens, Geburtsdatums, Beginn der Beschäftigung, Tätigkeitsbeschreibung (inhaltlich, örtlich, zeitlich), Umfang der Beschäftigung, aktueller Vergütung einschließlich aller Nebenleistungen (z.B. Reisekosten-, Spesenerstattung, Beteiligung an Bürokosten etc.), Kündigungsfrist, Befristung des Vertrags, Tätigkeit der Mitarbeiter für weitere Auftraggeber, Beschäftigung eigener Mitarbeiter	☐	☐
4.5	Vorlage der Musterverträge mit freien Mitarbeitern, Beratern, Freelancern, Werkunternehmern etc. sowie sämtlicher diesbezüglicher Verträge und Darstellung hiervon abweichender mündlicher oder schriftlicher Einzelvereinbarungen	☐	☐
4.6	Liste aller als Arbeitnehmer übernommenen freien Mitarbeiter mit Name, Vorname, Geburtsdatum, Übernahmedatum sowie Tätigkeits- und Vergütungsdarstellung für die Zeit vor und nach Umstellung des Beschäftigungsverhältnisses	☐	☐

		Vorhanden	Nicht vorhanden
4.7	Vorlage sämtlicher Vereinbarungen mit Arbeitnehmern oder freien Mitarbeitern, Beratern etc., die Rechtsfolgen an Veränderungen des Gesellschafterkreises des Unternehmens oder die Veräußerung des Unternehmens, eines Betriebs oder von Betriebsteilen knüpfen	☐	☐
4.8	Mitteilung über alle zusätzlich gewährten Leistungen an Arbeitnehmer, leitende Angestellte und geringfügig Beschäftigte, die an Ertrags- oder Umsatzgrößen oder persönliche Leistungen bzw. diejenige einer Gruppe oder einer Abteilung eines Betriebs anknüpfen unter Mitteilung des Rechtsgrunds (gegebenenfalls unter Verweis auf Arbeitsvertrag, Tarifvertrag, Betriebsvereinbarung etc.)	☐	☐
4.9	Darstellung der den Arbeitnehmern, leitenden Angestellten und geringfügig Beschäftigten gewährten freiwilligen Leistungen (mit Ausnahme betrieblicher Altersversorgungsleistungen), z.B. Jubiläumsbzw. Treueprämien, Zahlung zusätzlicher Zuschläge, Gratifikationen, Gewinnbeteiligungen, Aktienoptionen u.Ä., Spesenregelungen, Versicherungen, Regelungen über Firmenkreditkarten, Darlehensbedingungen, Personaleinkauf, Reisemöglichkeiten und gegebenenfalls Kostenerstattung, Fortbildungsmöglichkeiten und gegebenenfalls Kostenerstattung unter Mitteilung der jeweiligen Rechtsgrundlage (z.B. Arbeitsvertrag, Tarifvertrag, Betriebsvereinbarung, betriebliche Übung, Gesamtzusage, Mitarbeiterhandbuch etc.)	☐	☐

		Vorhanden	Nicht vorhanden
4.10	Vorlage aller derzeit geltenden oder früheren, zwischenzeitlich abgelösten schriftlichen Pensionsregelungen (Pensionszusagen, Versorgungspläne, Leistungsordnungen etc.) sowie Darstellung aller nicht schriftlich erfolgten Zusagen und Abreden zur betrieblichen Alters-, Invaliditäts- und Hinterbliebenenversorgung (einschließlich Darstellung einer etwaigen betrieblichen Übung)	☐	☐
4.11	Vorlage aller mit Pensionsregelungen im Zusammenhang stehenden Unterlagen, insbesondere Vereinbarungen mit Versorgungsberechtigten und deren Angehörigen (z. B. Sicherungsvereinbarungen) und Vereinbarungen mit Versicherern und anderen externen Versorgungsträgern (z. B. Versicherungsverträge, Satzungen und Leistungspläne von Unterstützungs- und Pensionskassen) sowie Vorlage von Informationen bzw. Unterlagen, aus denen sich Inhalt und Umfang einer etwaigen Beleihung, Abtretung, Sicherungsübertragung von Rechten aus Vereinbarungen mit Versorgungsträgern herleiten lassen	☐	☐
4.12	Vorlage aller versicherungsmathematischen Bewertungen der Deckungsmittel und zum Umfang der Pensions- und Jubiläumsverpflichtungen der beiden letzten abgeschlossenen Wirtschaftsjahre nach deutschem Steuer- und Handelsrecht sowie gegebenenfalls nach internationalem Bewertungsstandard jeweils mit Beschreibung der Bewertungsmethoden und -prämissen	☐	☐

		Vorhanden	Nicht vorhanden
4.13	Aufstellung der Kosten der betrieblichen Altersversorgung (Leistungen, Versicherungsprämien, Zuwendungen an Unterstützungs- und Pensionskassen, Beiträge an den Pensionssicherungsverein) für die beiden letzten abgeschlossenen Wirtschaftsjahre	☐	☐
4.14	Darstellung der in der Vergangenheit durchgeführten Anpassungen bzw. Anpassungsüberprüfungen im Hinblick auf laufende Leistungen der betrieblichen Altersversorgung	☐	☐
4.15	Aufstellung der Kosten aus nachvertraglichen Wettbewerbsverboten einschließlich Mitteilung über die jeweilige Laufzeit	☐	☐
4.16	Aufstellung nicht gewährter/abgegoltener Urlaubsansprüche aller Arbeitnehmer, leitenden Angestellten und geringfügig Beschäftigten für das laufende und vorangegangene Kalenderjahr	☐	☐
4.17	Auflistung sämtlicher betriebsverfassungsrechtlicher Gremien im Unternehmen bzw. im Konzern (Betriebsräte, Gesamtbetriebsrat, Konzernbetriebsrat, Wirtschaftsausschuss, Jugendvertretung etc.) nebst Aufstellung der Mitglieder und Ersatzmitglieder und Kennzeichnung der freigestellten Mitglieder	☐	☐
4.18	Auflistung der im Zusammenhang mit der betrieblichen Mitbestimmung aufgewandten Kosten im letzten abgeschlossenen Kalenderjahr (Sachmittel der Betriebsräte, Kosten für Schulungen und ähnliche Maßnahmen, Honorare für von den Gremien eingeschaltete Sachverständige und Rechtsanwälte, Kosten durchgeführter Einigungsstellenverfahren etc.)	☐	☐

		Vorhanden	Nicht vorhanden
4.19	Vorlage sämtlicher noch anwendbarer (auch nachwirkender) Betriebsvereinbarungen und Regelungsabreden (einschließlich der mit dem Gesamt- und/oder Konzernbetriebsrat abgeschlossenen) und einzelvertraglich fortgeltender (§ 613a Abs. 1 Satz 2 BGB) Betriebsvereinbarungen und Regelungsabreden sowie Mitteilung eventuell hiervon abweichender Vereinbarungen in der Praxis	☐	☐
4.20	Vorlage sämtlicher bislang abgeschlossener Interessenausgleiche und Sozialpläne seit 19... nebst Darstellung der durchgeführten Betriebsänderungen sowie der darüber geführten Verhandlungen mit dem jeweiligen Betriebsrat sowie in diesem Zusammenhang durchgeführter gerichtlicher Verfahren (Einigungsstellenverfahren, Beschlussverfahren, einstweilige Verfügungsverfahren etc.)	☐	☐
4.21	Mitteilung aller (auch örtlichen) Mitgliedschaften in Arbeitgeberverbänden und frühere Mitgliedschaften nebst Zeitpunkt des Austritts/Auflösung des Verbands	☐	☐
4.22	Vorlage sämtlicher aufgrund Verbandszugehörigkeit, Allgemeinverbindlichkeit, Abschluss eines Firmentarifvertrags, Nachwirkung, vertraglicher in Bezugnahme, betrieblicher Übung, einzelvertraglicher Fortgeltung gemäß § 613a Abs. 1 Satz 2 BGB etc. anwendbarer Tarifverträge	☐	☐

		Vorhanden	Nicht vorhanden
4.23	Darstellung sämtlicher wesentlicher Änderungen auf dem Gebiet des Arbeitsrechts innerhalb der letzten sechs Monate, insbesondere Darstellung in diesem Zeitraum erfolgter Gehalts- bzw. Lohnanpassungen, Gewährung neuer oder ihrem Umfang erhöhter Sozialleistungen, Durchführung wesentlicher Vertragsänderungen, Vornahme von Höhergruppierungen, wesentliche Versetzungsmaßnahmen etc.	☐	☐
4.24	Darstellung der arbeitsgerichtlichen Streitigkeiten im Urteilsverfahren sowie im Beschlussverfahren der letzten fünf Jahre mit Beschreibung des Verfahrensgegenstands und des Verfahrensausgangs einschließlich daraus resultierender aber noch nicht ausgezahlter oder umgesetzter Ansprüche der Beschäftigten oder Mitarbeitergremien	☐	☐
4.25	Darstellung sämtlicher betriebsverfassungsrechtlicher Einigungsstellenverfahren der letzten fünf Jahre unter Angabe des Verfahrensgegenstands, der Person des Einigungsstellenvorsitzenden sowie des Ausgangs des Verfahrens einschließlich daraus resultierender aber noch nicht ausgezahlter oder umgesetzter Ansprüche der Beschäftigten oder Mitarbeitergremien	☐	☐
4.26	Darstellung der von den Trägern der Sozialversicherung (Krankenkassen, LVA, BfA) durchgeführten Prüfungen innerhalb der letzten fünf Jahre sowie Vorlage der erlassenen Bescheide	☐	☐
4.27	Darstellung der von den Finanzämtern durchgeführten Lohnsteuerprüfungen innerhalb der letzten fünf Jahre sowie Vorlage der erlassenen Bescheide	☐	☐

		Vorhanden	Nicht vorhanden
4.28	Mitteilung über in den letzten fünf Jahren durchgeführte Entlassungen von Mitarbeitern, die zum Zeitpunkt ihres Ausscheidens mindestens das 56. Lebensjahr vollendet hatten sowie über laufende bzw. noch zu erwartende Erstattungsverfahren gemäß § 128 AFG bzw. § 147a SGB III in diesem Zusammenhang	☐	☐
4.29	Stock-Option oder Purchase-Plan, Mitarbeiterbeteiligung	☐	☐
4.30	Betriebliche Übung	☐	☐
5	**Allgemeine Geschäftsbedingungen/Produkthaftungs-, Garantie- und Gewährleistungsrisiken**		
5.1	Kopie der allgemeinen Geschäftsbedingungen und aller sonstigen im Verkauf oder Service benutzten Sonderbedingungen	☐	☐
5.2	Einkaufs-, Miet- und Leasingbedingungen usw.	☐	☐
5.3	Alle im Geschäftsverkehr benutzten Gewährleistungen/Garantien	☐	☐
5.4	Unterlagen über eingetretene und/oder drohende Produkthaftpflichtschäden	☐	☐
5.5	Liste aller Gewährleistungs-/Garantieverpflichtungen über € xx, soweit bis heute bekannt (Vorliegen der Mängelrüge, Inanspruchnahme, sonstige Kenntnis von Garantiefällen, drohenden Haftungsfällen, drohenden Schadensersatzpflichten)	☐	☐
5.6	Liste aller schwebenden Gerichtsverfahren für und gegen die Objektgesellschaft (nur Streitwert über € xx)	☐	☐
5.7	Darstellung möglicher Kulanzleistungen	☐	☐

		Vorhanden	Nicht vorhanden
5.8	Eigentumsvorbehalte und sonstige Sicherungsrechte Dritter, insbesondere von Lieferanten	☐	☐
5.9	Standardformulare, die von Hauptlieferanten und Hauptkunden verwendet werden	☐	☐
5.10	Vertraulichkeits- und Geheimhaltungsvereinbarungen	☐	☐
6	**Sonstige Haftungsrisiken**		
6.1	Liste aller Ereignisse, die die geschäftliche Tätigkeit oder den Wert der Objektgesellschaft beeinflussen könnten	☐	☐
6.2	Darstellung sonstiger Umstände, die bereits heute erkennbar zu einer Störung, Bedrohung, Einschränkung des Geschäftsbetriebs führen können oder im letzten Geschäftsjahr geführt haben	☐	☐
7	**Versicherungen**		
7.1	Liste aller Versicherungsverträge bezüglich Liegenschaften, Haftpflicht einschließlich Produkthaftpflicht, Betriebsunterbrechung, Gruppenversicherung, Feuer-Einbruch-Diebstahl, sonstige	☐	☐
7.2	Vinkulierung von Policen	☐	☐
7.3	Aufstellung aller gekündigten Versicherungsverträge, bei denen sich die Versicherung leistungsfrei erklärt hat	☐	☐
8	**Sonstige Vertragsverhältnisse**		
8.1	Miete, Pacht, Leasingkopien aller wesentlichen Miet-, Pacht- und Leasingverträge	☐	☐

		Vorhanden	Nicht vorhanden
8.2	Ver- und Entsorgung, Liste aller langfristigen Service- und Materiallieferverträge (z. B. Wartungsverträge, Reinigungsverträge, Entsorgungsverträge, Verträge zur Belieferung mit Roh-, Hilfs- und Betriebsstoffen u.Ä.)	☐	☐
8.3	Langfristige Bezugsverpflichtungen	☐	☐
8.4	Verträge für Investitionen (Anschaffungen von Gegenständen des Anlagevermögens, Verpflichtungen der Objektgesellschaft hieraus)	☐	☐
8.5	Verträge mit Beratern	☐	☐
8.5.1	Liste und Kopien der Beraterverträge und Angabe zu mündlichen Absprachen mit		
8.5.2	Wirtschaftsprüfern	☐	☐
8.5.3	Steuerberatern	☐	☐
8.5.4	Rechtsanwälten	☐	☐
8.5.5	technischen Beratern	☐	☐
8.5.6	Public-Relations-Managern	☐	☐
8.5.7	Werbefachleuten	☐	☐
8.6	Sonstige		
8.6.1	Liste aller sonstigen rechtlichen oder wirtschaftlich relevanten Absprachen mit Dritten, die die geschäftliche Tätigkeit oder den Wert der Objektgesellschaft beeinflussen können	☐	☐
8.6.2	Kopien aller Verträge, die eine „change-of-control"-Klausel enthalten (d.h., die das Recht zur außerordentlichen Kündigung bei Änderung der Gesellschafterstruktur beinhalten)	☐	☐

		Vorhanden	Nicht vorhanden
9	**Umweltverhältnisse, öffentlich-rechtliche Genehmigungen**		
9.1	Liste aller öffentlich-rechtlichen Genehmigungen, die mit dem Geschäftsbetrieb und der Produktion in Verbindung stehen (bitte Kopien dieser Genehmigungen beifügen)	☐	☐
9.2	Unterlagen über bevorstehende und/oder erteilte Umweltschutzauflagen	☐	☐
9.3	Darstellung aller Sachverhalte, bei denen die Gefahr besteht, dass die Objektgesellschaft bestehende Gesetze, Vorschriften, Auflagen, Schutzrechte Dritter oder vertragliche Bindungen nicht einhält oder verletzt (z. B. betriebliche Sicherheitsvorschriften, gewerberechtliche Vorschriften, umweltrechtliche Vorschriften, fremde Patente, Namensrechte, Warenzeichen, Arbeitnehmerüberlassung)	☐	☐
9.4	Gutachten, Stellungnahmen, Auflagen zu den von der Objektgesellschaft eingesetzten Chemikalien	☐	☐
9.5	Darstellung von eventuellen Altlasten auf den Betriebsgrundstücken	☐	☐
10	**Beauftragte**		
10.1	Angabe der Sicherheitsbeauftragten etc.	☐	☐
11	**Sonstiges**		
11.1	Qualitätssicherung	☐	☐
11.2	Euroumstellung	☐	☐
11.3	Vollständigkeitserklärung der Geschäftsführung der Objektgesellschaft	☐	☐
12	**Analyse des Internen Rechnungswesens**		
12.1	Informationstechnologie		

		Vor-handen	Nicht vor-handen
12.1.1	Liste der verwendeten Hard- und Software in den verschiedenen Bereichen	☐	☐
12.1.2	Vertragslaufzeiten und Kosten bisheriger Verträge	☐	☐
12.1.3	Beurteilung der Qualität der Informationstechnologie	☐	☐
12.1.4	Wie viele Bildschirmarbeitsplätze existieren?	☐	☐
12.1.5	Dokumentation des Notfallplans bei Ausfall der EDV (falls vorhanden)	☐	☐
12.1.6	Existiert eine Datensicherung?	☐	☐
12.1.7	Beurteilung der Kompatibilität und Vernetzung einzelner Funktionalbereiche	☐	☐
12.1.8	Existiert speziell für das Unternehmen entwickelte Software?	☐	☐
12.1.9	Dokumentation des Managementinformationssystems (falls vorhanden)	☐	☐
12.1.10	Gibt es einen Datenschutzbeauftragten?	☐	☐
12.1.11	Dokumentation von Zugangsvoraussetzungen und Passwortschutz	☐	☐
12.1.12	Identifizieren Sie wesentliche Verbesserungspotentiale und deren Umfang	☐	☐
12.1.13	Wie hoch ist der Investitionsbedarf in Informationstechnologien in den nächsten drei Jahren?	☐	☐
12.1.14	Wie stehen Sie zu der bestehenden Informationstechnologie?	☐	☐
12.2	Internes Kontrollsystem/Interne Revision		
12.2.1	Dokumentation des Internen Kontrollsystems (falls vorhanden)	☐	☐

		Vorhanden	Nicht vorhanden
12.2.2	Dokumentationen von Vollständigkeitskontrollen (falls vorhanden)	☐	☐
12.2.3	Dokumentationen von Bestandskontrollen (falls vorhanden)	☐	☐
12.2.4	Dokumentationen von Kontrollen auf sachliche und rechnerische Richtigkeit (falls vorhanden)	☐	☐
12.2.5	Dokumentationen von Genehmigungskontrollen (falls vorhanden)	☐	☐
12.2.6	Dokumentationen von Sicherheitskontrollen (falls vorhanden)	☐	☐
12.2.7	Dokumentationen von Verarbeitungskontrollen (falls vorhanden)	☐	☐
12.2.8	Dokumentationen von Kontrollen durch Funktionstrennung (falls vorhanden)	☐	☐
12.2.9	Dokumentation der Internen Revision (falls vorhanden)	☐	☐
12.3	Finanz- und Lohnbuchhaltung		
12.3.1	Beschreiben Sie das System der Finanz- und Lohnbuchhaltung	☐	☐
12.3.2	Welche EDV wird eingesetzt?	☐	☐
12.3.3	Wer ist für die Lohn- und Finanzbuchhaltung zuständig?	☐	☐
12.3.4	Wie ist die berufliche Qualifikation der zuständigen Person?	☐	☐
12.3.5	Wird die Lohn- und Finanzbuchhaltung zeitnah erstellt?	☐	☐
12.3.6	Bestehen Verrechnungskonten?	☐	☐
12.3.7	Wird eine Offene-Posten-Buchhaltung erstellt?	☐	☐

		Vorhanden	Nicht vorhanden
12.4	Mahnwesen		
12.4.1	Dokumentation des Mahnwesens (falls vorhanden)	☐	☐
12.4.2	Welche EDV wird eingesetzt?	☐	☐
12.4.3	Wer ist für das Mahnwesen zuständig?	☐	☐
12.4.4	Wie ist die berufliche Qualifikation der zuständigen Person?	☐	☐
12.4.5	Ist das System des Mahnwesens kompatibel mit dem System der Finanz- und Lohnbuchhaltung?	☐	☐
12.5	Kostenrechnung		
12.5.1	Dokumentation des Kostenrechnungssystems (falls vorhanden)	☐	☐
12.5.2	Dokumentation der Deckungsbeitragsrechnungen für einzelne Produkte oder Sparten (falls vorhanden)	☐	☐
12.5.3	Dokumentation der Fixkosten-Deckungsrechnungen für einzelne Produkte oder Sparten (falls vorhanden)	☐	☐
12.6	Investitionsrechnung		
12.6.1	Dokumentation der Investitionsrechnungsverfahren (falls vorhanden)	☐	☐
12.6.2	Werden notwendige Ersatzinvestitionen geplant?	☐	☐
12.6.3	Wenn ja, wie sehen diese Planungsrechnungen aus?	☐	☐
12.7	Finanzierungsrechnung		
12.7.1	Welche Finanzinstrumente werden angewendet?	☐	☐

		Vorhanden	Nicht vorhanden
12.7.2	Wie hoch ist der Umfang nicht ausgeschöpfter Kreditlinien?	☐	☐
12.7.3	Dokumentation der Finanzplanung für die nächsten drei Jahre (falls vorhanden)	☐	☐
12.7.4	Dokumentation der Rentabilitätsplanung für die nächsten drei Jahre (falls vorhanden)	☐	☐
12.7.5	Dokumentation des Cash-Managements (falls vorhanden)	☐	☐
12.7.6	Dokumentation des Zinsmanagements (falls vorhanden)	☐	☐
12.7.7	Dokumentation des Währungsmanagements (falls vorhanden)	☐	☐
13	**Analyse der Jahres- und Planabschlüsse**		
13.1	Rahmendaten		
13.1.1	Kopien sämtlicher Jahresabschlüsse (Bilanz, GuV und Anhang) nebst Lagebericht (falls vorhanden)	☐	☐
13.1.2	Kopie des aktuellen Zwischenabschlusses	☐	☐
13.1.3	Kopien der Kapitalflussrechnungen	☐	☐
13.1.4	Kopien der Spartenergebnisrechnungen (falls vorhanden)	☐	☐
13.1.5	Kopien der Prüfungsberichte der gesetzlichen Jahresabschlussprüfung (falls vorhanden)	☐	☐
13.1.6	Kopien der Vollständigkeitserklärungen	☐	☐
13.1.7	Kopien von Planabschlüssen und Planungsrechnungen (falls vorhanden)	☐	☐
13.1.8	Dokumentation der Überleitungsrechnung von Handelsbilanz zur Steuerbilanz (falls vorhanden)	☐	☐

		Vorhanden	Nicht vorhanden
13.1.9	Kopie des Überschuldungsstatus (falls vorhanden)	☐	☐
13.1.10	Kopien der Kreditverträge	☐	☐
13.1.11	Kopien der Versicherungsverträge	☐	☐
13.1.12	Kopien der Gesellschafterversammlungen und der Beiratssitzungen	☐	☐
13.2	Zusatzinformationen zu den Jahresabschlüssen		
13.2.1	Aktivseite		
13.2.1.1	Dokumentation von selbstgeschaffenen immateriellen Vermögensgegenständen	☐	☐
13.2.1.2	Dokumentation der Bewertung des nicht bilanzierten immateriellen Anlagevermögens	☐	☐
13.2.1.3	Kopien von Wertgutachten des Anlagevermögens (falls vorhanden)	☐	☐
13.2.1.4	Aufstellung der stillen Reserven	☐	☐
13.2.1.5	Dokumentation der Bewertung des Vorratsvermögens	☐	☐
13.2.1.6	Dokumentation der Ermittlung der Herstellungskosten	☐	☐
13.2.1.7	Kopien von Saldenbestätigungen bezüglich der Forderungen aus Lieferungen und Leistungen	☐	☐
13.2.1.8	Dokumentation der pauschalen Wertberichtigung von Forderungen	☐	☐
13.2.1.9	Dokumentation der Einzelwertberichtigung von Forderungen	☐	☐
13.2.1.10	Dokumentation der erhaltenen Zuschüsse	☐	☐
13.2.2	Passivseite		

		Vorhanden	Nicht vorhanden
13.2.2.1	Berechnungsgrundlagen sämtlicher Rückstellungen	☐	☐
13.2.2.2	Insbesondere Pensionsrückstellungen und Gewährleistungsrückstellungen	☐	☐
13.2.2.3	Aufstellung nicht bilanzierter Pensionsverpflichtungen im Detail	☐	☐
13.2.2.4	Aufstellung sämtlicher laufender und abgeschlossener Rechtsstreitigkeiten sowie drohender Verfahren	☐	☐
13.2.2.5	Aufstellung sämtlicher steuerlicher Rücklagen	☐	☐
13.2.2.6	Kopien von Saldenbestätigungen bezüglich der Verbindlichkeiten aus Lieferungen und Leistungen	☐	☐
13.2.2.7	Dokumentation der Haftungsverhältnisse und sonstigen finanziellen Verpflichtungen gemäß § 285 Nr. 3 HGB	☐	☐
13.2.3	Gewinn- und Verlustrechnung		
13.2.3.1	Aufstellung sämtlicher vorgenommener Teilwertabschreibungen	☐	☐
13.2.3.2	Aufstellung der planmäßigen Abschreibungen nach Vermögensgruppen	☐	☐
13.2.3.3	Erläuterungen zu den latenten Steuern (falls vorhanden)	☐	☐
13.2.3.4	Aufgliederung und Erläuterung der sonstigen Erträge und Aufwendungen	☐	☐
13.2.3.5	Aufgliederung und Erläuterung der außerordentlichen Erträge und Aufwendungen	☐	☐
14	**Steuerliche Analyse**		
14.1	Steuerliche Rahmendaten		
14.1.1	Veranlagungsformen		

		Vorhanden	Nicht vorhanden
14.1.1.1	Dokumentation des Umfangs der Körperschaftsteuerpflicht	☐	☐
14.1.1.2	Dokumentation des Umfangs der Gewerbesteuerpflicht	☐	☐
14.1.1.3	Dokumentation des Umfangs der Umsatzsteuerpflicht	☐	☐
14.1.1.4	Sonstige Veranlagungen	☐	☐
14.1.2	Stand der Veranlagungen		
14.1.2.1	Kopien sämtlicher Steuererklärungen	☐	☐
14.1.2.2	Kopien sämtlicher Steuerbescheide	☐	☐
14.1.2.3	Kopien sämtlicher Steuervorauszahlungsbescheide	☐	☐
14.1.2.4	Kopien sämtlicher Bescheide über die Festsetzung von Verspätungszuschlägen	☐	☐
14.1.2.5	Kopien sämtlicher Bescheide über die Festsetzung von Säumniszuschlägen	☐	☐
14.1.2.6	Dokumentation der Bestandskraft der Steuerbescheide (Vorläufigkeit oder Vorbehalt der Nachprüfung)	☐	☐
14.1.2.7	Kopien des Schriftwechsels mit dem Finanzamt	☐	☐
14.1.2.8	Unbedenklichkeitsbescheinigung des Finanzamts und der kommunalen Finanzbehörde	☐	☐
14.1.3	Rechtsbehelfsverfahren		
14.1.3.1	Dokumentation sämtlicher abgeschlossener und laufender Rechtsbehelfsverfahren	☐	☐
14.1.3.2	Dokumentation sämtlicher abgeschlossener und laufender Einspruchs- und Klageverfahren	☐	☐

		Vorhanden	Nicht vorhanden
14.1.3.3	Dokumentation sämtlicher abgeschlossener und laufender Verfahren über die Aussetzung der Vollziehung	☐	☐
14.1.3.4	Dokumentation sämtlicher abgeschlossener und laufender Verfahren über Vollstreckungsaufschub	☐	☐
14.1.4	Betriebsprüfungen		
14.1.4.1	Dokumentation laufender und abgeschlossener Betriebsprüfungen	☐	☐
14.1.4.2	Dokumentation laufender und abgeschlossener Umsatzsteuersonderprüfungen	☐	☐
14.1.4.3	Dokumentation laufender und abgeschlossener Lohnsteuersonderprüfungen	☐	☐
14.1.4.4	Dokumentation laufender und abgeschlossener Sozialversicherungsprüfungen	☐	☐
14.1.4.5	Dokumentation von sämtlichen angekündigten Betriebsprüfungen (siehe oben)	☐	☐
14.1.5	Steuerstraftaten und Ordnungswidrigkeiten		
14.1.5.1	Dokumentation laufender und abgeschlossener Verfahren wegen Steuerstraftaten	☐	☐
14.1.5.2	Dokumentation laufender und abgeschlossener Verfahren wegen Ordnungswidrigkeiten	☐	☐
14.2	Steuerliche Einzelsachverhalte		
14.2.1	Strukturelle Grunddaten		
14.2.1.1	Aufstellung über sämtliche Einlagen, Kapitalerhöhungen und Ausschüttungen	☐	☐
14.2.1.2	Aufstellung über sämtliche Kapitalrückzahlungen in der Vergangenheit	☐	☐

		Vorhanden	Nicht vorhanden
14.2.1.3	Aufstellung über sämtliche Ausschüttungen, die nach dem Stichtag der letzen Erklärung erfolgt sind	☐	☐
14.2.1.4	Dokumentation der Verlustvorträge	☐	☐
14.2.1.5	Dokumentation der Steuerplanung für die nächsten fünf Jahre	☐	☐
14.2.1.6	Dokumentation von verbindlichen Zusagen (falls vorhanden)	☐	☐
14.2.1.7	Dokumentation von tatsächlichen Verständigungen (falls vorhanden)	☐	☐
14.2.2	Steuerliche Unternehmensstrukturen		
14.2.2.1	Aufstellung über sämtliche inländische Beteiligungen	☐	☐
14.2.2.2	Aufstellung über sämtliche inländische Betriebsstätten	☐	☐
14.2.2.3	Dokumentation von steuerlichen Organschaften (falls vorhanden)	☐	☐
14.2.2.4	Kopien von Unternehmensverträgen (falls vorhanden)	☐	☐
14.2.2.5	Kopien von Beherrschungsverträgen (falls vorhanden)	☐	☐
14.2.2.6	Kopien von Gewinnabführungsverträgen (falls vorhanden)	☐	☐
14.2.2.7	Besteht eine Betriebsaufspaltung?	☐	☐
14.2.2.8	Besteht eine Betriebsverpachtung?	☐	☐
14.2.2.9	Aufstellung der wesentlichen Betriebsgrundlagen	☐	☐
14.2.2.10	Dokumentation von bestehenden Überlassungsverträgen zu den wesentlichen Betriebsgrundlagen	☐	☐

		Vorhanden	Nicht vorhanden
14.2.2.11	Dokumentation von typischen und atypischen Beteiligungen	☐	☐
14.2.2.12	Dokumentation von Umwandlungen innerhalb der letzten fünf Jahre	☐	☐
14.2.3	Körperschaftsteuer		
14.2.3.1	Aufstellung über nichtabziehbare Aufwendungen gemäß § 10 KStG	☐	☐
14.2.3.2	Aufstellung über geleistete Spenden	☐	☐
14.2.4	Einkommensteuer		
14.2.4.1	Dokumentation von Aufwendungen, die mit steuerfreien Einkünften in Zusammenhang stehen (§ 3c EStG)	☐	☐
14.2.5	Gewerbesteuer		
14.2.5.1	Aufstellung über temporäre Verbindlichkeiten	☐	☐
14.2.5.2	Aufstellung über Dauerschuldverhältnisse und deren Konditionen	☐	☐
14.2.5.3	Dokumentation der Hinzurechnungen und Kürzungen gemäß §§ 9, 10 GewStG	☐	☐
14.2.5.4	Aufstellung von bestehenden Verlustvorträgen	☐	☐
14.2.6	Umsatzsteuer		
14.2.6.1	Dokumentation der Leistungsbeziehungen der Gesellschaft	☐	☐
14.2.6.2	Inanspruchnahme von Dienstleistungen im Inland, innerhalb der Mitgliedstaaten der EU und außerhalb der Mitgliedstaaten der EU	☐	☐
14.2.6.3	Werden die notwendigen Dokumentationspflichten für Umsatzsteuerbefreiungen erfüllt?	☐	☐

		Vorhanden	Nicht vorhanden
14.2.6.4	Kopien sämtlicher Umsatzsteuerverprobungen	☐	☐
14.2.6.5	Aufstellung von Umsätzen, die zum Vorsteuerabzug berechtigen	☐	☐
14.2.6.6	Aufstellung von Umsätzen, die nicht zum Vorsteuerabzug berechtigen	☐	☐
14.2.6.7	Nutzungsänderungen von Vermögensgegenständen innerhalb von fünf bzw. zehn Jahren	☐	☐
14.2.6.8	Dokumentation des umsatzsteuerlichen Abzugsverfahrens (falls vorhanden)	☐	☐
14.2.6.9	Exemplarische Kopien von Bewirtungsaufwendungen	☐	☐
14.2.6.10	Ist unrechtmäßige Vorsteuer in Rechnung gestellt worden?	☐	☐
14.2.6.11	Werden die Aufwendungen im Sinne des § 4 Abs. 5 Nr. 1 bis 4, 6b und 7 einzeln und getrennt aufgezeichnet?	☐	☐
14.2.7	Lohnsteuer/Sozialversicherung		
14.2.7.1	Kopien sämtlicher Jahreslohnjournale	☐	☐
14.2.7.2	Aufstellung über steuerfreie Lohnbestandteile	☐	☐
14.2.7.3	Aufstellung über Abfindungszahlungen an ausgeschiedene und künftig ausscheidende Arbeitnehmer	☐	☐
14.2.7.4	Dokumentation der Pauschalierung der Lohnsteuer für Teilzeitbeschäftigte	☐	☐
14.2.7.5	Dokumentation der Pauschalierung der Lohnsteuer für bestimmte Zukunftssicherungsleistungen	☐	☐
14.2.7.6	Dokumentation der Lohnkonten	☐	☐

		Vorhanden	Nicht vorhanden
14.2.7.7	Dokumentation der Überprüfung von Scheinselbständigen (Fragebogen BfA)	☐	☐
14.2.7.8	Aufstellung über beherrschende Gesellschaftergeschäftsführer	☐	☐
14.2.7.9	Aufstellung über Arbeitnehmer, die gleichzeitig Gesellschafter sind	☐	☐
14.2.7.10	Kopien sämtlicher Arbeitsverträge nebst Tantiemenvereinbarung, die gleichzeitig Gesellschafter sind	☐	☐
14.2.8	Internationale Sachverhalte		
14.2.8.1	Dokumentation von ausländischen Betriebsstätten (falls vorhanden)	☐	☐
14.2.8.2	Dokumentation von ausländischen Beteiligungen (falls vorhanden)	☐	☐

Anlage 3:
Kaufvertrag – Grundstruktur

1. **Präambel**
   - Beschreibung des wirtschaftlichen Hintergrunds
   - Beschreibung der wirtschaftlichen Zielsetzung
2. **Kaufgegenstand/Übertragung**
   - Kauf
   - Übertragung
   - Beschreibung Geschäftsanteile/Aktien (Share Deal)
   - Beschreibung Vermögenswerte (Asset Deal)
   - Regelung bezüglich Nebenrechte, z.B. Verteilung der Gewinnansprüche vom laufenden Geschäftsjahr
   - aufschiebende Bedingungen (z.B. Zustimmung Ehefrau)
   - Übergangsstichtag (Angabe mit Datum und Uhrzeit)
3. **Kaufpreis/Zahlung**
   - Festkaufpreis
   - Kaufpreisanpassung
   - variabler Kaufpreis
   - Kaufpreisallokation
   - Zahlungsmodalitäten
   - Kaufpreiseinbehalte („escrow accounts“)
   - Verzinsung, Sicherheiten etc.
   - Umsatzsteuer
4. **Garantien/Beschaffenheitsvereinbarungen**
   a) Gesellschaftsrechtliche Verhältnisse (Share Deal)
      - ordnungsgemäße Gründung der Gesellschaft
      - Kapitaleinzahlung und -erhaltung
      - aktuelle Fassung Gesellschaftsverträge
      - keine Konzernverträge

   b) Inhaberschaft der Gesellschaftsanteile/Freiheit von Rechten Dritter

   c) Vermögenssituation der Gesellschaft
      - Eigentumsverhältnisse/Freiheit von Rechten Dritter
      - Zustand/Wartung
      - Umfang (Inventarliste)
      - Bestand von Rechten (z.B. Patente)
      - Umlaufvermögen (wie Anlagevermögen, zusätzlich Verwertbarkeit), siehe oben
      - Bestand und Einbringlichkeit von Forderungen
      - Bestand Verbindlichkeiten

   d) Bilanzgarantien

- ordnungsgemäße Aufstellung/Bilanzkontinuität
- Wiedergabe der tatsächlichen wirtschaftlichen Verhältnisse
- in der Regel vergangene drei Jahresabschlüsse und Stichtagsbilanz

e) gegebenenfalls Eigenkapitalgarantie

f) wichtige Verträge
- Aufzählung der wichtigsten Verträge des Unternehmens
- Garantie, dass keine weiteren vorhanden sind
- wichtigste Verträge als Anlage oder Aufstellung in Liste
- keine Kündbarkeit anlässlich Verkauf („change of control")

z.B.
- mit Kunden
- mit Lieferanten
- Versorgungsverträge
- Miet-/Leasingverträge
- Darlehensverträge etc.
- Management

g) Mitarbeiter
- Arbeitsverträge
- außerhalb der Verträge gemachte Zusagen
- betriebliche Altersversorgung
- Mitarbeiterbestand, vorhandene Rechtsstreitigkeiten

h) Umwelt
- Freiheit von Belastungen gemäß BBodSchG
- keine verbotenen Emissionen bei Betrieb

i) Steuern
- Bezahlung aller bis Stichtag fälligen Steuern
- ansonsten Bildung ausreichender Rückstellungen
- ordnungsgemäße Anmeldung der Steuern
- Teilnahmerecht für Verkäufer an Betriebsprüfung, wenn Zeitraum vor Übergabe betroffen
- gegebenenfalls Ausgleichsklauseln bei nachträglichen Steuerrückerstattungen/Steuerforderungen

j) behördliche Genehmigungen
- Vorliegen der zum Geschäftsbetrieb notwendigen behördlichen Genehmigungen
- keine Verletzung behördlicher/gesetzlicher Vorschriften durch den Geschäftsbetrieb
- Entziehung droht nicht

k) Rechtsstreitigkeit
- keine Rechtsstreitigkeiten mit Ausnahme der in Anlage aufgeführten
- keine drohenden Rechtsstreitigkeiten

l) Versicherungen
   - ausreichende Versicherung der geschäftstypischen Risiken

m) ordnungsgemäße Fortführung des Unternehmens
   - seit letzter Bilanz bis zum Verkauf ordnungsgemäße Geschäftsführung, Fortführung des Geschäfts bis Übergabe nach ordnungsgemäßen kaufmännischen Grundsätzen, gegebenenfalls Zustimmungsvorbehalte

n) Richtigkeit und Vollständigkeit der übergebenen Informationen
   - übergebene Information ist richtig und vollständig, keine für Transaktion bedeutende Information wurde verschwiegen

5. **Rechtsfolgen bei Unrichtigkeit der Garantien**
   - Nacherfüllung und Schadensersatz
   - Fristen für Nacherfüllung
   - Ausschluss sonstiger gesetzlicher Ansprüche
   - gesamtschuldnerische Haftung des Verkäufers/Teilschuld
   - Haftungsfreibeträge/-freigrenzen
   - Haftungsbeschränkung
   - Ausschluss bei Kenntnis des Käufers

6. **Kenntnis**
   - Festlegung der Kenntnisträger auf Verkäuferseite und zum Teil auf Käuferseite

7. **Freistellungsansprüche**
   - Freistellung wegen Altlasten
   - Freistellung wegen bereits identifizierter Risiken
   - Freistellung wegen bestimmter Steuern
   - Freistellung ohne Anrechnung auf Haftungshöchstgrenzen
   - Freistellungsansprüche ohne Anrechnung auf eventuelle Haftungshöchstgrenzen

8. **Verjährung von Haftungsansprüchen**
   - gestaffelte Verjährung
   - bezüglich Eigentum an Anteilen und Rückzahlung → zehn Jahre
   - ansonsten → zwei bis drei Jahre
   - für Steuer → sechs Monate nach Bestandskraft

9. **Nebenverträge, z.B.**
   - Einräumung von Verkaufsoptionen
   - Abschluss bestimmter Verträge vor Übergabe (z.B. Mietverträge)
   - Einräumung von Minderheitenrechten
   - Verpflichtung des Verkäufers für bestimmten Zeitraum Geschäftsführer zu bleiben
   - bei Asset Deal: Regelung, wie Mitarbeiter über den Betriebsübergang informiert werden

10. **Zustimmungsvorbehalt**
    - Ehepartner – § 1365 BGB
    - Hauptversammlung § 119 AktG
    - Gremienvorbehalt
    - Gesellschafter/Gesellschaft bei Vinkulierung
11. **Wettbewerbsverbot**
    - Wettbewerbsverbot:
        - örtlich
        - sachlich
        - zeitlich
    - Vertragsstraferegelung
    - Verbot, Mitarbeiter abzuwerben
    - gegebenenfalls auch (nur) Kundenschutzlisten
12. **Sonstiges**
    - Vertraulichkeit/Mitteilung
    - Kostentragung
    - Aufhebung von Vorvereinbarungen
    - Schriftformklausel
    - Vertragssprache/anwendbares Recht
    - Gerichtsstand/Schiedsklausel
    - salvatorische Klausel

Stichwortverzeichnis

L

M

N

O

P

R

S

W

Z